高等院校现代机械设计系列教材

UG NX 12.0 三维造型与工程制图

主编　裴承慧　刘志刚
参编　张秀芬　闫文刚　乌日娜　张玉凤
主审　张　彤

机械工业出版社

本书从工程应用角度出发，基于实例采用循序渐进的方法介绍了 UG NX 12.0 三维造型的相关方法和工程制图的有关内容。

本书共 7 章，主要内容包括：UG NX 基础知识、二维草图设计、三维实体建模、装配设计、工程图环境及视图创建、工程图标注及表格、综合实例。本书在内容编排上不仅坚持由浅入深、由易到难的原则，而且结合实例和操作步骤进行讲解，可读性非常强。本书最大特点是工程图部分的叙述细致而完整，详细介绍了如何使用 UG NX 的二维功能完成一张完整工程图的步骤和方法，为在校学生和工程技术人员提供了较全面的参考。

本书主要教学视频已经在"智慧树""学堂在线"两大慕课平台上线，知识点讲解的辅导视频以二维码的形式展示在书中。此外，选用本书的广大师生和其他读者都可以通过机械工业出版社教育服务网（www.cmpedu.com）的本书详情页获取配套模型源文件。

图书在版编目（CIP）数据

UG NX 12.0 三维造型与工程制图/裴承慧，刘志刚主编. —北京：机械工业出版社，2020.10（2023.12 重印）
高等院校现代机械设计系列教材
ISBN 978-7-111-66901-2

Ⅰ.①U… Ⅱ.①裴… ②刘… Ⅲ.①计算机辅助设计-应用软件-高等学校-教材 Ⅳ.①TP391.72

中国版本图书馆 CIP 数据核字（2020）第 220107 号

机械工业出版社（北京市百万庄大街 22 号　邮政编码 100037）
策划编辑：徐鲁融　责任编辑：徐鲁融
责任校对：樊钟英　封面设计：张　静
责任印制：李　昂
北京捷迅佳彩印刷有限公司印刷
2023 年 12 月第 1 版第 9 次印刷
184mm×260mm · 18.25 印张 · 449 千字
标准书号：ISBN 978-7-111-66901-2
定价：49.00 元

电话服务　　　　　　　　　　　网络服务
客服电话：010-88361066　　　机 工 官 网：www.cmpbook.com
　　　　　010-88379833　　　机 工 官 博：weibo.com/cmp1952
　　　　　010-68326294　　　金 书 网：www.golden-book.com
封底无防伪标均为盗版　　　机工教育服务网：www.cmpedu.com

前 言

UG（Unigraphics）NX 是由 SIEMENS 公司推出的一种交互式计算机辅助设计（CAD）、计算机辅助制造（CAM）、计算机辅助工程（CAE）高度集成的软件系统，适用于产品开发的整个过程，广泛应用于机械、模具、汽车、家电和航空航天等领域。

本书以辅助"机械制图"课程的现代化教学和服务工程实践需求为背景，做到案例典型、实践性强、与制图规范衔接紧密，适合作为高校师生进行机械制图教与学的配套软件教材。本书以 UG NX 12.0 为编写对象，具有如下特点。

●二维与三维融合互通：第 2~4 章循序渐进地介绍从二维草图到三维实体造型，再到零件装配的方法，第 5、6 章介绍从三维模型到二维视图生成及工程图样的创建方法，第 7 章中的泵轴和平口钳综合实例更是一种二维与三维融合互通思想的实践体现。

●理论扎实：以软件为载体，以贯彻制图标准和构建完整知识体系为目标，基于典型案例进行命令讲解，便于读者深刻理解命令的含义，并获得独立生成完整工程图的能力。

●内容编排逻辑性强：以设计为主线进行内容编排，以完成标准工程图为目标进行要点梳理，以解决问题为导向进行逻辑归类，便于读者清晰了解软件功能并快速上手。

●界面介绍直观性好：采用 UG NX 12.0 中文版中真实的对话框、菜单和按钮进行讲解，并用"【】"提示需要单击的按钮或选择的命令使初学者能够直观、准确地了解软件界面和操作要点；在步骤讲解过程中采用相关命令截图，便于读者快速定位，提高学习效率。

●视频资源丰富：本书对应的视频课程"开心学 UG·轻松做设计"已经在"智慧树""学堂在线"两大慕课平台上线，获得选课师生好评，本书中二维码资源提供更全面的视频指导。

本书由裴承慧、刘志刚任主编，张秀芬、闫文刚、乌日娜和张玉凤参加编写，北京理工大学的张彤审阅了本书并提出了宝贵建议，在此特表感谢！此外，研究生张少勇、刘鹏飞、段明泽、王淼、田丰、马锦煌和内蒙古工业大学新希望课外学习小组成员杨东硕、张鹏峰、陈红杰、杨乐、赵宇红、秦彪、薛磊等为本书的编写提供了帮助，在此特别感谢他们的大力支持。

本书虽已经过多次审核，但难免有疏漏之处，恳请广大读者予以指正。

编　者

目 录

第 ① 章

UG NX基础知识

随着计算机技术的飞速发展，UG NX 软件也在机械设计领域发挥着越来越重要的作用，本章在整体概述基本环境、建模、装配和制图四个模块的基础上，介绍了 UG NX 界面及设置方法、软件基本操作、视图和整体环境设置等，为应用软件进行具体操作的学习奠定基础。

1.1 UG NX 概述

UG NX 12.0 是由 SIEMENS 公司推出的一种交互式计算机辅助设计、计算机辅助制造与计算机辅助工程（CAD/CAM/CAE）高度集成的软件系统。它为用户提供了一套集成、全面的产品工程解决方案，功能涵盖设计、建模、装配、模拟分析、加工制造和产品生命周期管理等方面，广泛应用于机械、模具、汽车、家电、航空航天等领域。

启动 UG NX 软件进入欢迎界面，如图 1.1-1 所示。单击 ▯【新建】按钮，系统弹出"新建"对话框，如图 1.1-2 所示。可见 UG 具有建模、仿真、设计等众多功能，限于篇幅及本书的基础性，只讲解"模型"选项卡中"基本环境""建模""装配""制图"模块，

图 1.1-1 UG NX 欢迎界面

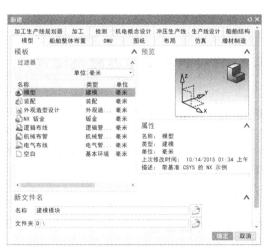

图 1.1-2 "新建"对话框

其他选项卡和模块可以在实际应用中自行探索。

1. 基本环境

"基本环境"是 UG NX 软件的基础模块，为其他模块提供平台，也是连接各模块的桥梁。通过基本环境可进行用户默认设置和外部程序执行等工作，可通过"新建/打开"功能与其他模块对接。通过功能区的"应用模块"选项卡可实现本模块内单元的切换，可以"输入/输出"PDF、PNG、GIF、BMP、AutoCAD DXF/DWG、CATIA V4/V5 等不同格式的文件，实现与其他 2D、3D 软件互通的功能，以满足不同需求。

2. 建模

"建模"模块是软件的基础模块，提供实体建模环境，通过特征生成模型的操作和参数化设计便于实现模型的创建，强大的交互功能为编辑和更新特征提供保障。提供基于草图的建模、基于特征的建模、同步建模等多种方式，其中基于草图和特征的建模方式是本书介绍重点。UG NX12.0 还增加了 GC 工具箱，可实现弹簧、齿轮常用件的快速建模。

3. 装配

UG NX12.0 的装配方式相比之前的版本更容易操作，约束功能的设计更符合工程需求。在装配环境下，可以通过添加组件实现零件的调入，通过约束功能实现零件间相对位置的确定，通过零件与装配体的链接关系使装配的更新与组件的更新同步，通过爆炸工具可按照装配序列生成爆炸图。

按照是否复制模型到装配文件，分为多组件装配和虚拟装配两种模式。按照组件调用的先后顺序，又分为自底向上装配、自顶向下装配和混合装配三种方法。混合装配可更好地发挥 UG NX 的装配优势，所以也最常用。

4. 制图

"制图"模块是将 3D 模型转化为 2D 工程图。在 UG NX 中，可以方便地创建基本视图、剖视图，生成尺寸标注、装配序号、图框、标题栏和明细栏等图样文件。此外，"建模"模块与"制图"模块能够"无缝"对接，使得 3D 模型的任何改变都会同步更新到工程图中，从而使 2D 工程图与 3D 模型一致。

1.2 UG NX 工作界面及设置

1.2.1 工作界面

启动 UG NX 软件后，单击 【新建】按钮，设置模块和文件保存路径后单击【确定】按钮，进入 UG NX 工作界面，如图 1.2-1 所示。UG NX 工作界面由快速访问工具条、功能区选项条、功能区、上边框条、资源条和图形区等组成，它们的功能见表 1.2-1。

1.2.2 界面设置

由于用户需求不同，有时需要个性化的界面设置以便更好操作。以下介绍几种涉及 UG NX 界面设置的方法，帮助用户了解和解决界面问题。

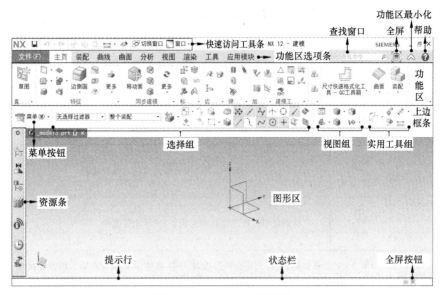

图 1.2-1　UG NX 工作界面

表 1.2-1　UG NX 工作界面功能

区域	功　　能
快速访问工具条	包含常用命令,如保存、撤销、复制和窗口等,便于用户快速访问
功能区选项条	UG NX 命令按照功能分为不同选项卡,例如"主页""装配""曲线"等,在选项条上单击鼠标右键可增减选项卡
功能区	选择某一选项卡,则功能区显示出该选项卡的常用命令。选项卡中的命令按照类型分为不同命令组。命令组按照工作流程顺序排列,组中命令按钮也是依据工作流程从左到右顺序排列。其中,常用的命令一般显示为大图标,不常用的显示为小图标或在"更多"的库中 当功能区有非激活状态(呈灰色)的命令按钮时,说明当前状态没有该命令的操作环境,必要时该命令会高亮显示
上边框条	**菜单按钮**　整合了 UG 传统工作界面下拉菜单中的所有命令,包括"文件""编辑""视图""插入""格式""工具""装配""信息""分析""首选项"等,便于按照类别进行命令的查找
	选择组　包含"类型过滤器""选择范围"选择框和定义选择方式的快捷按钮
	视图组　包含"工作图层""视图下拉操作菜单"选择框和定义图形显示方式的快捷按钮
	实用工具组　包含"WCS""简单测量"下拉菜单和制图首选项、测量距离等快捷按钮
资源条	**装配导航器**　显示装配结构和组件状态,可用于组件的管理
	约束导航器　显示装配组件间的约束关系,可用于约束关系的管理
	部件导航器　显示建模的历史顺序,可用来管理和编辑数据、视图,以及更改创建顺序

（续）

区域	功 能	
资源条	重用库	提供参数化的常用件和标准件库,以及部分通用件,使用户无需进行建模
	HD3D 工具	提供对 HD3D 工具的访问,用于直接在 3D 模型上显示信息和进行交互
	历史记录	显示曾经打开的部件,单击即可打开对应的部件文件
	角色	可根据需求进行个性化角色设置,显示相关界面
图形区	UG NX 的工作区域,可在此进行草图绘制、实体建模、产品装配和出工程图等操作	
提示行/状态栏	左侧是提示行,用于提示用户如何操作;右侧是状态栏,用于显示系统或图形当前状态	
全屏按钮	单击，图形区窗口最大化,再次单击此按钮,返回普通界面	
查找窗口	输入关键字或命令全称进行命令的查找	
功能区最小化	在功能区上折叠组	
帮助	显示上下文相关帮助	

1. 设置角色

在资源条中单击 【角色】按钮，打开"角色"选项区，如图 1.2-2 所示。单击相应的角色图标即可实现不同的界面设置。

角色是按使用功能定制用户界面，可在指派的角色下保存用户界面设置。UG NX 根据用户的经验水平、行业或公司标准提供了"高级" "CAM 高级功能" "CAM 基本功能""基本功能"四种角色界面控制方式。第一次启动 UG NX 时，系统默认使用"基本功能"角色，软件界面提供完成简单任务所需要的全部命令，适合新手用户或临时用户。"高级"功能角色提

图 1.2-2 "角色"选项区

供了更为广泛的功能命令，以便于高级任务的完成，主要用于对 UG NX 工具熟悉且需要其他功能的用户。本书界面为"高级"角色。

2. 定制界面

UG NX 界面也可以进行定制设置，常用的打开"定制"对话框的方法有如下两种。

方法一：依次单击 【菜单】→【工具】→ 【定制】。

方法二：在功能区或上边框条的任意位置单击鼠标右键，在弹出的快捷菜单中选择【定制】命令。

激活命令后，打开"定制"对话框，如图1.2-3所示。对话框包含如下四个选项卡。

（1）"命令"选项卡　该选项卡用于功能区命令的添加和删除。单击对话框左侧"类别"区域的⊞可逐级打开分类选项，右侧"项"区域则显示相应的下拉菜单命令。在需要添加的命令上按下鼠标左键不放，拖动到功能区合适位置后松开左键，即可完成命令的添加；如需删除命令，则从功能区用鼠标左键拖动命令图标到"定制"对话框，松开鼠标左键即完成删除。

（2）"选项卡/条"选项卡　该选项卡用于设置显示的选项卡或选项条的类别。打开"选项卡/条"选项卡的"定制"对话框如图1.2-4所示。单击左侧选择区域的复选框□，可进行相应选项状态的调整。其中，勾选状态☑表明工作界面添加了该选项，再次单击则可去除勾选。

图1.2-3 "命令"选项卡

图1.2-4 "选项卡/条"选项卡

（3）"快捷方式"选项卡　该选项卡用于设置是否显示快捷工具条等。打开"快捷方式"选项卡的"定制"对话框如图1.2-5所示，可根据需求进行设置和勾选。

（4）"图标/工具提示"选项卡　该选项卡用于设置图标大小和是否显示工具提示。打开"图标/工具提示"选项卡的"定制"对话框如图1.2-6所示，可以在该选项卡对功能

图1.2-5 "快捷方式"选项卡

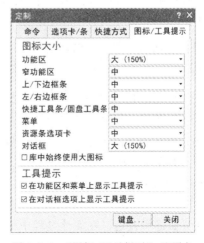

图1.2-6 "图标/工具提示"选项卡

区、边框条、菜单、选项卡、对话框等区域的图标大小进行设置。"工具提示"是一个消息文本框，复选框为勾选状态 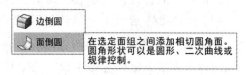 时，将鼠标移至功能区、菜单或对话框选项上，系统会弹出解释或操作提示，如图 1.2-7 所示。

图 1.2-7 工具提示

3. 设置选项卡

在 UG NX 的功能区，命令按照功能不同划分为不同的选项卡和命令组，可以根据需要设置功能区显示的选项卡，从而实现界面设置。在功能区选项条的空白区域单击鼠标右键，系统弹出选项卡快捷菜单，如图 1.2-8 所示。功能区已经显示的选项卡在菜单中有勾选符号"√"，未显示的则没有勾选符号。在选项卡快捷菜单中单击要添加的选项，如"装配"，则"装配"选项前出现"√"，且"装配"标签出现在功能区选项条上，系统打开功能区的"装配"选项卡，如图 1.2-8 所示。

说明：如果在选项卡菜单中再次单击已经添加的选项卡名称，则其前"√"消失，功能区该选项卡不再显示。

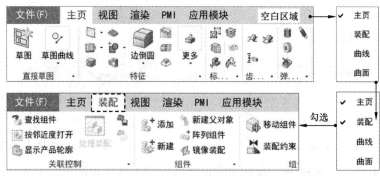

图 1.2-8 设置选项卡

4. 设置功能区

功能区包含若干命令组，每个命令组又包含若干命令。要添加或去除某一命令，可以通过在下拉菜单中勾选或取消勾选相应选项来完成。如图 1.2-9 所示，添加命令可分为如下三个层级。

（1）添加命令组 单击功能区右下角的下拉菜单按钮▼，在弹出的下拉菜单中选择要添加或去除的选项卡中的某个命令组，如图 1.2-9①处所示。

（2）添加下拉菜单或命令 单击命令组右下角的▼，在弹出的下拉菜单中选择要添加或去除的该命令组中的命令或下拉菜单项，如图 1.2-9②处所示。

（3）添加命令 单击下拉菜单右侧的展开按钮▼，在弹出的子菜单中选择要添加或去除的命令，如图 1.2-9③处所示。

5. 切换模块界面

UG NX 不同的操作模块对应的工作界面不同。除了在新建文件时通过"新建"对话框对模块界面进行设定，在设计过程中也可以根据设计需求进行模块切换，常用的切换模块界面的方法有如下两种。

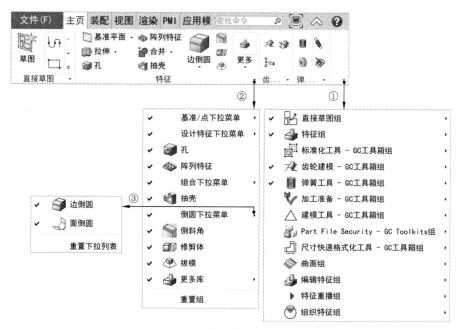

图 1.2-9 设置功能区

方法一：单击当前工作界面左上角的【文件】展开其菜单，在"启动"区域单击相应的模块名称，即可实现模块转换，"启动"区域如图 1.2-10 所示。

方法二：选择功能区选项条中的【应用模块】标签打开其选项卡，"设计"命令组显示出各模块图标，如图 1.2-11 所示。单击不同的模块图标可实现模块及界面的切换，图 1.2-12 所示为"制图"模块的界面。

图 1.2-10 "启动"区域

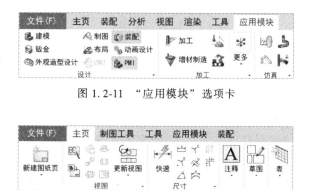

图 1.2-11 "应用模块"选项卡

图 1.2-12 "制图"模块的界面

1.3 UG NX 基本操作

1.3.1 文件管理

1.3.1 微课视频

文件的管理包括新建、保存、关闭、打开和导入（导出）五个环节。

UG NX 的保存、关闭与其他软件稍有不同，更具有层次感。

1. 新建文件

启动 UG NX 后，在欢迎界面单击 ▢【新建】按钮，系统弹出"新建"对话框，如图 1.1-2 所示。将"模板"区域的"过滤器"的"单位"选项设置为"毫米"或"英寸"；在"名称"区域选择 ▣ "模型"或 ▣ "装配"，在"新文件名"区域输入文件名和存储路径，单击【确定】按钮，创建新的文件。

2. 保存文件

在软件的工作界面单击左上角的【文件】按钮，打开其下拉菜单，将鼠标移至"保存"选项上，系统弹出其下拉菜单，各选项分别具有如下功能。

▣ "保存"：用原有的文件名和路径直接保存当前工作部件、装配中修改的组件。

▣ "仅保存工作部件"：用原有的文件名和路径保存工作部件。

▣ "另存为"：用新文件名或新路径保存工作部件。

▣ "全部保存"：用原有的文件名和路径保存当前窗口打开的所有修改的部件、顶层装配文件。

"保存书签"：单击后系统弹出"保存书签"对话框，可进行文件名和路径的选择，在书签文件中保存装配关联、组件可见性、加载选项和部件信息等。

"保存选项"：单击后系统弹出"保存选项"对话框，定义保存部件文件时要执行的操作。

3. 关闭文件

在软件的工作界面单击左上角的【文件】按钮，打开其下拉菜单，将鼠标移至"关闭"选项上，系统弹出其下拉菜单，各选项分别具有如下功能。

"选定的部件"：单击后系统弹出"关闭部件"对话框，从拾取框中选择要关闭的部件（按下<Ctrl>键可多选），执行操作后，不退出软件。

▣ "所有部件"：单击后系统弹出"关闭所有"对话框，提示是否保存关闭的文件，关闭文件后不退出软件。

"保存并关闭"：用原有的文件名和路径保存并关闭当前执行文件。

"另存并关闭"：用新文件名或新路径保存并关闭工作部件。

"全部保存并关闭"：用原有的文件名和路径保存并关闭当前会话中加载的所有部件，不退出软件。

"全部保存并退出"：用原有的文件名和路径保存当前会话中加载的所有部件，然后退出软件。

"关闭并重新打开选定的部件"：单击后系统弹出"重新打开部件"对话框，选择部件名（按下<Ctrl>键可多选），单击【确定】按钮，选中的部件将被重新从磁盘调入以替代修改的版本。

"关闭并重新打开所有修改的部件"：将当前会话中已经修改的组件全部关闭并重新打开原始文件。

4. 打开文件

在软件的工作界面单击左上角的【文件】按钮，在其下拉菜单中选择 ▣【打开】命令，或者在快速访问工具条中单击，系统弹出"打开"对话框，如图1.3-1所示。对话框主要包含如下功能。

（1）选择查找路径　单击对话框上方的"查找范围"列表框可确定查找路径和文件。

（2）设置文件类型　单击对话框下部"文件类型"列表框右侧的按钮，可在其下拉列表框中选择要打开的文件类型。

（3）预览文件　勾选对话框右侧的☑【预览】复选框实现文件预览，通过"图纸页"的下拉列表框可设置预览类别。

（4）设置加载类别　单击对话框下方"选项"列表框右侧的按钮，可以通过其下拉列表框设置文件加载类型。

（5）装配加载选项　单击对话框左下角的【选项】按钮，打开"装配加载选项"对话框，如图1.3-2所示，可设置装配加载选项。

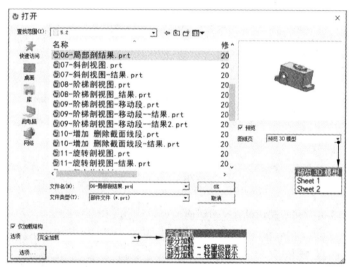

图1.3-1　"打开"对话框

图1.3-2　"装配加载选项"对话框

5. 导入（导出）文件

UG NX具有强大的数据交换功能，支持丰富的交换格式，可与其他三维软件、二维绘图工具和虚拟现实设计软件等进行数据转换。

在软件工作界面单击左上角的【文件】按钮，将鼠标移到其菜单中的![]"导入"或![]"导出"选项上，系统弹出导入或导出的下拉菜单。UG NX导入的类别有22种，导出的类别有24种，例如常用的Parasolid、AutoCAD DXF/DWG、STL、PDF等格式。可以根据不同需求选择相应格式，按照提示行进行相关操作即可。

1.3.2　鼠标操作

鼠标操作的熟练程度直接关系到作图的准确性和速度，利用鼠标不仅可以选择命令、选取模型中的几何要素，还可以控制图形区模型的缩放和移动，单击鼠标不同键有如下不同功用。

鼠标左键：选择菜单、工具栏上的命令，选择屏幕上的对象。

鼠标中键：按下并移动实现模型旋转，滚动实现模型缩放。向前滚动中键则模型变大，向后滚动则模型变小。

鼠标右键：弹出快捷工具条、快捷菜单、功能定制菜单等。

鼠标中键+右键：平移模型。

以上操作只是改变模型的显示状态，不改变模型的真实大小和位置。如果因为个人操作习惯而需要更改对模型缩放的鼠标操作方式，可采用以下步骤修改。

（1）激活设置对话框　依次选择【文件】→【实用工具】→　【用户默认设置】命令，系统弹出"用户默认设置"对话框，如图1.3-3所示。

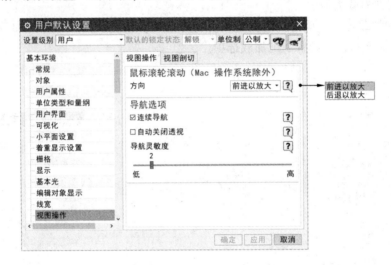

图1.3-3　"用户默认设置"对话框

（2）设置鼠标　在对话框左侧区域依次单击【基本环境】→【视图操作】后，可以在对话框右侧区域进行"鼠标滚轮方向"和"导航选项"等设置；设置完成后单击【确定】按钮，系统弹出重启软件的提醒对话框，如图1.3-4所示，单击【确定】按钮结束操作。重启UG NX后鼠标设置便会生效。

图1.3-4　重启软件提醒对话框

1.3.3　键盘操作

使用UG NX时，除利用鼠标完成操作外，还可利用键盘进行窗口操作。例如，方向键可以实现同一控件内不同元素之间的切换；<Enter>键可以实现操作的确认，一般相当于用鼠标单击"确定"按钮；空格键可以实现对相应对话框中"接受"按钮的激活。除此之外，UG NX还有一些快捷键可用来执行操作，快捷键在下拉菜单相应命令的右侧均有显示，部分常用的快捷键及其功能见表1.3-1。

根据需求，也可以自定义快捷键，操作步骤如下。

（1）激活定制命令　在功能区或上边框条的任意位置单击鼠标右键，在弹出的快捷菜单中选择　【定制】命令，系统弹出"定制"对话框。

表 1.3-1　UG NX 常用快捷键及功能

快捷键	功能	快捷键	功能
<Ctrl+N>	创建新文件	<Ctrl+Shift+N>	新建布局
<Ctrl+O>	打开现有文件	<Ctrl+Shift+O>	打开布局
<Ctrl+S>	保存文件	<Ctrl+Shift+A>	另存文件
<Ctrl+J>	编辑对象显示	<Ctrl+Shift+U>	显示全部
<Ctrl+W>	显示和隐藏管理	<Ctrl+Shift+B>	互换显示与隐藏
<Ctrl+M>	切换到建模环境	<Ctrl+Alt+M>	切换到加工环境
<Ctrl+L>	图层设置	<Ctrl+Shift+D>	切换到制图环境
<Ctrl+B>	隐藏	<Ctrl+Z>	撤销上步操作
<Ctrl+A>	全选	<Ctrl+I>	类选择
<Ctrl+X>	剪切	<F4>	重复上一命令
<Ctrl+P>	打印	<F5>	刷新
<Ctrl+F>	调整视图充满显示区域	<F6>	视图缩放
<Ctrl+T>	移动对象	<F7>	视图旋转
<Ctrl+E>	创建表达式	<F8>	自动法向视图

（2）激活定制键盘对话框　单击"定制"对话框下方的【键盘】按钮，系统弹出"定制键盘"对话框，如图 1.3-5 所示。

（3）设置键盘快捷键　在"定制键盘"对话框中进行快捷键设置可分为五个步骤，以"阵列特征"为例，其定义过程如图 1.3-5 所示。

1）选择类别。如图 1.3-5①处所示，在"类别"区域选择"关联复制下拉菜单"，则右侧的"命令"区域将显示该菜单中所有命令。

2）选择命令。如图 1.3-5②处所示，在"命令"区域选择要定义的"阵列命令"。

3）输入快捷键。如图 1.3-5③处所示，在"按新的快捷键"文本框中输入设置的快捷键，如在键盘上同时按下<Alt>键和<Z>键，则文本框内出现"Alt+Z"字样。

4）确定快捷键。如图 1.3-5④处所示，单击【指派】按钮，则如图 1.3-5⑤处所示，"当前键"区域会显示系统的判断结果，绿色点表示设置成功，红色叉表示存在冲突，设置

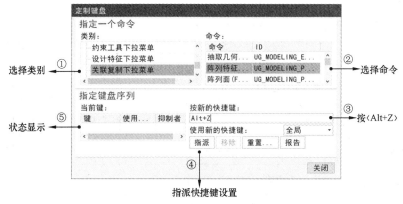

图 1.3-5　"定制键盘"对话框

完成后单击【关闭】按钮。

1.3.4　点构造器

在定位某些特征，或者在构建曲面所需的曲线框架的过程中，经常需要对特征上的点进行选择或编辑。插入"点"命令，或者在特征对话框中的"指定点"区域单击 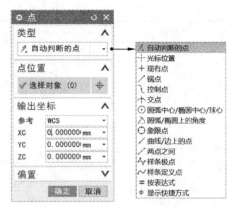【点对话框】，均可打开图1.3-6所示的"点"对话框（点构造器）。

点构造器的"类型"下拉列表框中有十三类不同的构造选项，可以方便地捕捉和定义不同类型的点，表1.3-2列出了各选项的功能含义。

图 1.3-6　"点"对话框

表 1.3-2　点构造"类型"选项的功能含义

选项	功能含义
自动判断的点	根据光标位置，系统自动推断并选取一个点
光标位置	通过定位十字光标位置而定义一个点
现有点	选择一个已存在的点
端点	在现有直线、圆弧及其他曲线的末端位置定义一个点
控制点	在几何对象的控制点处定义一个点，控制点与几何对象的类型有关
交点	在两条曲线的交点处，或在一条曲线与一个曲面（平面）的交点处定义一个点；如果两者相交的点多于一个，系统默认选取最靠近第二个对象的交点处定义一个点；若两条非平行曲线段未实际相交，但在两者延长线上交于某一点，则系统选取两者延长线上的交点处定义一个点
圆弧中心/椭圆中心/球心	在圆弧、椭圆或球的中心定义一个点
圆弧/椭圆上的角度	选定圆弧或椭圆弧，然后在与坐标系轴 XC 正向成一定角度的方向定义一个点（逆时针为正）
象限点	在圆弧、椭圆弧的四分点处定义一个点
曲线/边上的点	在曲线或实体边缘最接近光标的位置定义一个点
面上的点	在曲面最接近光标的位置定义一个点
两点之间	在选定的两点之间定义一个点，新点位置可由两点之间的位置百分比设定
样条极点	在样条、曲面的极点位置定义一个点
样条定义点	在样条、曲面的定义位置定义一个点
按表达式	通过选择表达式或创建表达式定义一个点

1.3.5 矢量构造器

在建模过程中，需要确定特征和对象的方位时，例如，确定拉伸的方向、圆柱体的轴线、孔的轴线等时，可以通过指定矢量来完成。在很多特征对话框中单击"指定矢量"区域的 ![icon]【矢量对话框】按钮，均可打开图 1.3-7 所示的"矢量"对话框（矢量构造器）。

图 1.3-7 "矢量"对话框

在矢量构造器的"类型"下拉列表框中有 16 类不同构造类型，便于根据需求选择和定义不同类型的矢量，表 1.3-3 列出了各选项的功能含义。

表 1.3-3 矢量构造"类型"选项的功能含义

选项	功能含义
自动判断的矢量	选择要定义的对象，系统根据所选对象自动推测出一种适用类型的矢量
两点	通过两个点定义一个矢量，默认的矢量方向是从第一点指向第二点
与 XC 成一角度	在 XY 平面中，通过确定与 XC 轴的角度定义矢量方向
曲线/轴矢量	根据选定的边、曲线或轴自动判断定义矢量
曲线上矢量	根据曲线上的选定点定义矢量，矢量垂直于曲线上选定点的切线
面/平面法向	以指定平面的法向或圆柱面的轴线定义矢量
XC 轴 -XC 轴	指定 XC 轴正（负）方向为矢量方向
YC 轴 -YC 轴	指定 YC 轴正（负）方向为矢量方向
ZC 轴 -ZC 轴	指定 ZC 轴正（负）方向为矢量方向
视图方向	指定当前视图的法向为矢量方向
按系数	需要指定系数选项为"笛卡儿坐标系"或"球坐标"，然后输入坐标分量以定义矢量
按表达式	通过表达式定义矢量

1.3.6　坐标系

在三维建模过程中，坐标系是确定模型对象位置的基本手段，是研究三维空间不可缺少的基础元素。UG NX 中有绝对坐标系、工作坐标系和基准坐标系三种，下面分别对其进行简单介绍。

1. 绝对坐标系（ACS）

绝对坐标系是模型空间中的概念性位置和方向，是不可见且不能移动的坐标系。将绝对坐标系视为位于 X = 0，Y = 0，Z = 0 位置，绝对坐标系的原点不会显示在图形区，但在图形区的左下角显示绝对坐标轴的方位并随模型的旋转而变化。绝对坐标系可以作为创建点、基准坐标系以及其他操作的绝对位置参照。

2. 工作坐标系（WCS）

工作坐标系也是唯一的，其初始位置与绝对坐标系一致，但可以根据需要进行移动、旋转等操作。工作坐标系也可以作为创建点、基准坐标系以及其他操作的位置参照。

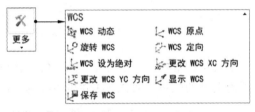

图 1.3-8　工作坐标系菜单

在功能区选项条上单击【工具】标签打开其选项卡，在"实用工具"命令组中单击 【更多】，打开图 1.3-8 所示工作坐标系菜单，从中选择相关命令可实现工作坐标系的动态调整。下面以 "WCS 定向"为例，介绍工作坐标系的变换。选择此命令，则打开的"坐标系"对话框如图 1.3-9 所示，矢量列表中，XC、YC 和 ZC 等矢量是以工作坐标系为参照进行设计，对话框中"类型"选项的功能含义见表 1.3-4。

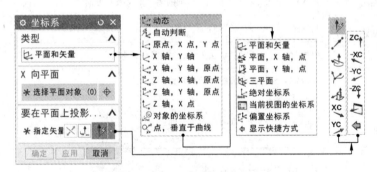

图 1.3-9　"坐标系"对话框

表 1.3-4　坐标系变换"类型"选项的功能含义

选项	功能含义
动态	对现有坐标系进行任意的移动和旋转。选择动态坐标系的某一轴线箭头，可实现沿轴运动;选择某一平面弧线上的小圆球，可实现在该平面内的转动;选择坐标系原点小球，可实现任意位置移动
自动判断	根据选择对象构造属性，系统智能地筛选可能的构造方式，当达到坐标系构造的唯一要求时，系统将自动产生一个新的工作坐标系

（续）

选项	功能含义
原点,X点,Y点	通过在图形区依次选定原点、X轴点、Y轴点进行工作坐标系的再定义。其中,第一点指向第二点的方向为X轴的正向,第二点指向第三点的方向按右手定则确定Y轴的正向
X轴,Y轴	通过指定X轴矢量和Y轴矢量来重新定向工作坐标系
X轴,Y轴,原点	通过指定原点、X轴矢量和Y轴矢量来重新定向工作坐标系
Z轴,X轴,原点	通过指定原点、Z轴矢量和X轴矢量来重新定向工作坐标系
Z轴,Y轴,原点	通过指定原点、Z轴矢量和Y轴矢量来重新定向工作坐标系
Z轴,X点	通过指定Z轴矢量和X轴点来重新定向工作坐标系
对象的坐标系	在图形区选择某一参考对象,将其自身坐标系定向为当前的工作坐标系
点,垂直于曲线	在图形区选择点、曲线来重新定向坐标系。当选择线性曲线时,X轴是从曲线到点的垂直矢量;Z轴是垂直点的切矢量;Y轴是Z轴与X轴的矢量积。当选择一条非线性曲线时,通过X轴、Y轴和Z轴分量的增量来定义坐标系
平面和矢量	在图形窗口中选择平面、矢量来重新定向坐标系。X轴方向为平面法向;Y轴方向为矢量在平面上的投影方向
平面,X轴,点	通过定义Z轴的平面、平面上的X轴和平面上的原点来重新定向工作坐标系
平面,Y轴,点	通过定义Z轴的平面、平面上的Y轴和平面上的原点来重新定向工作坐标系
三平面	通过指定三个平面定义一个坐标系作为工作坐标系
绝对坐标系	使用此方法可以在绝对坐标(0,0,0)处定义一个新的工作坐标系
当前视图的坐标系	利用当前视图的方位定义一个新的工作坐标系
偏置坐标系	基于指定的参考坐标系进行原点移动和轴向转动,以此创建新的工作坐标系

3. 基准坐标系

创建新文件时，UG NX 会将基准坐标系定位在绝对零点，并在部件导航器中将其创建为第一个特征，如图 1.3-10 所示。基准坐标系提供了一组关联的对象，包括三个轴、三个平面、一个坐标系和一个原点，这些对象可以单独选取，以支持创建其他特征和在装配中定位组件。

　　基准坐标系不唯一，可创建多个。在功能区"特征"命令组"基准/点"的下拉菜单中选择 【基准坐标系】命令，系统打开"基准坐标系"对话框，如图 1.3-11 所示，不同的创建方式与工作坐标系的创建方式类似，不再展开介绍。

图 1.3-10　基准坐标系

图 1.3-11　"基准坐标系"对话框

1.4　UG NX 视图操作

　　在建模过程中，可以利用鼠标对模型进行任意位置的调整、缩放和旋转。除此之外，UG NX 的"视图"选项卡也提供了许多便捷的操作方式，以下就视图定向、视图布局、视图可见性和显示样式进行介绍。

1.4　微课视频

1.4.1　基本视图定向工具

　　UG NX 在建模模块和制图模块均提供了主、俯、左、右、仰、后六种基本视图和正等、正三两种轴测图，此处只介绍建模模块视图定向的方法，制图模块的视图生成详见第 5 章。

　　说明： UG NX 提供了两种轴测图，其中正等轴测图是坐标轴旋转后三个轴向伸缩系数相同的，正三轴测图是三个轴向伸缩系数各不相同的。

　　在功能区选项条单击【视图】标签打开其选项卡，功能区显示相关命令组。其中，"操作"命令组中显示的"定向视图"命令如图 1.4-1 所示。除此之外，在上边框条的视图组单击 右侧的 ▾ 也可以打开"定向视图"的下拉菜单，如图 1.4-2 所示。在"定向视图"命令组上单击某个定向视图命令，图形区的模型就会显示为相应的视图，图 1.4-3 所示是单击 【正三轴测图】命令后模型显示的效果。

图 1.4-1　"操作"命令组

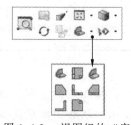

图 1.4-2　视图组的"定向视图"下拉菜单

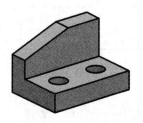

图 1.4-3　正三轴测图

1.4.2 视图布局

在建模模块，为同时多角度观察模型，UG NX 提供了视图布局功能。在视图选项卡"操作"命令组中单击【更多】，系统弹出"视图布局"列表，如图 1.4-4 所示。

图 1.4-4 "视图布局"列表

1. 新建布局与保存布局

选择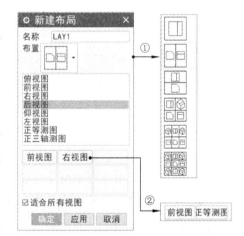【新建布局】命令，系统弹出"新建布局"对话框，如图 1.4-5 所示。"名称"区域用于定义布局名称，默认布局名称为"LAY＊"，"＊"用视图数替代即可；打开"布置"区域的下拉菜单，系统弹出图 1.4-5 中①处所示六种布局以供选择。以第二种为例，选择该布局后，在对话框下方的视图名称区域会显示"前视图""右视图"，如果满足需求，单击【确定】按钮；如果不满足需求，首先单击需要修改视图的名称，如选择【右视图】，然后在上方的视图名称列表框中选择要替换的视图，如选择【正等测图】，则结果如图 1.4-5 中②处所示，完成操作单击【确定】按钮，则当前图形区中的视图按照定义的布局呈现。

如果要保存当前布局设置，在"视图布局"列表中选择【保存布局】命令；如果要使用其他名称保存，则选择【另存布局】命令。

2. 打开布局与替换视图

在"视图布局"列表中选择【打开布局】命令，系统弹出图 1.4-6 所示"打开布局"对话框，可以选择默认的五种布局之一，或者任何设置过的布局，也可根据需求进行视图方位调整，具体步骤如下。

（1）打开文件 根据路径"＼ug＼ch1＼1-视图布局.prt"打开配套资源中的模型。

（2）激活命令 首先在功能区选项条单击【视图】标签打开其选项卡，然后在"操作"命令组中单击【更多】，接着在弹出的"视图布局"列表中选择【打开布局】命令打开其对话框。

图 1.4-5 "新建布局"对话框

（3）选择布局 在如图 1.4-6 所示对话框中选择【L4-四视图】，单击【确定】按钮，则图形区将显示出模型的四个视图并定向为如图 1.4-7 所示效果。

（4）替换视图 在"视图布局"列表中选择【替换视图】命令打开"要替换的视图"对话框，如图 1.4-8 所示；在对话框列表中选择要替换的视图，单击【确定】按钮打开"视图替换"对话框，如图 1.4-9 所示；根据需求在对话框列表中选择相应的视图，单击【确定】按钮完成替换，替换后的效果如图 1.4-10 所示。

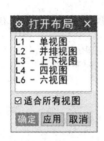

图 1.4-6 "打开布局"对话框

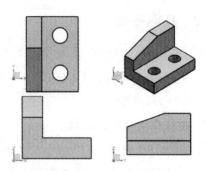

图 1.4-7 "L4-四视图"布局

图 1.4-8 "要替换的
视图"对话框

图 1.4-9 "视图替换"
对话框

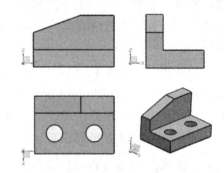

图 1.4-10 替换视图后的
四视图布局

3. 删除布局

如果不再使用自主创建的视图布局，可在"视图布局"列表中选择 ⊞【删除布局】命令，从弹出的对话框中选择要删除的布局选项。

注意：只能删除用户定义的且处于不活动状态的视图布局。

1.4.3 显示样式

为查看模型、部件和装配体的显示效果，会应用到不同的显示样式。"显示样式"命令有如下三种常用的激活方法。

方法一：在功能区选项条上单击【视图】标签打开其选项卡，在"样式"命令组中选择显示样式图标，如图 1.4-11 所示。

方法二：在上边框条的视图组中单击 ⬚ 右侧的 ▼，从弹出的下拉菜单中选择显示样式，如图 1.4-12 所示。

方法三：在图形区的空白区域单击鼠标右键，从弹出的右键挤出菜单中进行选择，如图 1.4-13 所示。

单击某一样式图标，图形区的模型就会按照选定的显示样式呈现。显示样式的功能含义及图例见表 1.4-1。

图 1.4-11 "样
式"命令组

图 1.4-12　视图组的"显示样式"下拉菜单　　　　图 1.4-13　右键挤出菜单

表 1.4-1　显示样式的功能含义及图例

显示样式	功　能　含　义	图　例
带边着色	用光顺着色和打光渲染工作视图中的面并显示面的边	
着色	用光顺着色和打光渲染工作视图中的面,不显示面的边,有时在显示效果上与艺术外观接近	
带有淡化边的线框	用设定颜色的粗实线显示模型可见的线(含轮廓线),用淡化的浅色线条显示不可见的线	
带有隐藏边的线框	用设定颜色的粗实线显示模型可见的线,而对不可见的边缘线进行隐藏	
静态线框	用设定颜色的粗实线显示模型的所有线,不管这些线是否可见	
艺术外观	根据指定的基本材料、纹理和光源实际渲染工作视图中的面,使模型的显示效果更有真实感	

（续）

显示样式	功能含义	图例
面分析	用曲面分析数据渲染工作视图中的分析面,并按边几何元素渲染其他面。必要时,可借助 "编辑对象显示"更改颜色和线条的宽度	
局部着色	用光顺着色和打光渲染工作视图中的面,并通过 "编辑对象显示"设置需要局部着色面的颜色和线宽等	

1.4.4 编辑对象显示

在操作过程中,需要修改对象的图层、颜色、线型、线宽、透明度等显示状态时,可以利用 "编辑对象显示"来完成,该命令有如下两种常用的激活方法。

方法一:在功能区选项条上单击【视图】标签打开其选项卡,添加 "可视化"命令组,其常见命令如图 1.4-14 所示,在命令组中选择 【编辑对象显示】命令。

方法二:依次单击 【菜单】→【编辑】→ 【对象显示】。

激活命令后,系统弹出 "类选择"对话框,如图 1.4-15 所示。选择对象后,单击【确定】按钮打开 "编辑对象显示"对话框,则可进行颜色、线宽等要素的修改。

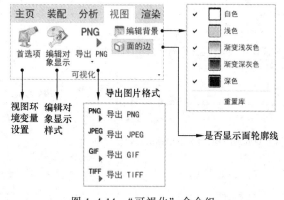

图 1.4-14 "可视化"命令组

图 1.4-15 "类选择"对话框

下面以模型局部着色和线宽修改为例进行 "编辑对象显示"命令的讲解,操作步骤如下。

（1）打开文件　根据路径 " \ ug \ ch1 \ 2-对象显示 . prt"打开配套资源中的模型。

（2）激活命令　功能区在 "视图"选项卡的 "可视化"命令组中选择 【编辑对象显示】命令,系统弹出 "类选择"对话框,如图 1.4-15 所示。

（3）设置选择类别　在上边框条选择组中将 "类型过滤器"的选择意图选择为【面】,如图 1.4-16 所示。

说明:系统默认选择 "实体",如果局部着色,则需要设置选择类别。

（4）选择对象 选择模型中要着色的表面，接着单击"类选择"对话框中的【确定】按钮，系统弹出"编辑对象显示"对话框，如图1.4-17所示。

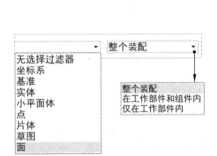

图1.4-16 "类型过滤器"下拉菜单   图1.4-17 "编辑对象显示"对话框

（5）修改颜色 单击"编辑对象显示"对话框中"颜色"右侧的色块，打开"颜色"对话框，如图1.4-18所示；在"收藏夹"或"调色板"区域选择合适的颜色，单击【确定】按钮返回"编辑对象显示"对话框，单击【应用】按钮，则系统执行操作但不关闭对话框。

（6）修改线宽 单击"编辑对象显示"对话框下方的"选择新对象"按钮，然后在图形区选择模型，再单击【确定】按钮；打开"宽度"的下拉列表框并选择——"0.70mm"，单击【确定】按钮。对模型局部着色并修改线宽的效果如图1.4-19所示。

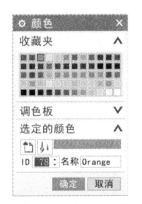

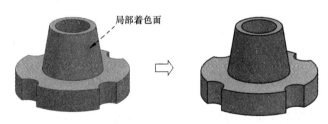

图1.4-18 "颜色"对话框   图1.4-19 编辑对象显示

1.4.5 显示和隐藏

在建模、装配和导出工程图过程中，当某些要素需要隐藏或显示时，可以通过"显示和隐藏"命令来完成，该命令有如下三种常用的激活方法。

方法一：在功能区"视图"选项卡的"可见性"命令组中选择 【显示和隐藏】命令，如图1.4-20所示。

方法二：在上边框条的视图组单击 右侧的 ，从弹出的下拉菜单中选择命令，如图1.4-21所示。

方法三：依次单击 【菜单】→【编辑】→【显示和隐藏】，系统弹出图1.4-22所示菜单，从菜单中选择 【显示和隐藏】命令。

命令激活后，系统弹出"显示和隐藏"对话框，如图1.4-23所示。对话框的"类型"区域列出了当前图形区所包含的各几何体的名称，单击"显示"列的"+"号，则该类型的几何体显示在图形区；单击"隐藏"列的"－"号，则该类型的几何体隐藏。一般通过对话框来实现草图、基准等辅助要素的快速显示或隐藏。

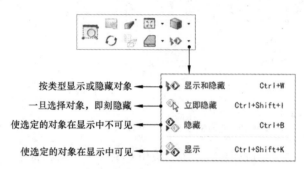

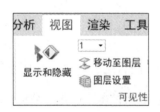

图1.4-20 "可见性"命令组　　　　图1.4-21 视图组的"显示和隐藏"下拉菜单

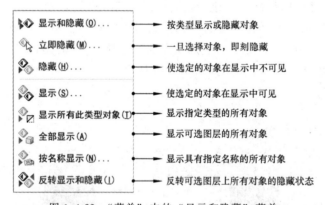

图1.4-22 "菜单"中的"显示和隐藏"菜单

图1.4-23 "显示和隐藏"对话框

除了批量设置几何体可见性外，也可以在图形区选择特定对象进行设置。例如，选择脚轮装配中的轴，在弹出的快捷工具条中选择 【隐藏】命令，如图1.4-24所示。

如需显示隐藏的对象，则可按如下方法操作。

方法一：在图1.4-21所示菜单中选择 【显示】，系统弹出图1.4-15所示"类

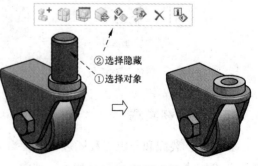

图1.4-24 隐藏对象

选择"对话框,则已隐藏的对象将重新显示在图形区,选择要显示的对象再单击【确定】按钮,即可显示已隐藏的对象。

方法二:打开对象导航器,设置显示。

1)显示组件。打开装配导航器,在隐藏的组件上单击鼠标右键,在弹出的快捷菜单中选择 ▶🔲【显示】。

2)显示模型。打开部件导航器,在对应特征上单击鼠标右键,在弹出的快捷菜单中选择 ◈【显示】命令。

方法三:依次单击 ☰【菜单】→【编辑】→【显示和隐藏】,在弹出的快捷菜单中选择显示的相关命令。

1.5 UG NX 环境设置

1.5 微课视频

用户设置和首选项都属于全局变量,可在操作前根据需求进行个性化设置,从而提高工作效率。以下就用户界面首选项、用户默认设置、对象首选项和选择首选项进行介绍,"制图首选项"的设置详见 5.1.2 节。

1.5.1 用户界面首选项

启动软件,系统默认是"浅色(推荐)"主题界面,用户也可自行设置为"经典"或"系统"界面。在功能区选项条依次单击【文件】→ ▤【首选项】→ 🖥【用户界面】打开"用户界面首选项"对话框,如图 1.5-1 所示。在对话框左侧区域选择【主题】,则右侧区域显示相关选项,可根据需求从"类型"下拉列表框中选择主题类型,选择完成后单击【确定】按钮,设置新界面主题。

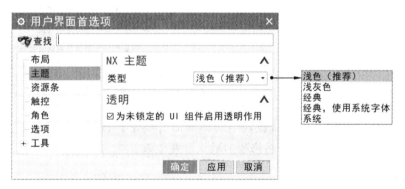

图 1.5-1 "用户界面首选项"对话框

1.5.2 用户默认设置

在功能区选项条依次单击【文件】→ ✍【实用工具】→ 🖥【用户默认设置】,系统弹出图 1.5-2 所示的"用户默认设置"对话框。利用此对话框,可以控制众多命令和对话框的初始设置和参数。

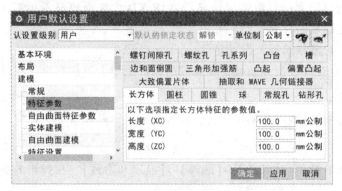

图 1.5-2 "用户默认设置"对话框

在对话框左侧列表框中选择要设置的参数类型，则右侧区域会显示相应的设置选项，可以根据需求进行相关参数设置。例如，在图 1.5-2 所示对话框的左侧列表框选择"建模"模块中"特征参数"选项，则右侧区域上方显示所有命令名称。选择某一命令，如长方体，下方区域就会显示该命令的相关参数类别和默认数值。如图 1.5-2 所示，创建长方体体素特征需要三个参数，默认数值均为 100mm，可根据需求进行默认参数设置。

在"用户默认设置"对话框中单击右上角的 ![icon]【管理当前设置】按钮，系统弹出图 1.5-3 所示对话框，单击 ![icon]【导出默认设置】按钮，可将默认设置保存为 .dpv 文件；单击 ![icon]【导入默认设置】按钮，可以导入修改后的设置文件，从而实现默认设置的修改。

图 1.5-3 "管理当前设置"对话框

设置完成后，单击"用户默认设置"对话框的【确定】按钮退出对话框，系统弹出重启生效提示框，重新启动 UG NX 后修改的默认设置生效。

1.5.3 对象首选项

依次单击 ![icon]【菜单】→【首选项】→![icon]【对象】，系统弹出"对象首选项"对话框，该对话框包含"常规""分析"和"线宽"三个选项卡。其中"常规"选项卡如图 1.5-4 所示，"分析"与"线宽"选项卡不作介绍，可在使用时自行体验。

图 1.5-4 所示"对象首选项"对话框"常规"选项卡中的常用选项说明如下。

"工作层"：用于定义工作的图层。在文本框中输入图层号，单击【确定】按钮后，则后续操作创建的对象将储存在该图层中。

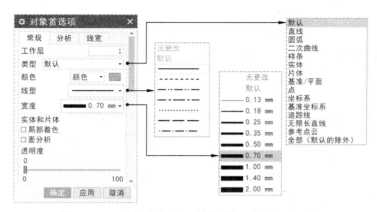

图 1.5-4 "对象首选项"对话框的"常规"选项卡

"类型"：通过下拉列表框选择需要设置的对象类型。

"颜色"：单击右侧色块打开"颜色"对话框，从中选择对象要设置的颜色。

"线型"：通过下拉列表框设置对象的线型。

"宽度"：通过下拉列表框设置对象显示的线宽。

"实体和片体"区域：设置分析对象的颜色和线型。其中，"局部着色"用于确定实体和片体是否局部着色；"面分析"用于确定是否在面上显示该面的分析效果。

"透明度"：通过移动滑块改变物体的透明状态。

1.5.4 选择首选项

依次单击 ![menu]【菜单】→【首选项】→【选择】，系统弹出图 1.5-5 所示"选择首选项"对话框。

图 1.5-5 所示的"选择首选项"对话框中的常用选项说明如下。

（1）"多选"区域　设置框选规则。

"鼠标手势"：设置框选方式，可以在"套索""矩形""圆"中三选一，默认为"矩形"。

"选择规则"：设置框选后哪个区域对象被选择。例如，"内侧"表示框选后在选择框内对象亮显，被选择。

（2）"高亮显示"区域　设置预选对象是否高亮显示。

"高亮显示滚动选择"：设置当选择球接触到对象时，对象是否会以高亮方式显示。勾选复选框则表明会高亮显示对象。

"滚动时显示对象工具提示"：设置当选择球接触到对象时，是否显示对象的创建方式。勾选复选框则鼠标右下角会显示相关命令。

"滚动延迟"：设置预选对象时，高亮显示延迟的时长。

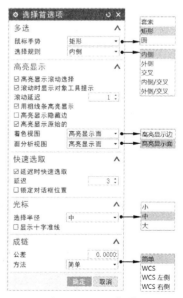

图 1.5-5 "选择首选项"对话框

"用粗线条高亮显示"：设置高亮显示时，轮廓线条是否加粗显示。

"高亮显示隐藏边"：设置高亮显示时，看不见的边线是否显示。

"高亮显示原始的"：设置高亮显示的是原始特征，还是修改后的特征。不勾选复选框则表明高亮显示的是对象当前状态。

"着色视图""面分析视图"：设置在着色视图或面分析视图高亮显示时，是面还是仅轮廓边线出现预选色，通常设置为"高亮显示面"。

（3）"快速选取"区域　当要选择的对象不便于拾取时，可以通过"快速选取"进行选择。区域中的"延迟"文本框用于设置拾取光标"…"在几秒后出现。

（4）"光标"区域　设置选择球的半径大小，包括"小""中"和"大"三种半径。勾选"显示十字准线"则光标显示出十字交叉线，通常不勾选。

（5）"成链"区域　设置链接曲线的选择参数。

"公差"：设置链接曲线时，彼此相邻的曲线端点间允许的最大间隙。尺寸链公差越小，选取就越精确；公差越大，就越不精准。

"方法"：设置自动链接所采用的方式，共有四种。其中，"简单"用于选择彼此首尾相连的曲线串。

第 ② 章

二维草图设计

二维草图是三维建模的基础，在三维建模中占有重要位置。设计者可以按照自己的思路在草图平面上勾画出零件的大概轮廓，然后通过条件约束进行精确定义，最终确定图形的几何形状、尺寸大小、相互位置等。草图可通过拉伸、旋转或扫掠等特征操作生成实体模型。熟练掌握二维草图的绘制，将提高在三维建模中制图的效率，达到事半功倍的效果。

2.1 草图环境设置

在 UG NX 中，通过草图环境设置可实现个性化绘图需求。在绘制草图前，依次单击【菜单】→【首选项】→【草图】，系统弹出"草图首选项"对话框，如图 2.1-1 所示，对话框包括"草图设置""会话设置"和"部件设置"三个选项卡。

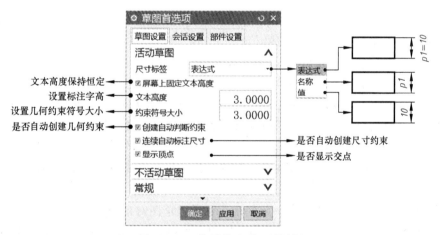

图 2.1-1 "草图首选项"对话框

1. 草图设置

"草图设置"选项卡用于控制"活动草图"区域，打开"草图设置"选项卡的对话框如图 2.1-1 所示，该选项卡中的常用选项说明如下。

"尺寸标签"：进行草图尺寸标注时，系统会自动为每个尺寸添加名称，标注方式有"表达式""名称"和"值"三种。选择"表达式"，则标注时同时显示名称和尺寸数字；

选择"名称",则标注时只显示系统赋予的名称;选择"值",则标注时只显示尺寸数字。系统默认标注方式是"表达式"。

"屏幕上固定文本高度":勾选该复选框,则缩放草图时尺寸文本维持恒定的大小。

"文本高度":文本框用于定义尺寸标注的字高。

"约束符号大小":文本框用于定义草图几何约束符号显示的尺寸。

"创建自动判断约束":设置创建或编辑草图几何图形时,系统是否启动自动判断约束的功能。通常为勾选状态,绘制草图曲线时系统会创建相关约束。

"连续自动标注尺寸":设置在绘图过程中,系统是否自动进行尺寸约束,勾选后系统将自动创建尺寸。也可以在草图环境下通过"草图"命令组上的 【连续自动标注尺寸】进行设置。

"显示顶点":勾选该复选框,则显示曲线交点。

说明:要编辑草图中的尺寸样式,则单击尺寸,在弹出的快捷菜单中选择 【样式】命令可进行文本、尺寸线等修改。

2. 会话设置

使用"会话设置"选项卡可以对草图中的对齐角、任务环境、背景等进行设置,打开"会话设置"选项卡的对话框如图 2.1-2 所示,该选项卡中的常用选项说明如下。

"对齐角":可以指定水平、竖直、平行及正交直线的默认捕捉角公差。例如,绘制直线时,如果相对于水平参考(或竖直参考)的夹角小于或等于捕捉角度值,则该直线被自动捕捉到水平(或竖直)位置。

"显示自由度箭头":勾选复选框,则标注尺寸时,在草图曲线端点处用箭头显示未约束的自由度。

"动态草图显示":勾选复选框,则绘制草图时显示尺寸约束和顶点符号;但如果相关几何体很小,则不显示约束和顶点符号。

"显示约束符号":勾选复选框,则显示创建的几何约束符号。

"显示自动尺寸":勾选复选框,则绘制草图时显示系统自动创建的尺寸。

"更改视图方向":勾选复选框,则当工作环境在"建模"和"制图"间进行切换时,视图方向会自动切换到垂直于绘图平面方向;如果不勾选,则不会切换,默认是勾选状态。

"基于第一个驱动尺寸缩放":勾选此复选框,则在首次均匀缩放整个草图时,将绘制草图时系统自动标注的示意尺寸(灰显)转换为约束尺寸(亮显)。一般保持默认的勾选状态即可。

"维持隐藏状态":与隐藏命令一起使用,可设置草图对象的显示状态。勾选此复选框,则隐藏的任何草图曲线或尺寸在下次编辑草图时仍保持隐藏状态。取消勾选,则在编辑草图时显示所有曲线和尺寸,而不考虑其隐藏状态;退出草图环境后,对象将恢复到其原来的隐藏状态。

"保持图层状态":打开一个草图时命令,它所驻留的图层会自动变成工作图层。勾选此复选框,则完成草图后草图图层和工作图层将恢复到激活草图命令之前的状态。若取消勾选,则草图图层仍将是工作图层。

"显示截面映射警告":退出草图环境时,如果草图截面需要更换工作图层,草图截面将重新映射。勾选此复选框，则在重新映射时，系统将显示一条警告提示。通常为勾选状态。

"背景"：设置图形区的背景色。其中，"继承颜色"是指使用与所在的应用模块相同的背景色；"纯色"是指使用在背景首选项中设置的单色。

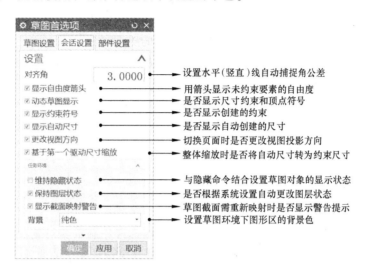

图2.1-2 "会话设置"对话框

3. 部件设置

"部件设置"选项卡包括曲线、尺寸和参考曲线等颜色的设置，可以根据需求进行个性化定制。一般情况下，都采用系统默认的颜色设置。

2.2 进入与退出草图环境

在UG NX建模环境下进入草图环境，常用的有如下两种方法。

方法一：依次单击 【菜单】→【插入】→ 【草图】或 【在任务环境中绘制草图】。

方法二：在功能区的"直接草图"工具条上选择 【草图】命令。

激活命令后，系统弹出"创建草图"对话框，如图2.2-1所示。选择系统默认设置，单击【确定】按钮，进入草图环境。

"创建草图"对话框中的常用选项说明如下。

（1）"草图类型"区域 设置草图创建类型。

 "在平面上"：选择此选项，可在图形区选择任意平面为草图平面。

图2.2-1 "创建草图"对话框

"基于路径"：选择此选项，通过在曲线上选择点并在该点切线的垂直方向创建草图平面。

（2）"草图坐标系"区域　设置草图方位。

"自动判断"：选择基准平面或图形中现有的平面作为草图平面。

"新平面"：通过"平面对话框"按钮，创建一个新的基准平面作为草图平面。

"水平"：定义草图平面的 X 轴方向与参考平面的 X 轴方向一致。

"竖直"：定义草图平面的 X 轴方向与参考平面的 Y 轴方向一致。

"指定点"：指定已存在的点为草图平面的原点。

"使用工作部件原点"：使用环境内部默认原点为草图平面的原点。

进入草图环境后可利用各种命令实现曲线绘制，具体方法见 2.3 节，绘制完成后，单击功能区中的 【完成草图】按钮，退出草图环境。

2.3　草图曲线与编辑

在创建草图时，首先需要应用草图曲线命令在图形区绘制草图对象，然后通过草图编辑功能进行图形完善和修改，进而获得满足设计要求的曲线。　2.3　微课视频

2.3.1　曲线命令

UG NX 草图的"曲线"命令分为"基本曲线"和"更多曲线"两部分，常用命令如图 2.3-1 所示。

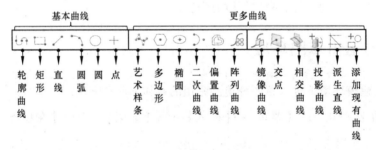

图 2.3-1　"曲线"命令组

进入草图环境后，激活以上草图命令的常用方法有如下三种，以"直线"为例进行说明。

方法一：依次单击 【菜单】→【插入】→【草图曲线】→【直线】。

方法二：草图环境下，在功能区"主页"选项卡中单击 【直接草图】按钮，然后在"曲线"命令组选择 【直线】命令。

方法三：在功能区选项条单击【曲线】标签打开其选项卡，在"曲线"命令组选择 【直线】命令。

以上三种方式中较常用的是后两种，其他草图曲线命令的打开方式相同，后续不再赘述。激活命令后，系统打开相应对话框，以下分别介绍草图曲线的常用命令。

1. 直线命令

（1）直线的绘制 两点确定一条直线。激活"直线"命令后，系统弹出"直线"对话框，如图2.3-2所示。可以在图形区任意位置先后单击鼠标左键两次分别确定起点和终点绘制直线，也可通过"直线"对话框中的XY"坐标模式"和参数模式实现准确绘制。

图2.3-2 "直线"对话框

XY"坐标模式"：在"直线"对话框单击**XY**图标，鼠标右下角出现坐标的动态输入框，利用（XC，YC）坐标创建直线的起点和终点，操作步骤和结果如图2.3-3所示。

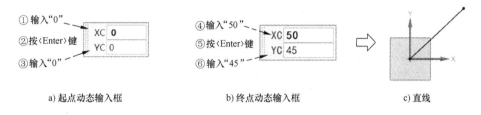

a) 起点动态输入框   b) 终点动态输入框   c) 直线

图2.3-3 "坐标模式"绘制直线

"参数模式"：在"直线"对话框单击图标，鼠标右下角出现长度、角度的动态输入框；在图形区单击鼠标左键确定直线起点，然后通过动态输入框确定直线终点，操作步骤和结果如图2.3-4所示。

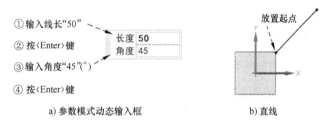

a) 参数模式动态输入框   b) 直线

图2.3-4 "参数模式"绘制直线

说明：在利用曲线命令或其他草图命令绘制草图时，很多命令涉及动态输入框以确定参数，输入方式类似**XY**"坐标模式"和"参数模式"，操作流程同上，后续不再赘述。

（2）直线的编辑 直线的编辑包括转动、拉伸和移动。

1）转动与拉伸。在图形区按下鼠标左键选择直线的端点并拖动，可实现直线的转动和伸缩，选择合适位置后松开鼠标左键，完成修改，操作和结果如图2.3-5所示。

2）移动。在图形区将鼠标移至直线上，当出现预选色后按下鼠标左键并拖动，可实现直线平移；选择合适位置后松开鼠标左键，完成修改，操作和结果如图2.3-6所示。

图2.3-5 直线的转动与拉伸

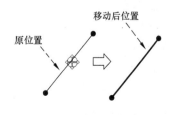

图2.3-6 直线的移动

2. 圆命令

（1）圆的绘制　"圆"命令可以通过圆心和直径来确定一个圆，也可以通过圆上三个点来确定一个圆。激活"圆"命令打开"圆"对话框，如图 2.3-7 所示。"圆方法"有 ⊙ "圆心和直径"和 ◯ "三点定圆"两种，两种方法都可以在图形区单击鼠标左键绘制圆，也可以与"输入模式"相配合实现准确绘制。

图 2.3-7　"圆"对话框

⊙ "圆心和直径"：激活命令，系统默认为 XY "输入模式"，在图形区合适位置单击鼠标左键确定圆心位置，圆的半径可以在任意位置单击鼠标左键确定，也可以在鼠标右下角的动态输入框内输入"直径"数值后单击鼠标中键或按键盘<Enter>键确定，如图 2.3-8 所示。

◯ "三点定圆"：在默认"输入模式"下，可以在图形区任意位置单击鼠标左键三次依次确定圆上三点绘制，也可以通过动态输入框进行准确绘制，如图 2.3-9 所示。

图 2.3-8　"圆心和直径"绘圆

图 2.3-9　"三点定圆"绘圆

（2）圆的编辑　圆的编辑包括缩放和移动两种。

1）圆的缩放。将鼠标移至圆的轮廓线上，当鼠标右上角出现 ↗ 标识后，按下鼠标左键并拖动，实现圆的动态缩放，如图 2.3-10 所示。

2）圆的移动。将鼠标移至圆心上，当圆心出现拾取点后，按下鼠标左键并拖动，实现圆的位置移动，如图 2.3-11 所示。

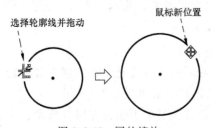

图 2.3-10　圆的缩放

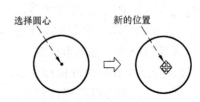

图 2.3-11　圆的移动

3. 圆弧命令

（1）圆弧的绘制　"圆弧"命令可以通过三点确定一段圆弧和圆心半径确定一段圆弧两种方法绘制圆弧。激活"圆弧"命令打开"圆弧"对话框，如图 2.3-12 所示，"圆弧方法"有两种，介绍如下。

图 2.3-12　"圆弧"对话框

⌒ "三点定圆弧"：激活命令，可以在图形区任意选取三个位置单击鼠标左键创建圆弧，也可以通过鼠标右下角的动态输入框进行"半径"和"扫掠角度"的参数设置实现准确绘制，如图 2.3-13

所示。

$\curvearrowright$ "中心和端点定圆弧"：激活命令，先在图形区单击鼠标左键确定圆心的位置，然后单击确定点2，即确定圆弧半径和圆弧起点，最后单击确定点3，按顺时针方向创建圆弧；或者通过鼠标右下角的动态输入框进行"半径"和"扫掠角度"的参数设置完成准确绘制，如图2.3-14所示。

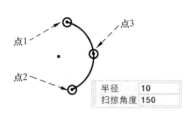

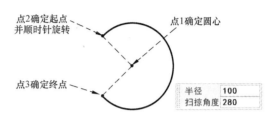

图2.3-13 "三点定圆弧"绘圆弧   图2.3-14 "中心和端点定圆弧"绘圆弧

（2）圆弧的编辑   圆弧的编辑主要包括改变半径、转动和移动，操作与直线和圆的编辑方法类似，不再赘述。

4. 轮廓命令

"轮廓"命令可以实现线条连续绘制，且可以进行直线和圆弧间的切换。激活"轮廓"命令打开"轮廓"对话框，如图2.3-15所示，"对象类型"包括"直线"和"圆弧"。

激活"轮廓"命令后，可实现连续线条绘制，进行"直线"与"圆弧"切换的方法有如下两种。

方法一：通过对话框切换。单击"轮廓"对话框中"对象类型"的 $\diagup$【直线】和 $\curvearrowright$【圆弧】图标进行切换。

方法二：通过鼠标切换。"轮廓"命令默认的绘制方式是直线，绘制直线后将鼠标移至线条的末端点，当其出现预选色时按下鼠标左键并拖动，松开左键即可切换到绘制圆弧状态，其操作如图2.3-16所示。

说明：如果圆弧方向不能满足需求，则需将鼠标移至线条的末端点后按照需要的方向移动鼠标，系统会自动出现其预览样式，满足需求后单击鼠标左键进行绘制。

图2.3-15 "轮廓"对话框   图2.3-16 切换圆弧状态

5. 矩形命令

激活"矩形"命令打开"矩形"对话框，如图2.3-17所示，"矩形方法"有"按两点""按三点""从中心"三种，分别介绍如下。

$\square$ "按两点"：激活命令，在图形区任意选取两个位置单击鼠标左键创建矩形，或者在鼠标右下角的动态输入框中输入"宽度"和"高度"数值实现准确绘制，如图2.3-18所示。

$\square$ "按三点"：激活命令，在图形区任意选取三个位置单击鼠标左键创建矩形，或者在鼠标右下角的动态输入框中输入"宽度""高度""角度"实现准确绘制，如图2.3-19所示。

"从中心"：激活命令，首先在图形区选定一点为矩形中心，然后单击鼠标左键两次创建矩形；或者在鼠标右下角的动态输入框中输入"宽度""高度""角度"实现准确绘制，如图2.3-20所示。

图2.3-17 "矩形"对话框

图2.3-18 "按两点"绘制矩形

图2.3-19 "按三点"绘制矩形

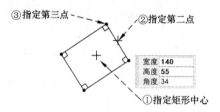

图2.3-20 "从中心"绘制矩形

6. 点命令

"点"命令是在草图环境创建点。激活 ✛ "点"命令打开"草图点"对话框，如图2.3-21所示。点的创建通常有三种方式：一是系统自动判断捕捉点；二是在图形区任意位置单击鼠标左键创建点；三是单击对话框中的 ⊞ 【点对话框】图标，通过打开的"点"对话框进行设置。"点"对话框功能含义详见表1.3-2。以 △ "圆弧/椭圆上的角度"为例，在圆弧45°方向上创建相应的点，图例如图2.3-22所示。

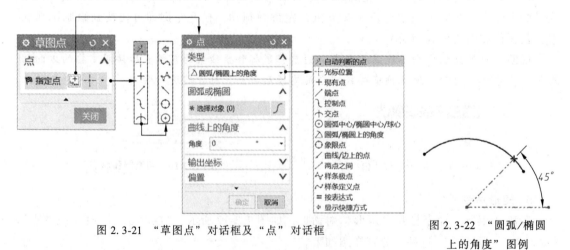

图2.3-21 "草图点"对话框及"点"对话框

图2.3-22 "圆弧/椭圆上的角度"图例

7. 艺术样条命令

"艺术样条"是通过拖动定义点或极点，并在定义点处指定斜率或曲率约束来动态创建和编辑样条。激活"艺术样条"命令打开"艺术样条"对话框，如图2.3-23所示，创建艺术样条的"类型"有"通过点"和"根据极点"两种。

图 2.3-23 "艺术样条"对话框

⌒ "通过点"：激活命令，在图形区依次单击鼠标左键创建点，系统将光滑顺次连接各点并创建曲线，如图 2.3-24 所示。

⌒ "根据极点"：激活命令，在图形区依次单击鼠标左键创建点，系统将在点定义的控制多边形中构建曲线并始终精确连接到结束点，如图 2.3-25 所示。

8. 多边形命令

"多边形"命令是创建具有指定边数的正多边形。激活"多边形"命令打开"多边形"对话框，如图 2.3-26 所示，多边形的创建方式有"内切圆半径""外接圆半径""边长"三种。

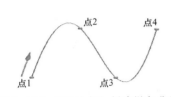

图 2.3-24 "通过点"创建样条曲线

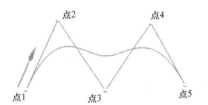

图 2.3-25 "根据极点"创建样条曲线

以采用"内切圆半径"方式创建内切半径 30mm、旋转角度 30°的正六边形为例介绍对话框的设置，其他方式不再赘述。激活命令后，"指定点"命令自动为激活状态，在图形区选择坐标系原点为六边形中心；设置"边数"为"6"，"大小"为"内切圆半径"，勾选【半径】复选框并输入"30"，勾选【旋转】并输入"30"；按<Enter>键或者单击鼠标中键，创建正六边形，如图 2.3-27 所示。

图 2.3-26 "多边形"对话框

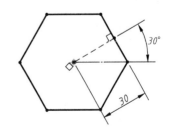

图 2.3-27 "内切圆半径"方式创建正六边形

9. 椭圆命令

"椭圆"命令是根据点和半径尺寸创建椭圆。激活"椭圆"命令打开"椭圆"对话框，如图2.3-28所示,可以通过"中心""大半径""小半径""限制""旋转"来确定一个椭圆。

以图2.3-29所示椭圆为例介绍参数设置。激活命令后,选择坐标系原点为椭圆中心,在对话框的"大半径"文本框内输入"50","小半径"文本框内输入"25",勾选✓"封闭"复选框,"角度"设置为"0°",单击【确定】按钮或鼠标中键,完成椭圆创建。

图2.3-28 "椭圆"对话框

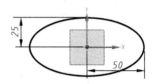
图2.3-29 椭圆图例

10. 二次曲线命令

"二次曲线"命令是通过定义起点、终点、控制点和曲线锐度确定二次曲线的。激活"二次曲线"命令打开"二次曲线"对话框,如图2.3-30所示,对话框中常用选项说明如下。

(1)"限制"区域 确定二次曲线的起点和终点。

(2)"控制点"区域 起点的切线和终点的切线相互延伸后的交点。

(3)"Rho"区域 其中的"值"表示曲线的锐度,Rho值在0~1之间,当$0<Rho<0.5$时,二次曲线为椭圆;当$0.5<Rho<1$时,二次曲线为双曲线;当$Rho=0.5$时,二次曲线为抛物线。

以图2.3-31所示抛物线为例介绍对话框的设置。激活命令后,在图形区合适位置单击鼠标左键分别确定起点、终点和控制点,设置Rho值为"0.5",单击【确定】按钮或鼠标中键,创建抛物线。

图2.3-30 "二次曲线"对话框

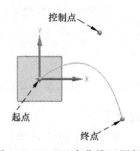
图2.3-31 "二次曲线"图例

11. 偏置曲线命令

"偏置曲线"命令是对当前草图中的曲线进行偏移复制，从而生成与原曲线相关联、形状相似的新曲线。激活"偏置曲线"命令打开"偏置曲线"对话框，如图 2.3-32 所示，偏置"端盖选项"有"延伸端盖"和"圆弧帽形体"两种。以图 2.3-33a 所示矩形为例，偏置的创建步骤分别如下。

"延伸端盖"偏置：选择图 2.3-33a 所示矩形，设置偏置"距离"为"5"，"副本数"为"1"，端盖选项为"延伸端盖"，单击【应用】按钮，结果如图 2.3-33b 所示。

"圆弧帽形体"偏置：选择图 2.3-33a 所示矩形，设置偏置"距离"为"5"，"副本数"为"2"，端盖选项为"圆弧帽形体"，单击【确定】按钮，结果如图 2.3-33c 所示。

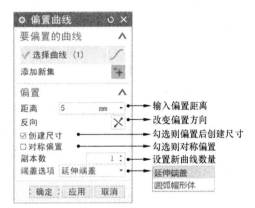

图 2.3-32　"偏置曲线"对话框

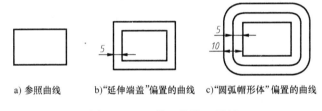

a) 参照曲线　　b)"延伸端盖"偏置的曲线　　c)"圆弧帽形体"偏置的曲线

图 2.3-33　"偏置曲线"图例

12. 阵列曲线

"阵列曲线"命令是按照一定的规律实现特征复制。激活"阵列曲线"命令，系统弹出"阵列曲线"对话框，如图 2.3-34 所示，对话框中的常用选项说明如下。

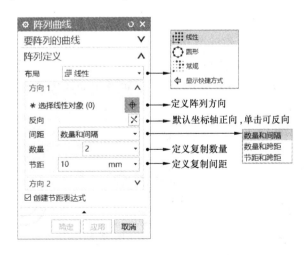

图 2.3-34　"阵列曲线"对话框

（1）"要阵列的曲线"区域　当 ✳ "选择曲线"是激活状态时，在图形区点选要阵列的曲线。

（2）"阵列定义"区域　定义阵列的布局、方向等。其中，"布局"用来定义阵列的样式，有"线性""圆形""常规"（不常用，读者自行体会）三种，具体含义如下。

1）"线性"阵列，利用数量、节距和跨距等参数实现一个或两个线性方向的复制。其中，"节距"指两个相邻特征的中心距，"跨距"指首个特征与末尾特征的中心距。以图2.3-35所示阵列为例，三种"间距"设置方式的不同如下。

"数量和间隔"：设置副本"数量"为"3"，"节距"为"10mm"。

"数量和跨距"：设置副本"数量"为"3"，"跨距"为"20mm"。

"节距和跨距"：设置"节距"为"10"，"跨距"为"20mm"。

2）"圆形"阵列，通过指定旋转点和设置数量、节距角、跨角等参数实现圆形轨迹的复制。其中，"节距角"指两个特征之间的角度，"跨距"指首个特征与末尾特征之间的角度。

以图2.3-36所示阵列为例，三种"间距"设置方式的不同如下。

"数量和节距"：设置副本"数量"为"3"，"节距角"为"120°"。

"数量和跨距"：设置副本"数量"为"3"，"跨角"为"360°"。

"节距和跨距"：设置"节距角"为"120°"，"跨角"为"360°"。

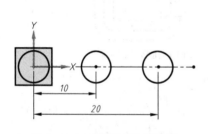

图2.3-35　"线性"阵列图例

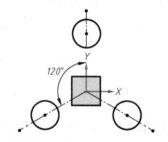

图2.3-36　"圆形"阵列图例

13. 镜像曲线命令

"镜像曲线"命令是以一条直线为对称中心线，将所选对象以此中心线为对称轴进行对称复制并与原曲线保持相关性。激活"镜像曲线"命令打开"镜像曲线"对话框，如图2.3-37所示，"镜像曲线"命令包括"要镜像的曲线"和"中心线"两个要素。以图2.3-38左图所示镜像对象为"要镜像的曲线"、镜像中心线为"中心线"时，可得到图2.3-38右图所示镜像结果。

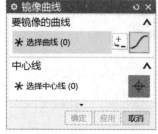

图2.3-37　"镜像曲线"对话框

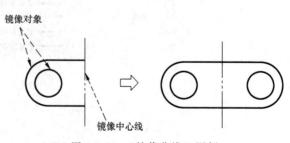

图2.3-38　"镜像曲线"图例

14. 交点命令

"交点"命令是在曲线穿过草图平面的交点处创建一个关联点和基准轴。激活"交点"命令打开"交点"对话框，如图2.3-39所示。以图2.3-40所示情况为例，创建步骤如下。

（1）进入草图环境　在功能区"建模"选项卡"直接草图"命令组中选择 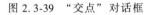 【草图】命令，选择图2.3-40所示基准面为草图平面，单击【确定】按钮，进入草图环境。

（2）激活命令　在"草图曲线"命令组选择 【交点】命令打开"交点"对话框。

（3）创建交点　按下并拖动鼠标中键旋转视图，选择与基准面相交的棱边，单击【确定】按钮，创建棱边与基准面的关联点（交点）和通过该点的基准轴，结果如图2.3-40所示。

图2.3-39　"交点"对话框

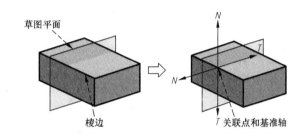

图2.3-40　"交点"图例

15. 相交曲线命令

"相交曲线"命令是创建指定面与草图平面的交线。激活"相交曲线"命令打开"相交曲线"对话框，如图2.3-41所示。以图2.3-42所示情况为例，创建步骤如下。

（1）进入草图环境　在功能区"建模"选项卡"直接草图"命令组选择 【草图】命令，选择图2.3-42所示基准面为草图平面，单击【确定】按钮，进入草图环境。

（2）激活命令　在"草图曲线"命令组选择 【相交曲线】命令，打开"相交曲线"对话框。

（3）创建交线　按下并拖动鼠标中键旋转视图，选择与基准面相交的面，系统出现交线的预览，单击【确定】按钮，完成操作，生成如图2.3-42所示的相交线。

说明：当所选要相交的面与草图平面有多条交线时，可单击对话框的 【循环解】图标进行选择。

图2.3-41　"相交曲线"对话框

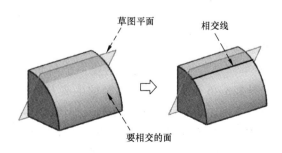

图2.3-42　"相交曲线"图例

16. 投影曲线命令

"投影曲线"命令是将草图外部对象沿草图法向投影到草图平面上以生成曲线。激活"投影曲线"命令打开"投影曲线"对话框，如图 2.3-43 所示。以图 2.3-44 所示情况为例，创建步骤如下。

（1）进入草图环境　在功能区"建模"选项卡"直接草图"命令组选择 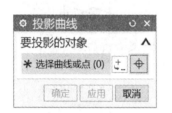【草图】命令，选择图 2.3-44 所示基准面为草图平面，单击【确定】按钮，进入草图环境。

（2）激活命令　在"草图曲线"命令组选择 【投影曲线】命令，打开"投影曲线"对话框。

（3）创建投影　按下并拖动鼠标中键旋转视图，在立体上选择要投影的曲线，单击【确定】按钮，生成如图 2.3-44 所示的投影曲线。

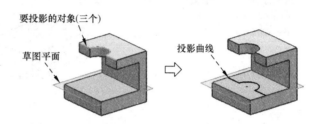

图 2.3-43　"投影曲线"对话框　　　　图 2.3-44　"投影曲线"图例

2.3.2　编辑曲线命令

创建草图后，通常需要利用"编辑曲线"命令进行图线的修改和完善，常用命令如图 2.3-45 所示。"编辑曲线"命令与"曲线"命令一样都在"直接草图"命令组的"草图曲线"组中，激活方法与"直线"命令相同，此处不再赘述。

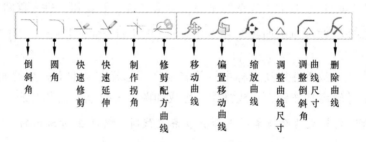

图 2.3-45　"编辑曲线"命令组

1. 倒斜角命令

"倒斜角"是在两条曲线之间创建一个斜角。激活"倒斜角"命令打开"倒斜角"对话框，如图 2.3-46 所示，"倒斜角"的生成方式有如下三种。

"对称"：两边偏移"距离"相同，如图 2.3-47a 所示。

"非对称"：两边偏移"距离"不同，如图 2.3-47b 所示。

"偏置和角度"：指定一边偏移"距离"和一个与斜角边的夹角，如图 2.3-47c 所示。

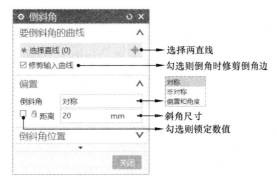

图 2.3-46 "倒斜角" 对话框

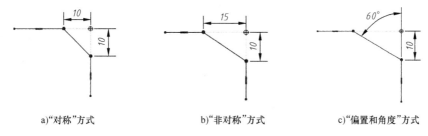

a)"对称"方式   b)"非对称"方式   c)"偏置和角度"方式

图 2.3-47 "倒斜角" 图例

2. 调整倒斜角曲线尺寸命令

"调整倒斜角曲线尺寸"是对倒出斜角的大小进行更改。此命令只能调整"对称"方式倒出的斜角尺寸。

激活"调整倒斜角曲线尺寸"命令打开"调整倒斜角曲线尺寸"对话框，如图 2.3-48 所示。在调整过程中先选择图 2.3-49 所示斜角边，然后在对话框的"偏置"区域"距离"文本框中输入修改数值，单击【确定】按钮完成修改，调整尺寸后的结果如图 2.3-49 所示。

图 2.3-48 "调整倒斜角曲线尺寸"对话框

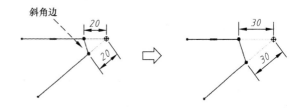

图 2.3-49 "调整倒斜角曲线尺寸"图例

3. 圆角命令

"圆角"是在两条或三条曲线之间创建一段圆弧。激活"圆角"命令打开"圆角"对话框，如图 2.3-50 所示。

激活命令后，选择需要倒圆角的两条边线，图形区出现预览样式；输入"半径"数值，设置对话框的"圆角方法"和"选项"类别，符合需求后单击鼠标左键，完成圆角的创建。"圆角"对话框中

图 2.3-50 "圆角"
对话框

各选项说明分别如下。

"修剪"：创建圆角时修剪多余线条，如图 2.3-51a 所示。

"取消修剪"：创建圆角时不修剪多余线条，如图 2.3-51b 所示。

"删除第三条曲线"：创建三条曲线圆角时，删除第三条曲线而用圆角代替，如图 2.3-52 所示。

"创建备选圆角"：进行备选圆角的切换，如图 2.3-53 所示。

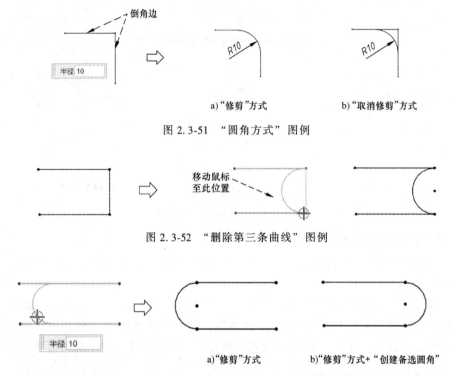

图 2.3-51　"圆角方式"图例

图 2.3-52　"删除第三条曲线"图例

a)"修剪"方式　　b)"修剪"方式+"创建备选圆角"

图 2.3-53　"创建备选圆角"图例

4. 快速修剪命令

"快速修剪"是删除草图中不需要的曲线。激活"快速修剪"命令打开"快速修剪"对话框，如图 2.3-54 所示。

激活"快速修剪"对话框中的不同区域，会有如下三种修剪方式。

（1）直接修剪　激活"要修剪的曲线"区域，在图形区选择要修剪的曲线，则鼠标选择点与最近的交点之间的部分被删除，如图 2.3-55 所示。

（2）边界修剪　先激活"边界曲线"区域，在图形区选择边界曲线；然后激活"要修剪的曲线"区域，选择要修剪的线条，则选择点到边界线间部分被删除，如图 2.3-56 所示。

（3）画链修剪　此修剪方式可以设置边界曲线，也可以不设置。

图 2.3-54　"快速修剪"对话框

按下鼠标左键并移动鼠标，鼠标经过的地方绘制画链，所有与画链相交的曲线均被修剪（或修剪到边线），如图 2.3-57 所示。

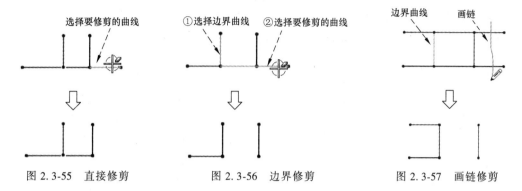

图 2.3-55　直接修剪　　　　　图 2.3-56　边界修剪　　　　　图 2.3-57　画链修剪

5. 快速延伸命令

"快速延伸"是将曲线延伸至另一邻近的曲线或选定的边界。激活"快速延伸"命令打开"快速延伸"对话框，如图 2.3-58 所示。

激活"快速延伸"对话框中的不同区域，有如下三种延伸方式：

（1）直接延伸　激活"要延伸的曲线"区域，在图形区选择要延伸的曲线，则曲线延长到与其距离最近的曲线上，如图 2.3-59 所示。

（2）边界延伸　先激活"边界曲线"区域，在图形区选择边界曲线；然后激活"要延伸的曲线"区域，选择要延伸的曲线，则曲线延长到边界曲线上，如图 2.3-60 所示。

图 2.3-58　"快速延伸"对话框

（3）画链延伸　此延伸方式可以设置边界曲线，也可以不设置。按下鼠标左键并移动鼠标，鼠标经过的地方绘制画链，所有与画链相交的曲线均自动判断出最近的曲线并进行延伸（或延伸到边界曲线上），如图 2.3-61 所示。

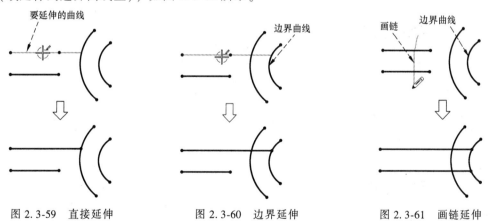

图 2.3-59　直接延伸　　　　　图 2.3-60　边界延伸　　　　　图 2.3-61　画链延伸

6. 移动曲线命令

"移动曲线"是实现曲线的精确移动。激活"移动曲线"命令打开"移动曲线"对话框，如图 2.3-62 所示，变换方式有九种。下面以图 2.3-63 所示"角度"变换为例进行介绍。

激活命令后，首先在图形区选择图 2.3-63a 所示四个小圆为移动曲线；然后在"变换"区域的"运动"下拉列表框中选择 🖋【角度】；最后在图形区选择大圆圆心为"指定轴点"，在"角度"文本框内输入"45°"，单击【确定】按钮，结果如图 2.3-63b 所示。

说明："移动曲线"命令的变换方向可以通过"矢量"对话框进行设置。

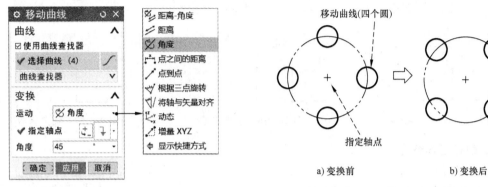

图 2.3-62 "移动曲线"对话框   图 2.3-63 "角度"变换图例

7. 偏置移动曲线

"偏置移动曲线"是将曲线沿平行方向按指定距离移动。激活"偏置移动曲线"命令，系统弹出"偏置移动曲线"对话框，如图 2.3-64 所示。下面以图 2.3-65 所示直线精准移动为例介绍操作过程。

激活命令后，"偏置移动曲线"对话框的"选择曲线"选项自动为激活状态，在图形区选择图 2.3-65a 所示的直线（圆作为固定参考对象）；直线上显示移动方向的标识箭头（与直线垂直），可以直接双击箭头更改移动方向，也可以单击对话框"距离"右侧的 ✕【反向】图标进行调整；在对话框的"距离"文本框输入"10"，单击鼠标中键或单击【确定】按钮，结果如图 2.3-65b 所示，直线右侧端点到圆心的距离增加了 10mm。

 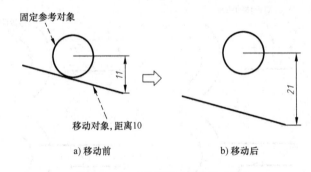

图 2.3-64 "偏置移动曲线"对话框   图 2.3-65 "偏置移动曲线"图例

8. 缩放曲线命令

"缩放曲线"是将选取的曲线按一定比例或尺寸进行放大或缩小。激活"缩放曲线"命令，系统弹出"缩放曲线"对话框，如图 2.3-66 所示。以图 2.3-67 所示边长 25 的正方形缩放为例介绍操作过程。

激活命令后，"缩放曲线"对话框的"选择曲线"选项自动为激活状态，在图形区选择正方形；选择完成后，在"比例"区域"方法"下拉列表框中选择⊡【动态】；单击激活"指定缩放点"选项，在图形区选择正方形左下角的顶点为缩放基准点；"缩放"方式设置为"%比例因子"，在"比例因子"文本框输入"2"，单击【确定】按钮，正方形边长变为50，如图2.3-67所示。

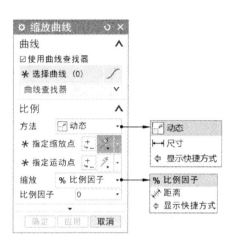

图2.3-66 "缩放曲线"对话框

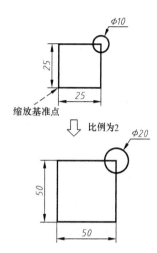

图2.3-67 "缩放曲线"图例

9. 删除对象

草图环境下删除对象的常用方法有如下三种。

方法一：选择要删除的对象后按<Delete>键，或者单击鼠标右键后在弹出的快捷菜单中选择✕【删除】命令。

方法二：在"草图曲线"命令组"编辑曲线"区域选择╲【快速修剪】命令删除所选对象。

方法三：在"草图曲线"命令组"编辑曲线"区域选择╱【删除曲线】命令，选择要删除的对象后单击【确定】按钮删除对象。

10. 复制对象

草图环境下复制对象的常用方法有如下三种。

方法一：选择要复制的对象后单击鼠标右键，在弹出的快捷菜单中选择▤【复制】命令。

方法二：选择要复制的对象后，按组合快捷键<Ctrl+C>。

方法三：选择要复制的对象后，在工作界面左上角的快速访问工具条单击▤【复制】图标。

复制后，按组合快捷键<Ctrl+V>，或者在空白区域单击鼠标右键，在弹出的快捷菜单上选择▤【粘贴】命令，在图形区合适位置单击鼠标左键，实现复制。

说明：按住<Ctrl>键，将鼠标移至要复制的对象上，当鼠标右上方出现箭头时，单击鼠标左键并拖动，也可实现复制。

11. 参考线转换

在图形区选择要转换的图形构造线，在弹出的菜单上选择 【转换为参考】命令，则图形构造线转换为参考线。

在图形区的参考线上单击鼠标，在弹出的菜单上选择 【转换为活动】命令，则参考线转换为图形构造线。

2.4 草图约束

绘制草图曲线后，需要应用草图约束功能实现设计意图。草图约束可以限制草图的形状和大小，其类型分为几何约束和尺寸约束两种。在绘制草图时，通常先添加几何约束（限制形状），再添加尺寸约束（限制大小）。

2.4.1 几何约束

几何约束一般用于定位草图对象和确定草图对象间的相互位置关系。

在功能区"草图"选项卡的"直接草图"命令组上单击 【更多】打开其菜单，在其中选择 【几何约束】命令，系统弹出"几何约束"对话框，如图 2.4-1 所示。草图环境中，几何约束的类型多达二十余种，其中常用约束的功能说明见表 2.4-1。

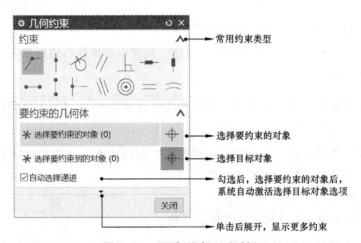

图 2.4-1　"几何约束"对话框

表 2.4-1　常用约束功能说明

图标	功能说明	图例	图标	功能说明	图例
水平	将直线约束为水平		竖直	将直线约束为竖直	
垂直	将两直线或直线与圆弧约束为垂直		平行	将两直线约束为平行	

（续）

图标	功能说明	图例	图标	功能说明	图例
等长	将两直线约束为等长		共线	将两直线约束为共线	
等半径	将两圆的半径值约束为相等		同心约束	将两圆的圆心约束为同心	
相切约束	将两圆弧或直线与圆弧约束为相切		点在曲线上	将点（或圆心）约束到线上	约束圆心
重合	将两点约束为重合	点1 点2	中点	约束点到直线或圆弧的中点	约束的点
固定	约束施加后，几何元素的部分特征固定不能修改。点固定位置，线固定角度圆、圆弧和椭圆固定其圆心		完全固定	约束施加后，几何元素所有特征将固定不能修改	

2.4.2 尺寸约束

尺寸约束是为草图标注尺寸，也可通过修改尺寸值来改变草图的形状和大小，使草图满足设计要求。在草图环境下，在功能区单击 【快速尺寸】下方的▼打开其菜单，如图2.4-2所示。选择 【快速尺寸】命令，打开"快速尺寸"对话框，如图2.4-3所示，从

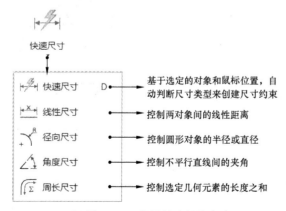

图 2.4-2 常用尺寸标注方式

图 2.4-3 "快速尺寸"对话框

图中可知，尺寸标注方法共九种，其功能说明见表 2.4-2。

表 2.4-2　尺寸标注功能说明

尺寸图标	功能说明及应用	图例
快速	允许使用系统功能创建尺寸，以便根据选取的对象及鼠标位置智能地判断尺寸类型而进行尺寸创建，其创建方式包括了下拉列表框中的所有标注方式	
水平	标注的尺寸与工作坐标系的 XC 轴平行。可以标注： ①一个对象的水平尺寸，如 30 ②两个点的水平尺寸，如 14 ③一个点和一个对象的水平尺寸，如 20	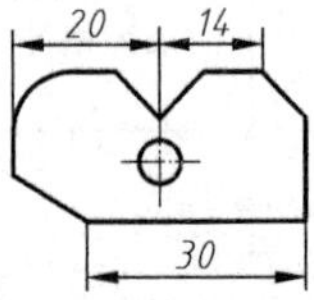
竖直	标注的尺寸与工作坐标系的 YC 轴平行。可以标注： ①一个对象的竖直尺寸，如 14 ②两个点的竖直尺寸，如 6 ③一个点和一个对象的竖直尺寸，如 8	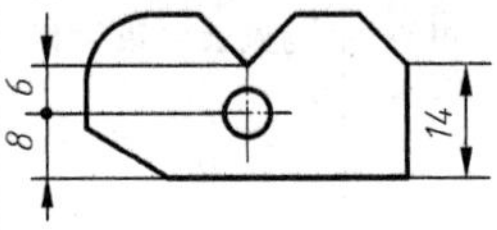
点到点	标注的尺寸与所选的两个点对象连线平行。可以标注： ①一个对象上选取的两点，如 8.5 ②两个点，如 33	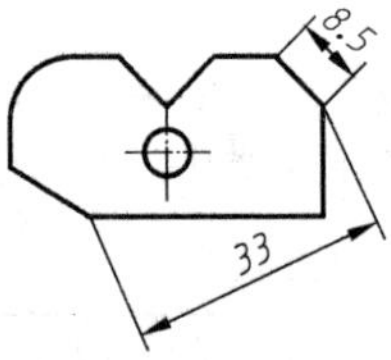
垂直	标注点与直线之间的垂直距离。标注时，应先选择一个直线对象，然后再选择直线外一点	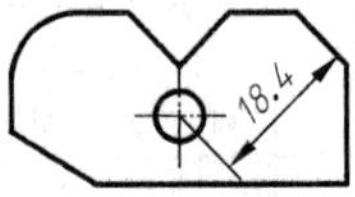
圆柱式	在圆柱的非圆视图上标注直径尺寸	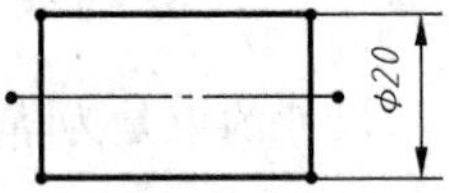
斜角	标注不平行两直线的夹角尺寸，选择直线的顺序与标注结果无关	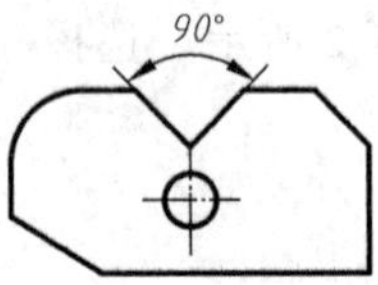
径向	用以标注圆或圆弧的半径尺寸，此时有尺寸线通过圆心	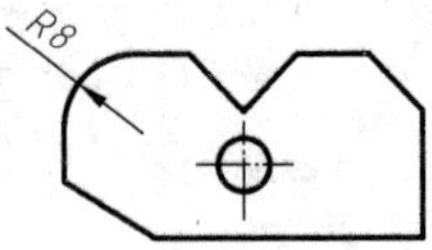
直径	用以标注圆或圆弧的直径，此时有尺寸线通过圆心	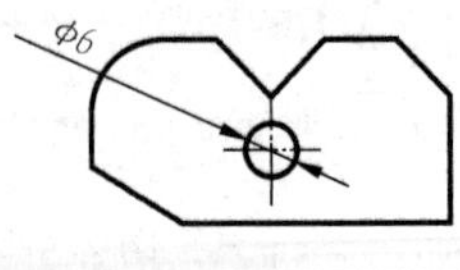

草图尺寸标注完成后，可对其尺寸数值进行更改；当尺寸较多时，也可通过移动尺寸文本的位置使草图的布局更加清晰合理，以图 2.4-4 所示尺寸数值修改为例介绍操作过程。

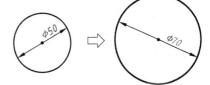

（1）激活尺寸 双击需要修改的尺寸 φ50，系统弹出动态输入框和"径向尺寸"对话框，如图 2.4-5 所示。

（2）修改尺寸 在动态输入框或"径向尺寸"对话框"驱动"区域的文本框中输入需要修改的数值，按<Enter>键或单击【关闭】按钮，完成修改。

图 2.4-4 尺寸数值修改

（3）移动尺寸 将鼠标移至要移动的尺寸上，当出现预选色后按下鼠标左键并移动，实现尺寸位置的改变。

2.4.3 设为对称

除以上几何约束和尺寸约束外，这里补充介绍一种常用约束。"设为对称"是设置两个对象关于中心线对称布置。在"直接草图"命令组上单击 🔡【更多】打开其菜单，在其中选择 🕀【设为对称】命令，系统弹出"设为对称"对话框，如图 2.4-6 所示。

图 2.4-5 "径向尺寸"对话框

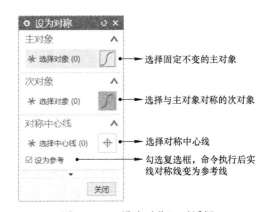

图 2.4-6 "设为对称"对话框

激活命令后，首先根据提示行选择"主对象"（固定不变的对象），然后选择"次对象"（要修改的对象），然后选择"对称中心线"，操作步骤和结果如图 2.4-7 所示。

说明：设置两个对象对称前，需要先确定其对称中心线。

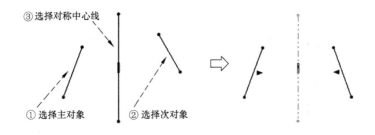

图 2.4-7 "设为对称"图例

2.4.4 编辑草图约束

1. 约束的备选解

在对草图对象进行约束时，同一约束条件可能满足多种约束状态，"备选解"可以转变约束的解法。下面以"外切"圆改为"内切"圆为例介绍"备选解"命令。

激活"备选解"命令常用的方法有如下两种。

方法一：依次单击 ▤【菜单】→【工具】→【草图约束】→ ▥【备选解】。

方法二：在功能区"直接草图"命令组上单击 ▥【更多】，在"草图工具"区域选择 ▥【备选解】命令。

说明：▥ "备选解"命令的添加详见2.5.1节。

激活命令后，系统弹出"备选解"对话框，如图2.4-8所示。例如选取图2.4-9所示草图中任意一个圆，实现"备选解"操作。

图2.4-8 "备选解"对话框

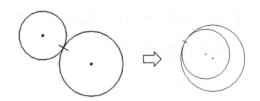

图2.4-9 相切圆的备选解

2. 显示所有约束

在草图环境下，在功能区"直接草图"命令组上单击 ▥【更多】打开其菜单，在其中选择 ▥【显示草图约束】命令，图标亮显，命令激活，图形区的草图曲线显示所有几何约束。如果再次单击图标，则亮显去除，命令处于非激活状态，图形区草图曲线的几何约束不再显示。

3. 选择约束要素

删除草图曲线的约束标记可解除约束。但有时约束标记很难选取，这种情况下可将鼠标移至预选区域附近，让鼠标停滞3秒，等其右下方出现 ▯▯▯ 图标，如图2.4-10所示；此时单击鼠标左键，打开"快速选取"对话框，如图2.4-11所示。在对话框列表框的选项上移

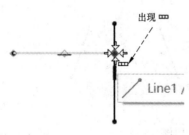

图2.4-10 图标变化

图2.4-11 "快速选取"对话框

动鼠标，图形区的相应几何要素将出现预选色，找到预选对象后在对话框相应选项上单击鼠标左键即可完成选择。

4. 约束诊断

在未激活 ✍️【连续自动标注尺寸】命令的情况下，在图形区任意位置绘制一个圆。在功能区单击 🔳【更多】打开其菜单，在其中选择 ✏️【几何约束】命令，则图形区圆心的位置和圆的边线处出现红色的自由度符号 ⌐，表明图形处于欠约束状态，如图 2.4-12 所示。

在功能区选择 ⚡【快速尺寸】命令，标注圆的定形尺寸 φ15、圆心到 XY 坐标轴原点的距离 15，此时草图变为嫩绿色且图中无自由度符号 ⌐，工作界面下方的状态栏提示"草图已完全约束"，如图 2.4-13 所示。

但是，如果继续添加尺寸约束或几何约束，草图曲线或已有尺寸将变为红色，如图 2.4-14 所示，草图处于过约束状态，需要及时进行约束调整。

特别说明：绘制的草图曲线应该通过约束功能实现完全约束。

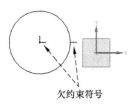

图 2.4-12 欠约束

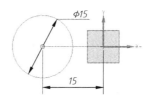

图 2.4-13 完全约束

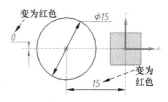

图 2.4-14 冲突尺寸（过约束）

解决过约束或约束冲突问题的常用方法有如下两种。

方法一：在"直接草图"命令组上单击 🔳【更多】打开其菜单，在其中选择 🔳【显示草图约束】命令，仔细观察显示的几何约束和尺寸，发现多余约束后将其删除即可。

方法二：使用 ⌨️"草图关系浏览器"，如图 2.4-15 所示。用鼠标选择过约束的曲线，在"浏览器"区域进行约束排查，确定多余约束后单击鼠标右键或直接单击图标 ✖️，删除多余约束，即可解除过约束问题。

5. 草图关系浏览器查看约束

"草图关系浏览器"主要用来查看现有的几何约束，可以设置查看的范围、查看类型和列表方式。在"浏览器"区域中选择约束后单击鼠标右键也可进行其他管理操作，比如移除不需要的约束等。

在功能区单击 🔳【更多】打开其菜单，在其中选择 ⌨️【关系浏览器】命令，系统弹出"草图关系浏览器"对话框，如图 2.4-15 所示，"范围"区域设置选取类别，"浏览器"区域显示选取对象的约束。其中，状态栏出现 ✖️ 图标则表示该约束存在约束冲突，可右键选择后删除。"草图关系浏览器"其他功能不再赘述，可在使用中自行体验。

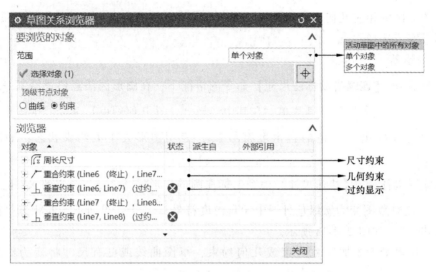

图 2.4-15 "草图关系浏览器"对话框

2.5 草图管理

在操作过程中，如遇到功能区没有所需命令、草图绘制面倾斜或草图需要更换绘制面等问题，可采用如下方法进行解决。

2.5.1 添加命令选项

UG NX 草图模块有很多命令没有直接显示在功能区，下面以添加 "备选解"命令为例对添加命令的方法进行介绍。

（1）打开草图选项卡 单击功能区右下角的 ▼ 打开命令组菜单，如图 2.5-1 所示。

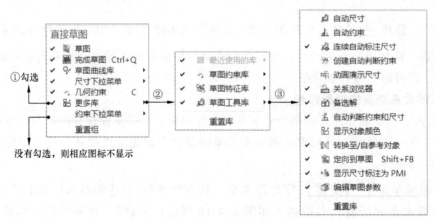

图 2.5-1 草图命令添加步骤

（2）添加命令组 在命令组菜单中选择需要添加的选项，例如单击 "更多库"，则该选项前出现勾选符号 "√"，如图 2.5-1①处所示，相应地，功能区显示出 "更多库"图标；如果需要使功能区不显示其图标，则再次单击该选项去除勾选即可。

（3）添加组选项　单击 📐 "更多库" 选项右侧▶打开组选项菜单，如图 2.5-1②处所示，在菜单中勾选 📐 "草图工具库"。

（4）添加命令　单击 📐 "草图工具库" 选项右侧的▶打开命令菜单，如图 2.5-1③处所示，在菜单中勾选 📐 "备选解"，则该命令显示在相关命令组中。

2.5.2　定向视图到草图

在草图环境下，为了便于观察等，可以单击鼠标中键或单击 🔄 【旋转】命令变换草图方位，变换方位后的草图复位的常用方法有如下两种。

方法一：将鼠标置于图形区的空白位置并单击鼠标右键，在弹出的快捷菜单中选择 📐 【定向视图到草图】命令，草图复位。

方法二：将鼠标置于图形区的空白位置后按下鼠标右键不放，系统弹出右键挤出菜单，如图 2.5-2 所示，将鼠标滑至 📐 【定向视图到草图】图标上，松开鼠标右键，草图复位。

图 2.5-2　右键挤出菜单

2.5.3　重新附着

草图必须绘制在某一平面（基准面或体的表面）内，如果绘制的草图需要更换附着面，可以在功能区单击 📐 "更多库" 打开其命令菜单，在 "草图特征" 区域选择 🎲 【重新附着】命令，系统弹出 "重新附着草图" 对话框，如图 2.5-3 所示。

以图 2.5-4 所示情况为例介绍草图重新附着操作步骤。

（1）打开文件　根据路径 " \ ug \ ch2 \ 2.5 \ 重新附着 .prt" 打开配套资源中的模型。

（2）进入草图环境　将鼠标移至部件导航器上双击草图名称 📐 "草图"，或者在图形区将鼠标移至梭形草图上，当其出现预选色后双击鼠标左键，进入草图环境。

说明：用鼠标左键单击部件导航器设计树上的操作步骤，图形区相关要素会出现预选色，选择到合适特征后双击鼠标激活该操作。

图 2.5-3　"重新附着草图" 对话框

（3）修改附着表面　在功能区单击 📐 【更多】打开其命令菜单，在其中选择 🎲 【重新附着】命令，然后在图形区选择图 2.5-4a 所示上表面为附着指定面，单击【确定】按钮，结果如图 2.5-4b 所示。

（4）调整草图　重新附着后，可以根据需求通过几何约束（见 2.4.1 节）和尺寸约束

（见2.4.2节）实现设计意图，此处不再赘述。

说明：草图方位的调整可通过"重新附着草图"对话框上"草图方向"区域重新设置，草图原点位置可通过对话框上"草图原点"区域设置。

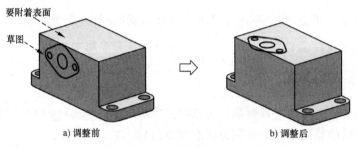

a) 调整前　　　　　　　　　　　b) 调整后

图2.5-4　"重新附着草图"图例

2.6　草图实例

UG NX的草图绘制可以像二维软件（如AutoCAD）通过一步步按尺寸准确绘制直接得到所需要图形，也可以先大体勾勒形状，然后通过添加几何约束（修改位置）和尺寸约束（修改大小）进行设计意图的实现。本节通过垫片和拨叉的绘制实例进行草图功能的巩固训练，为更好地理解UG NX的约束功能，部分特征有意选取在一般位置创建，这也更符合设计师的创作过程。

2.6.1　实例1——垫片的绘制

根据所学知识完成垫片零件的草图绘制，图形尺寸如图2.6-1所示。

2.6.1　微课视频

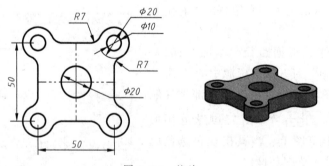

图2.6-1　垫片

垫片草图是左右、上下对称的图形，因此可先绘制其1/4草图曲线并应用尺寸约束和几何约束实现设计意图，然后利用镜像功能实现对称复制。具体操作步骤如下。

（1）新建文件　启动UG NX软件后，单击 ▯【新建】命令，在"新建"对话框中设置"单位"为【毫米】，"名称"为 ▣【模型】，设置文件名和存储路径，单击【确定】按钮进入建模模块。

（2）进入草图环境　在功能区的"直接草图"命令组上选择 ▥【草图】命令，选择

XY 平面为草绘平面进入草图环境。

（3）绘制矩形并定位 矩形可以直接在原点绘制，此处为训练草图约束的相关操作，在任意位置绘制。

1）绘制矩形。在"草图曲线"组选择▭【矩形】命令，在图形区任意位置绘制图2.6-2a 所示矩形，单击鼠标右键，在弹出的快捷菜单上单击【确定】按钮退出命令。

说明：结束某一命令也可以通过单击鼠标中键或按键盘上<Esc>键。

2）约束矩形位置。选择矩形左边线和 Y 轴，系统弹出快捷工具条，选择▨【共线】命令；同理可设置矩形下边线和 X 轴共线，结果如图 2.6-2b 所示。

（4）设置矩形尺寸 在功能区单击🖉"快速尺寸"图标下方▾打开尺寸菜单，选择⊢ˣ⊣【线性尺寸】命令，分别设置矩形长、宽为 25，结果如图 2.6-2c 所示。

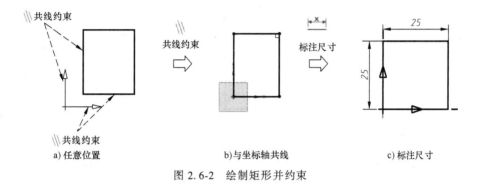

图 2.6-2 绘制矩形并约束

（5）绘制 φ20 圆并定位 此步骤可以直接选择矩形右上角顶点为圆心位置，键盘输入固定数值创建完全约束的圆。为训练草图约束的相关操作，此步骤在任意位置绘制圆。

1）绘制圆。在"草图曲线"组选择◯【圆】命令，在图形区任意位置单击鼠标左键确定圆心的位置，再次单击鼠标左键完成任意大小圆的创建，结果如图 2.6-3a 所示，单击鼠标中键，退出命令。

2）约束圆位置。确保工作界面上边框条选择组上⊕"圆心"选项激活，将鼠标移至圆心位置，当圆心出现预选色后单击鼠标左键；然后将鼠标移至矩形上边线并选择，系统弹出快捷工具条，选择🕇【点在线上】命令，结果如图 2.6-3b 所示。

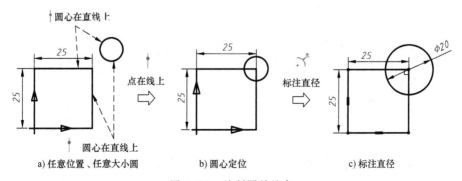

图 2.6-3 绘制圆并约束

（6）设置圆的直径　在功能区单击 "快速尺寸" 下方▼打开尺寸菜单，选择 【径向尺寸】命令，设置测量方法为 【直径】，标注直径 "20"，结果如图 2.6-3c 所示。

（7）修剪多余线条　在 "草图曲线" 组 "编辑曲线" 区域选择 【快速修剪】命令，按照设计意图点选修剪多余线条，结果如图 2.6-4 所示，完成操作后单击【确定】按钮。

（8）绘制 φ10 圆　确保工作界面上边框条选择组上 "圆心" 选项激活。在 "草图曲线" 组选择 【圆】命令，选择 φ20 圆心后单击鼠标左键，在鼠标右下角的动态输入框中输入 "10" 并按<Enter>键，结果如图 2.6-5 所示。

（9）倒圆角　在 "草图曲线" 组 "编辑曲线" 区域选择 【倒圆角】命令，选择图 2.6-5 所示交点倒 R7 的圆角，结果如图 2.6-6 所示，完成操作后单击【确定】按钮。

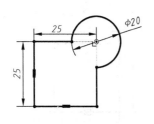
图 2.6-4　修剪多余线条

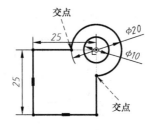
图 2.6-5　绘制 φ10 圆

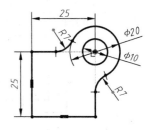
图 2.6-6　倒圆角

（10）镜像特征　在 "草图曲线" 组 "更多曲线" 区域选择 【镜像曲线】命令，在图形区选择要镜像的曲线，单击鼠标中键或单击对话框上的 "选择中心线" 选项，激活中心线选择功能，选择 Y 轴为镜像中心线，单击【应用】按钮完成第一次镜像。同理，选择上半部分需要镜像的对象，选择 X 轴为镜像中心线，单击【确定】按钮，结果如图 2.6-7 所示。

说明：选择镜像对象时，如果不选择与 Y 轴重合的矩形边线，则该条直线可作为镜像中心线，可省略后续删除的步骤。

（11）删除多余线条　矩形边线在镜像过程中多次复制，且无需保留。用鼠标左键选取后在弹出的快捷工具条上单击 【删除】按钮或者按键盘<Delete>键删除。

（12）绘制 φ20 圆　在 "草图曲线" 组选择【圆】命令，选择原点为圆心位置，在鼠标右下角动态输入框中输入 "20"，按<Enter>键，结果如图 2.6-8 所示。

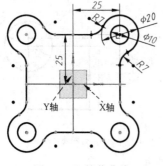
图 2.6-7　镜像曲线

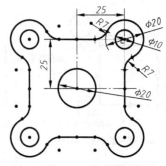
图 2.6-8　垫片结果

（13）退出草图环境　在图形区空白处单击鼠标右键，或者在功能区选择 【完成草图】命令，退出草图环境。

注意：绘制的草图轮廓必须是封闭的，且没有重合的点或线条。如果轮廓不封闭，生成三维模型时拉伸为片体；如果有重合要素，将在重合要素附近出现错误提示。

2.6.2　实例 2——拨叉的绘制

根据所学知识完成拨叉零件的草图绘制，图形尺寸如图 2.6-9 所示。

2.6.2　微课视频

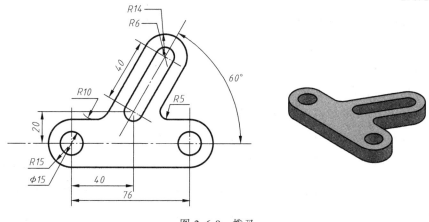

图 2.6-9　拨叉

拨叉从特征分析可分为水平长圆形结构和倾斜长圆形结构。草图绘制技能通过实例 1 的训练应已经具备一定基础，因此本实例不再非常详细地介绍每一步的操作，仅按任务块进行粗略介绍。

1. 新建文件并进入草图环境

（1）新建文件　启动 UG NX 软件后，单击 【新建】命令，在"新建"对话框完成选择存储路径、设置文件名等操作后单击【确定】按钮，进入建模模块。

（2）进入草图环境　在功能区的"直接草图"命令组上选择 【草图】命令，选择 XY 平面为草绘平面进入草图环境。

2. 绘制参考中心线并定位

（1）绘制直线　在"草图曲线"组选择 【直线】命令绘制水平和倾角为 60° 的直线，绘制步骤及约束要点如图 2.6-10 所示。

（2）设置为参考线　在图形区选择直线后在弹出的快捷工具条上选择 【转换为参考】命令，图形构造线转换为参考线。

（3）标注尺寸　在功能区单击 "快速尺寸"下方 打开尺寸菜单，选择 【角度尺寸】命令，设置夹角 60°，结果如图 2.6-10 所示。

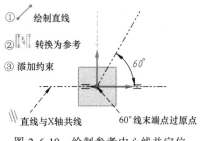

① 绘制直线
② 转换为参考
③ 添加约束
直线与X轴共线　　60°线末端点过原点

图 2.6-10　绘制参考中心线并定位

说明：如果绘制直线不符合图2.6-10所示约束，可以自行添加几何约束进行定位。

3. 绘制水平长圆形结构

水平长圆形结构分五步完成，结果如图2.6-11所示，步骤如下。

（1）绘制圆　在"草图曲线"组选择◯【圆】命令，在水平参考线上分别绘制ϕ15和ϕ30的圆。

说明：为进行约束训练，圆采用任意半径值绘制，但不同半径的两圆分别同心绘制。

（2）添加几何约束

1）等半径约束。先选择需要设置直径相等的两圆，在弹出的快捷工具条上单击⌒【等半径约束】使其半径值相同。需要设置两次，一组ϕ15的圆，一组ϕ30的圆。

2）设为对称。在"直接草图"命令组上单击器【更多】按钮，选择⟦⟧【设为对称】命令，设置两组圆心关于Y轴对称。

（3）添加尺寸

1）标注孔间距。在功能区单击⚡"快速尺寸"下方▾打开其菜单，选择⊢×⊣【线性尺寸】，标注两组圆心距76并退出命令。

2）标注直径。在功能区单击⚡"快速尺寸"下方▾打开其菜单，选择⟋ᴿ【径向尺寸】命令，设置测量方法为⟨【直径】，分别标注ϕ15和ϕ30，结果如图2.6-11a所示。

（4）绘制直线　在"草图曲线"组选择╱【直线】命令，绘制两条与圆相切的水平线。

（5）修剪多余线条　在"草图曲线"组"编辑曲线"区域选择╲【快速修剪】命令，在图形区点选修剪多余线条，结果如图2.6-11b所示。

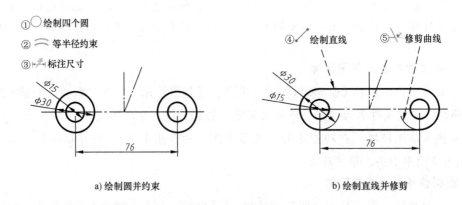

① ◯ 绘制四个圆
② ⌒ 等半径约束
③ ⚡ 标注尺寸
④ 绘制直线　⑤ 修剪曲线

a）绘制圆并约束　　　　　　　　　b）绘制直线并修剪

图2.6-11　绘制水平长圆形结构

4. 绘制倾斜长圆形结构

倾斜长圆形结构分五步完成，结果如图2.6-12所示，步骤如下。

（1）绘制圆　在"草图曲线"组选择◯【圆】命令，在60°参考线上分别绘制ϕ12和ϕ18的圆。此处可直接利用系统的捕捉功能和键盘输入功能实现精准绘制，无需后续添加约束，也可以按水平长圆形的绘制方法进行约束的强化学习。

（2）添加几何约束　通过约束实现ϕ12圆和ϕ28圆同心、它们与另一个ϕ12圆的圆心都在60°参考线上。根据绘图情况灵活添加几何约束。

（3）添加尺寸 在功能区单击 "快速尺寸" 下方 打开其菜单，选择 【径向尺寸】命令，设置测量方法为 【直径】，分别标注 $\phi12$ 和 $\phi28$，结果如图 2.6-12a 所示。

（4）绘制直线 在 "草图曲线" 组选择 【直线】命令，绘制与 60°参考线平行、与 $\phi28$ 圆相切且与水平长圆形结构相交的两条斜线。

（5）修剪多余线条 在 "草图曲线" 组 "编辑曲线" 区域选择 【快速修剪】命令，在图形区点选修剪多余线条，结果如图 2.6-12b 所示。

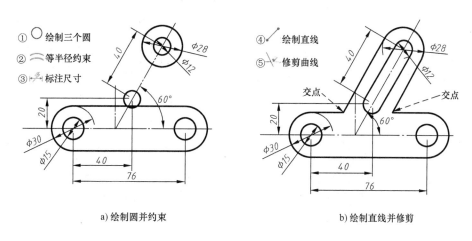

a) 绘制圆并约束　　　　　　　　b) 绘制直线并修剪

图 2.6-12　绘制倾斜长圆形结构

5. 创建圆角并显示约束

（1）倒圆角 在 "草图曲线" 组 "编辑曲线" 区域选择 【倒圆角】命令，选择图 2.6-12b 所示交点分别倒 $R10$ 和 $R5$ 的圆角。

（2）显示约束 为让读者更明晰图线约束关系，在功能区 "直接草图" 组上单击 【更多】打开其命令菜单，在其中选择 【显示草图约束】命令，图标亮显，图形区的草图曲线显示所有几何约束，结果如图 2.6-13 所示。

（3）退出草图环境 在图形区空白处单击鼠标右键或在功能区选择 【完成草图】命令，退出草图环境。

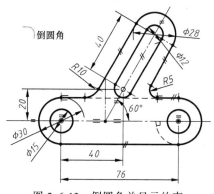

图 2.6-13　倒圆角并显示约束

2.7 草图练习

完成以下草图练习，草图曲线要求全约束。

1. 草图练习1
2. 草图练习2

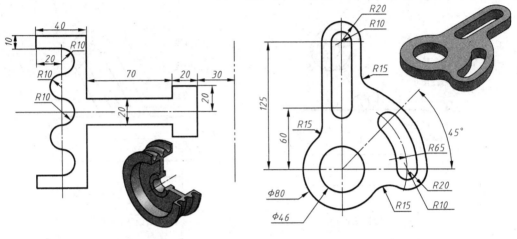

图 2.7-1 草图练习1

图 2.7-2 草图练习2

3. 草图练习3
4. 草图练习4

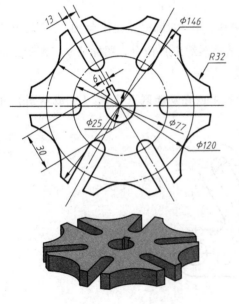

图 2.7-3 草图练习3

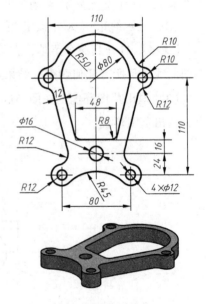

图 2.7-4 草图练习4

5. 草图练习5

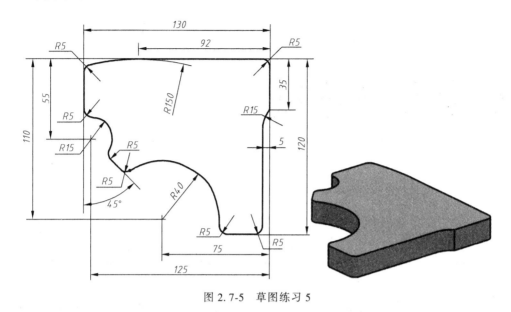

图 2.7-5 草图练习5

第3章

三维实体建模

实体建模是三维建模的基础，也是 UG NX 软件最重要的组成部分。一般而言，UG NX 的建模方式有显式建模、参数化建模、基于约束的建模和复合建模。本书介绍的建模方式是基于特征建模和基于约束建模的一种复合建模技术，具有参数化设计和编辑复杂实体模型的功能。约束建模方法涉及草图约束中的尺寸约束和几何约束，这部分内容详见第 2 章。本章先介绍三维实体设计常用的基准特征和布尔运算概念，然后按照由简到繁的顺序讲解基本体素特征、实体创建特征、细节修改特征、关联复制特征及体的修剪，通过实例让读者深入理解 UG NX 基于特征的建模方式，再通过综合应用的建模实例让读者对实体建模设计有一个全面、规范的认识。

精准设计是工程技术人员的基本素养，精准测量为设计提供保障。为训练严谨认真的工程素养，本章特增加了分析选项卡的模型测量内容，主要目的是便于读者在练习中实现自我测试和修正。

3.1　常用基准特征

基准特征主要用来为其他特征提供放置和定位参考。常用的基准特征主要有三种，分别是基准平面、基准轴、基准点。进入建模环境后，激活基准特征命令的常用方法有如下两种。

方法一：依次单击 【菜单】→【插入】→【基准/点】→ 【基准平面】/ 【基准轴】/ 【基准坐标系】。

方法二：在功能区的"特征"命令组上，单击 【基准平面】下方的 打开其下拉菜单，选择要激活的基准类别 【基准平面】/ 【基准轴】/ 【基准坐标系】。

激活基准命令，系统弹出相应对话框，下面对相关特性和设置分别介绍。

3.1.1　基准平面

激活命令后，系统弹出"基准平面"对话框，如图 3.1-1 所示，打开"类型"下拉列表框可从中选择创建基准平面的不同方式。

图 3.1-1　"基准平面"对话框

选择 【自动判断】方式时，系统会根据初始条件选择"类型"下拉列表框中最符合的基准平面类型进行预显，以提高工作效率，其他常用类型及图例见表3.1-1。

表 3.1-1 "基准平面"常用类型及图例

类型	图 例	类型	图 例
按某一距离	参考平面　输入距离	点和方向	通过点　法线方向
成一角度	轴线　输入角度　参考平面	曲线上	选择曲线
二等分	参考平面2　参考平面1	YC-ZC 平面	
曲线和点	选择曲线上一点	XC-ZC 平面	
两直线	参考线1　参考线2	XC-YC 平面	
相切	参考曲面	视图平面	创建平行于窗口平面并穿过绝对坐标系原点的固定基准平面
通过对象	参考曲面	a,b,c,d 按系数	系数（aX+bY+cZ=d）　⊙WCS ○绝对　a 0.0000　b 0.0000　c 0.0000　d 0 mm　按照"系数"公式输入参数确定基准平面

3.1.2 基准轴

激活命令后，系统弹出"基准轴"对话框，如图 3.1-2 所示，打开"类型"下拉列表框可从中选择不同创建方式。选择  【自动判断】方式时，系统会根据初始条件选择"类型"下拉列表框中最符合的基准轴类型进行预显，以提高工作效率，其他常用类型及图例见表 3.1-2。

图 3.1-2 "基准轴"对话框

表 3.1-2 "基准轴"常用类型及图例

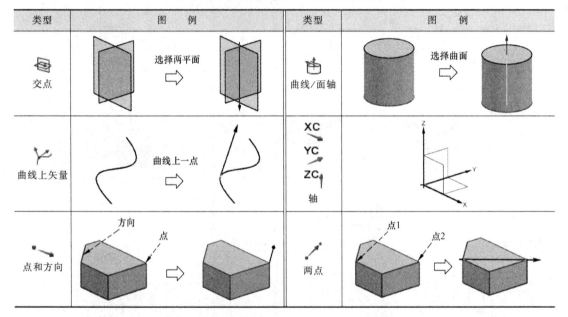

3.1.3 基准坐标系

激活命令后，系统弹出"基准坐标系"对话框，打开"类型"下拉列表框可从中选择不同创建方式，如图 3.1-3 所示。坐标系可以通过点、线、面的不同组合进行创建，其创建

图 3.1-3 "基准坐标系"对话框

方式类似于 1.3.6 节介绍的坐标系创建操作，此处不再赘述。

3.2 布尔运算

"布尔运算"是对两个及两个以上独立的实体特征进行求和、求差、求交，从而产生一个新的实体。进入建模环境后，激活布尔运算命令的常用方法有如下两种。

方法一：依次单击 【菜单】→【插入】→【组合】→ 【合并】/ 【减去】/ 【相交】。

方法二：在功能区的"特征"命令组上单击 【布尔运算组合】右侧的▼打开其下拉菜单，选择 【合并】/ 【减去】/ 【相交】。

激活"布尔运算"的三种命令，系统分别弹出其对话框，如图 3.2-1 所示。其中，"目标"是指基体，"工具"是指进行操作的体。布尔运算三个类型的功能含义见表 3.2-1。

a)"合并"对话框

b)"求差"对话框

c)"相交"对话框

图 3.2-1 布尔运算对话框

表 3.2-1 "布尔运算"三个类型的功能含义

类型	说明	实例	运算结果
合并	将工具体和目标体合并为一个实体		
减去	将工具体从目标体中移除	目标体 工具体	
相交	取工具体与目标体的公共部分		

3.3 设计特征

设计特征是三维实体建模的基础。本节介绍"特征"命令组上"设计特征下拉菜单"的常用命令。体素特征用于快速创建基本体，拉伸、旋转、凸起特征用于将二维轮廓曲线通过相应的方式生成实体或空体结构，孔、槽和螺纹特征用于在实体上创建空体结构，筋板用于创建实体间的支撑结构。这些设计特征均具有参数化设计的特点，修改对话框中的参数或草图中的二维轮廓曲线时，相应的实体特征也会自动更新。

3.3.1 体素特征

UG NX 的体素特征有长方体、圆柱、圆锥和球，体素特征通常可以作为零件模型的第一个特征（基础特征）使用，然后在其上添加新的特征进行模型的创建。

将体素特征命令添加到"特征"命令组上"设计特征下拉菜单"的方法参见 1.2.2 节中第 4 部分"设置功能区"的介绍，此处不再赘述。以下分别介绍体素特征的创建方法。

1. 长方体

进入建模环境后，激活"长方体"命令的常用方法有如下两种。

方法一：依次单击 ☰【菜单】→【插入】→【设计特征】→ ⬜【长方体】。

方法二：在功能区"特征"命令组，打开 🔧"更多"命令菜单，在其中的"设计特征"区域选择 ⬜【长方体】命令。

3.3.1-1
微课视频

激活命令后，系统弹出"长方体"对话框，如图 3.3-1 所示。

由图 3.3-1 可知，长方体的创建方式有如下三种。

⬜"原点和边长"：指定长方体原点和长、宽、高参数进行创建，原点默认是长方体的右、下、后顶点；单击对话框上"原点"区域的 ⬛【点对话框】图标，可以设置长方体原点的位置。图 3.3-2a 所示长方体的指定原点为（-25，0，0），长、宽、高分别为 50、30、15，长方体关于 YZ 基准面对称。

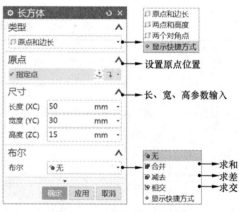

图 3.3-1 "长方体"对话框

⬜"两点和高度"：指定长方体的底面对角点和高度进行创建。图 3.3-2b 所示长方体的底面对角点分别为（0，0，0）和（50，30，0），高度为 15。

⬜"两个对角点"：指定长方体的两个对角点进行创建。图 3.3-2c 所示长方体的原点坐标为（-25，-15，0），对角点坐标为（25，15，15）。坐标点的设置均通过单击对话框上 ⬛【点对话框】图标进行操作。

2. 圆柱

进入建模环境后，激活"圆柱"命令的常用方法有如下两种。

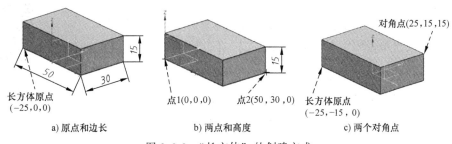

a) 原点和边长 　　　　　b) 两点和高度 　　　　　c) 两个对角点

图 3.3-2 "长方体"的创建方式

方法一：依次单击 【菜单】→【插入】→【设计特征】→ 【圆柱】。

方法二：在功能区"特征"命令组，打开 "更多"命令菜单，在其中的"设计特征"区域选择 【圆柱】命令。

激活命令后，系统弹出"圆柱"对话框，如图 3.3-3 所示。

3.3.1-2
微课视频

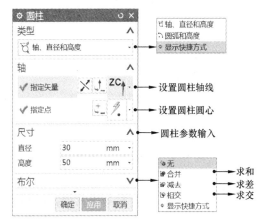

图 3.3-3 "圆柱"对话框

由图 3.3-3 可知，圆柱的创建方式有如下两种。

"轴、直径和高度"：指定圆柱的底面圆心、直径和高度进行创建。图 3.3-4a 所示圆柱的圆心在原点位置，直径为 20，高为 30。

"圆弧和高度"：继承所选取圆弧的圆心和直径，指定圆柱高度进行创建。图 3.3-4b 所示为选取半径 $R10$ 的草图圆弧后设定高度创建而成圆柱。

a) 轴、直径和高度 　　　　　　　　　　b) 圆弧和高度

图 3.3-4 "圆柱"的创建方式

3. 圆锥

进入建模环境后，激活"圆锥"命令的常用方法有如下两种。

方法一：依次单击 【菜单】→【插入】→【设计特征】→ 🔺【圆锥】。

方法二：在功能区"特征"命令组，打开 🗊"更多"命令菜单，在其中的"设计特征"区域选择 🔺【圆锥】命令。

3.3.1-3
微课视频

激活命令后，系统弹出"圆锥"对话框，如图3.3-5所示。

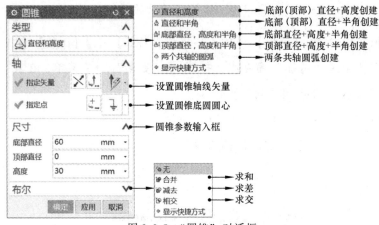

图3.3-5 "圆锥"对话框

由图3.3-5可知，圆锥共有五种创建方式，前四种按照对话框和提示框顺序输入相应参数即可完成创建，结果如图3.3-6所示。第五种 🔻【两个共轴的圆弧】的创建过程与其他几种方式有所区别，操作步骤如下。

（1）创建基圆弧 在功能区"直接草图"命令组选择 🖼【草图】命令，选择默认的XY基准平面为草图平面。在功能区选择 ⌒【圆弧】命令，绘制圆心在原点位置的圆弧，如图3.3-7a所示基圆弧，单击 🏁【完成草图】进入建模模块。

（2）创建基准面 从功能区"特征"命令组激活 ⬜【基准平面】命令打开其对话框，在"类型"下拉列表框中选择 ⬜【按某一距离】，创建与XY基准平面距离为15的新基准面。

（3）创建顶圆弧 在功能区"直接草图"命令组选择 🖼【草图】命令，选择上步创建的新基准面为草图平面，绘制与图3.3-7a所示基圆弧圆心共轴的圆弧，得到如图3.3-7a所示顶圆弧，单击 🏁【完成草图】返回建模模块。

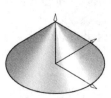

图3.3-6 圆锥

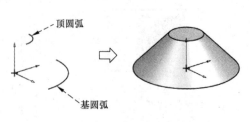

a）绘制圆弧   b）创建圆台

图3.3-7 "两个共轴的圆弧"方式创建圆台

（4）创建圆台　激活 【圆锥】命令打开其对话框，在"类型"的下拉列表框中选择【两个共轴的圆弧】，在图形区分别选择基圆弧和顶圆弧后，单击【确定】按钮，结果如图 3.3-7b 所示。

4. 球

进入建模环境后，激活"球"命令的常用方法有如下两种。

方法一：依次单击 【菜单】→【插入】→【设计特征】→ 【球】。

方法二：在功能区"特征"命令组，打开 "更多"命令菜单，在其中的"设计特征"区域选择 【球】命令。

激活命令后，系统弹出"球"对话框，如图 3.3-8 所示。

由图 3.3-8 可知，球的创建方式有如下两种。

"中心点和直径"：指定球心位置和球的直径进行创建。球心默认在原点，如图 3.3-9a 所示；也可以单击对话框上的点 【点对话框】图标，重新设置球心位置，图 3.3-9b 所示球的球心为（20，0，0），球心在 Z 轴上。

"圆弧"：通过选取圆弧创建球，球直径等于圆弧直径，球心位于圆弧圆心，如图 3.3-10 所示。

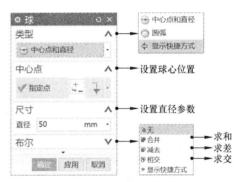

图 3.3-8　"球"对话框

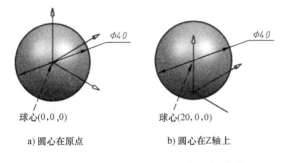

a) 圆心在原点　　　b) 圆心在Z轴上

图 3.3-9　"中心点和半径"方式创建球

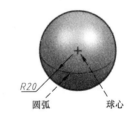

图 3.3-10　"圆弧"方式创建球

3.3.2　拉伸

"拉伸"是将截面曲线沿着草图平面的垂直方向拉伸来创建实体特征，是常用的零件建模命令。进入建模环境后，激活"拉伸"命令的常用方法有如下两种。

方法一：依次单击 【菜单】→【插入】→【设计特征】→ 【拉伸】。

方法二：在功能区"特征"命令组的"设计特征下拉菜单"中选择 【拉伸】命令。

激活命令后，系统弹出"拉伸"对话框，如图 3.3-11 所示。

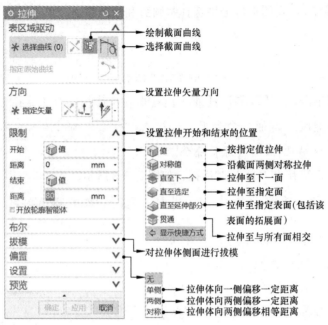

图 3.3-11 "拉伸"对话框

说明："拉伸"对话框包含"布尔""拔模""偏置"等命令，使建模过程更加便捷。若对话框中缺少相关命令，可单击对话框左上角 ⚙ 【对话框选项】，勾选"拉伸（更多）"进行添加。

"拉伸"对话框中的常用选项说明如下。

（1）"表区域驱动"区域　确定拉伸截面曲线。系统默认选择 【曲线】功能，可以直接在图形区选择需要拉伸的截面曲线；也可单击 【绘制草图】按钮，进入草图环境绘制截面曲线，完成草图后返回"拉伸"对话框。

（2）"方向"区域　通过"矢量"对话框或以自动判断矢量方式指定拉伸的方向。

（3）"限制"区域　设置拉伸开始和结束的位置。共有六种设置方式，各类型的功能含义见表 3.3-1。

表 3.3-1　"限制"类型的功能含义

类型	说　　明	图　　例
值	将截面曲线沿指定矢量并按照给定的开始值和结束值进行拉伸	

（续）

类型	说　明	图　例
对称值	将截面曲线在截面所在平面的两侧按照对称值进行拉伸	
直至下一个	将截面曲线拉伸到下一个障碍物表面处终止 备注：特征曲线范围不能大于选定表面，否则无法拉伸	
直至选定	将截面曲线拉伸到选定的实体、平面、辅助面或曲面为止 备注：截面曲线范围不能大于选定的面，否则无法拉伸	
直至延伸部分	将截面曲线拉伸到指定的面。当指定的面不能与拉伸体完全相交时，系统会自动按照指定面的边界进行延伸，并沿着面的轮廓进行拉伸切除	
贯通	将截面曲线在拉伸方向上延伸，直至与所有面相交 备注：两形体没有求和	

（4）"布尔"区域　设置布尔运算方式，各类型的功能含义见表3.2-1。

（5）"拔模"区域　设置拉伸表面的倾斜角度，其功能及参数设置见3.5.4节的介绍。

（6）"偏置"区域　设置截面曲线向两侧的偏移值，偏置方式共有三种，各类型的功能含义见表3.3-2。

（7）"设置"区域　设置拉伸为实体或片体。

表 3.3-2　"偏置"类型的功能含义

类型	说　明	图　例
无	系统默认拉伸无偏置,即"类型"为"无"	截面曲线
单侧	将截面曲线向单侧进行偏置。正值则向外侧扩展,负值则向内侧缩进	截面曲线　偏置值-3　　截面曲线　偏置值3
两侧	将截面曲线向两侧进行偏置,两侧的偏置值可以不同	截面曲线　偏置值3　偏置值-4
对称	将截面曲线向两侧进行偏置,偏置值相同	截面曲线　对称偏置值3

3.3.3　旋转

3.3.3　微课视频

"旋转"是指将截面曲线绕一条轴线旋转某一角度来创建实体特征。进入建模环境后,激活"旋转"命令的常用方法有如下两种。

方法一:依次单击 😎【菜单】→【插入】→【设计特征】→ 🍶【旋转】。

方法二:在功能区"特征"命令组的"设计特征下拉菜单"中选择 🍶【旋转】命令。

激活命令后,系统弹出"旋转"对话框,如图 3.3-12 所示。

"旋转"对话框中的常用选项说明如下。

(1)"表区域驱动"区域　确定旋转截面曲线。系统默认选择 🔗【曲线】功能,可以直接在图形区选择需要旋转的截面曲线;也可单击 🔲【绘制草图】按钮,进入草图环境绘制截面曲线,完成草图后返回旋转命令界面。

(2)"轴"区域　通过"指定矢量"设置旋转轴或旋转矢量方向,通过"指定点"设置旋转中心。

(3)"限制"区域　设置旋转的开始和结束角度。

"布尔"区域、"偏置"区域和"设置"区域的功能与拉伸命令类似,此处不再赘述。

下面以创建一个花瓶模型为例介绍旋转命令常用参数的设置方法,操作步骤如下。

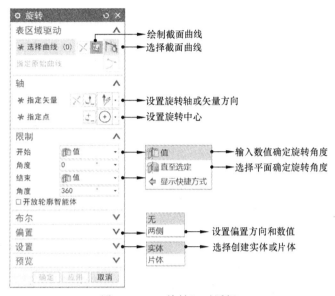

图 3.3-12　"旋转"对话框

（1）打开文件　根据路径"\ug\ch3\3.3\3.3.3\旋转截面.prt"打开配套资源中的草图。

（2）激活命令　在功能区"特征"命令组的"设计特征下拉菜单"中选择 🎁【旋转】命令。

（3）创建回转体　选择图 3.3-13a 所示构造线为旋转截面曲线，选择竖直参考线为旋转轴，不同的参数设置方法及结果分别如下。

1）创建实体。在"限制"区域设置"开始"值为"0°"、"结束"值为"360°"，结果如图 3.3-13b 所示。

2）创建空体结构。在"限制"区域设置"开始"值为"0°"、"结束"值为"360°"；在"偏置"区域选择"两侧"，设置偏置值为"0"和"3"，结果如图 3.3-13c 所示。

3）创建不完整空体结构。在"限制"区域设置"开始"值为"30°"、"结束"值为"270°"；在"偏置"区域选择"两侧"，设置偏置值为"0"和"3"，结果如图 3.3-13d 所示。

（4）完成创建　合理设置参数后，单击【确定】按钮，完成创建。

a) 草图　　b) 创建实体　　c) 创建空体　　d) 创建不完整空体

图 3.3-13　"旋转"图例

3.3.4 凸起

"凸起"是指在实体表面创建一个凸台或凹槽，凸起的形状由封闭的截面草图定义。进入建模环境后，激活"凸起"命令的常用方法有如下两种。

方法一：依次单击 ▥【菜单】→【插入】→【设计特征】→ ◉【凸起】。

方法二：在功能区"特征"命令组，打开 ▥ "更多"命令菜单，在其中的"设计特征"区域选择 ◉【凸起】命令。

激活命令后，系统弹出"凸起"对话框，如图3.3-14所示。

"凸起"对话框中的常用选项说明如下。

（1）"表区域驱动"区域　确定凸起截面曲线。系统默认选择 ▥【曲线】功能，可以直接在图形区选择需要的截面曲线；也可单击 ▥【绘制草图】按钮，进入草图环境绘制截面曲线，完成草图后返回凸起命令界面。

（2）"要凸起的面"区域　选择凸起的起始表面，可以是平面也可以是曲面。

（3）"端盖"区域　设置几何体类型、偏置数值和方向。

（4）"拔模"区域　设置拔模起始面和角度。

"凸起"命令可在平面或曲面上进行凸台、腔体和拔模操作，介绍如下。

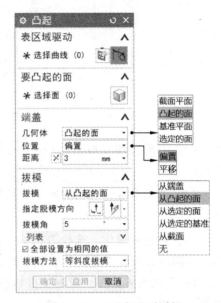

图3.3-14　"凸起"对话框

1. 基于平面

首先创建草图曲线和基体，然后按照图3.3-15所示的步骤完成基于平面的凸起操作。其中，在"端盖"区域的"距离"选项处单击 ▨【反向】按钮可调整凸起的方向，从而形成凸台或凹槽；设置对话框上的"拔模"区域的"角度"，可改变凸起的斜度。

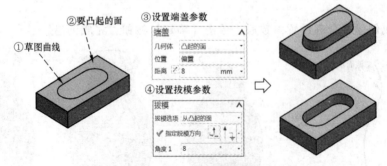

图3.3-15　基于平面的凸起操作

2. 基于曲面

首先创建草图曲线和曲面基体，然后按照图3.3-16所示的步骤完成基于曲面的凸起操

作。其中，在"端盖"区域的"距离"选项处单击 ⊠【反向】按钮可调整凸起的方向，从
而形成凸台或凹槽。

图 3.3-16　基于曲面的凸起操作步骤

3.3.5　孔

"孔"命令提供了多种打孔模式，进入建模环境后，激活"孔"命令的常用方法有如下
两种。

方法一：依次单击 ⬚【菜单】→【插入】→【设计特征】→ ⬚【孔】。

方法二：在功能区的"特征"命令组中选择 ⬚【孔】命令。

激活命令后，系统弹出"孔"对话框，如图 3.3-17 所示。

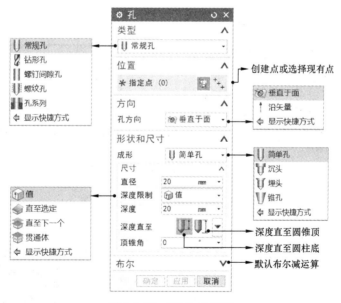

图 3.3-17　"孔"对话框

"孔"对话框的常用选项说明如下。

（1）"类型"区域　设置孔的类型，可生成五种不同类型的孔。

（2）"位置"区域　设置孔中心点的位置，可以选择现有点，也可以重新创建点。

（3）"方向"区域　设置孔中心线的方向。可以通过"垂直于面"或"沿矢量"两种方法设置方向。

（4）"形状和尺寸"区域　设置孔的样式和尺寸参数。

孔"类型"包括 "常规孔"、 "钻形孔"、 "螺钉间隙孔"、 "螺纹孔" 和 "孔系列" 五种类别，选择不同"类型"创建孔时的注意事项分别如下。

1）创建"常规孔"，需要设置孔的定位点、方向、形状和尺寸等参数，其"成形"样式包括 "简单孔"、 "沉头"、 "埋头" 和 "锥孔"，不同样式的特征参数设置如图3.3-18 所示。

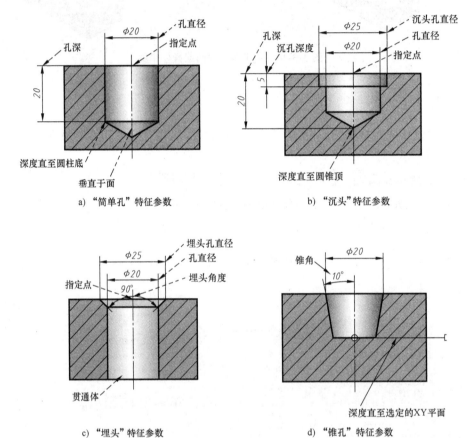

a) "简单孔"特征参数　　　　　　　b) "沉头"特征参数

c) "埋头"特征参数　　　　　　　d) "锥孔"特征参数

图 3.3-18　"常规孔"特征参数设置

"钻形孔"、 "螺钉间隙孔" 与 "常规孔" 的参数设置方式类似，此处不再赘述。

2）创建"螺纹孔"，即创建带螺纹的孔。可以通过对话框设置螺纹的公称直径、牙距、径向进刀数、旋向及牙型标准等。

3）创建"孔系列"，即创建起始、中间和端点上尺寸一致的多形状、多目标体的对齐孔，如图 3.3-19 所示，必要时也可以通过对话框设置参数而更改每一段孔的参数。

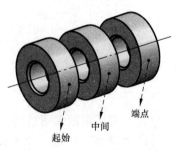

图 3.3-19　"孔系列"图例

3.3.6 槽

"槽"主要是在圆柱面或锥形面上创建一种环形切槽。进入建模环境后,激活"槽"命令的常用方法有如下两种。

方法一:依次单击 ▤▤【菜单】→【插入】→【设计特征】→ ▤【槽】。

方法二:在功能区"特征"命令组,打开 ▤"更多"命令菜单,在其中的"设计特征"区域选择 ▤【槽】命令。

激活命令,系统弹出"槽"对话框,如图 3.3-20 所示。"槽"类型包括"矩形""球形端槽""U 形槽"三种,确定槽类型并选择曲面后,不同类型对话框如图 3.3-20 所示。

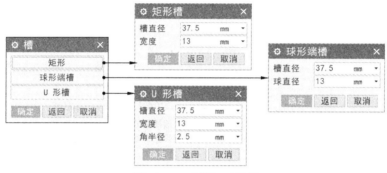

图 3.3-20 "槽"对话框

下面以图 3.3-21 所示创建"矩形"槽为例介绍其操作步骤,其他类型的创建过程类似,不再赘述。

(1)创建圆柱 在功能区"特征"命令组,打开 ▤"更多"命令菜单,在其中的"设计特征"区域选择 ▤【圆柱】命令,创建直径为30、高度为40的圆柱,如图 3.3-21a 所示。

(2)激活命令 在功能区"特征"命令组,打开 ▤"更多"命令菜单,在其中的"设计特征"区域选择 ▤【槽】命令,系统弹出"槽"类型选择对话框,选择"矩形"选项。

(3)选择曲面并设置槽参数 根据提示行选择图 3.3-21a 所示圆柱面为放置的曲面,系统弹出"矩形槽"对话框,"槽直径"设置为"15","宽度"设置为"10",单击【确定】按钮,图形区圆柱面上出现槽的预览界面,如图 3.3-21b 所示,系统弹出"定位槽"对话框。

(4)槽定位 根据提示行首先选择定位目标边(顶圆),然后选择工具边(预览圆环的上边线),最后输入定位距离"10",单击【确定】按钮,结果如图 3.3-21c 所示。

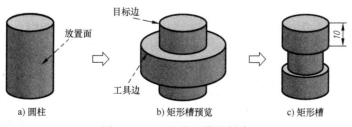

图 3.3-21 "矩形"槽的创建

3.3.7 螺纹

进入建模环境后，激活"螺纹"特征命令的常用方法有如下两种。

方法一：依次单击 【菜单】→【插入】→【设计特征】→ 【螺纹】。

方法二：在功能区"特征"命令组，打开 "更多"命令菜单，在其中的"设计特征"区域选择 【螺纹刀】命令。

激活命令后，系统弹出"螺纹切削"对话框，如图3.3-22所示。

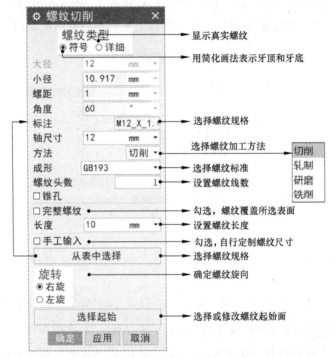

图3.3-22 "螺纹切削"对话框

由图可知，"螺纹类型"有"符号"和"详细"两种，如图3.3-23所示。

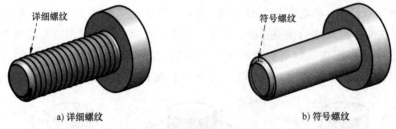

a) 详细螺纹   b) 符号螺纹

图3.3-23 "螺纹类型"对比

以M10×30的内六角圆柱头螺钉为例，介绍"符号"螺纹的创建过程，操作步骤如下。

（1）打开文件按照路径"\ug\ch3\3.3\3.3.7\螺纹特征.prt"打开配套资源中的模型。

（2）激活命令 在功能区"特征"命令组上，打 "更多"命令菜单，在其中的"设计特征"区域选择![图标]【螺纹】命令，在弹出的对话框中"螺纹类型"区域选择【符号】类型。

（3）选择加工表面并确定方向　根据提示行选择图 3.3-24a 所示圆柱面为螺纹加工表面，圆柱端面为起始面，系统自动判断螺纹方向。如果方向与实体方向相反，单击图 3.3-24b 所示对话框中【螺纹轴反向】按钮调整方向，单击【确定】按钮。

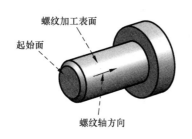
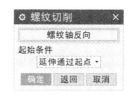

a) 选择螺纹加工表面和起始面　　b) 调整螺纹轴方向

图 3.3-24　选择加工表面并确定方向

（4）设置"螺纹切削"对话框　以下介绍常用参数设置，其他设置可根据需要自行体验。

1）设置螺纹加工方法。默认为"切削"，根据实际情况，螺纹加工方法可四选一。

2）设置大小径参数。若创建非标准化螺纹，勾选"手工输入"复选框，可以自行定义大小径、螺距和螺旋角等参数；若创建标准化螺纹，需要先在"成形"的下拉列表框中选择螺纹标准（普通螺纹选择"GB 193"），然后单击【从表中选择】按钮选择要创建的螺纹公称直径和螺距，如图 3.3-25 所示。选择完成后单击【确定】按钮。

3）设置螺纹长度。在"长度"文本框中输入螺纹长度，或者勾选"完整螺纹"复选框。

图 3.3-25　选择公称直径和螺距

4）确定旋向。系统默认的螺纹旋向为"右旋"，根据需要可以选择"左旋"。

（5）完成创建　按照设计意图完成参数设置后单击【确定】按钮，完成创建，结果如图 3.3-23b 所示。

3.3.8　筋板

"筋板"是通过拉伸一个草图截面曲线来创建与实体相交的薄壁结构。进入建模环境后，激活"筋板"命令的常用方法有如下两种。

方法一：依次单击![图标]【菜单】→【插入】→【设计特征】→![图标]【筋板】。

方法二：在功能区"特征"命令组上，打开![图标]"更多"命令菜单，在其中的"设计特征"区域选择![图标]【筋板】命令。

激活命令，系统弹出"筋板"对话框，如图 3.3-26 所示。

"筋板"对话框中的常用选项说明如下。

（1）"目标"区域　确定要创建筋板的目标体。激活命令后，该区域"选择体"选项自动激活。

（2）"表区域驱动"区域　确定筋板的截面曲线。系统默认是选择 【曲线】功能，可以直接在图形区选择已经创建的曲线，也可以单击 【绘制草图】按钮，进入草图环境绘制截面曲线，完成草图后返回筋板命令界面。

（3）"壁"区域　定义筋板与剖切平面的平行或垂直关系，定义筋板的方向和厚度尺寸，定义筋板是否与目标体合并。

图 3.3-26　"筋板"对话框

以图 3.3-27 所示的两种类别筋板的创建为例，操作步骤如下。

（1）打开文件　根据路径"\ug\ch3\3.3\3.3.8\筋板特征.prt"打开配套资源中的模型。

（2）激活命令　在功能区"特征"命令组上，打开"   更多"命令菜单，在其中的"设计特征"区域选择   【筋板】命令，打开"筋板"对话框，因为图形区只有一个实体，系统自动选择了目标体并激活"选择曲线"选项。

（3）创建垂直于剖切平面的筋板　选择图 3.3-27a 所示截面曲线，在"壁"区域选择【垂直于剖切平面】方式，在图形区单击设置"筋板侧"方向箭头向下↓，"尺寸"选择为【对称】，在"厚度"文本框中输入"2"，勾选【合并筋板和目标】，单击【确定】按钮，结果如图 3.3-27b 所示。

（4）创建平行于剖切平面的筋板　撤回或删除上步操作，选择图 3.3-27a 所示截面曲线；在"壁"区域选择【平行于剖切平面】方式，在图形区单击设置"筋板侧"方向箭头向实体内侧←，"尺寸"选择为【对称】，在"厚度"文本框输入"2"，勾选【合并筋板和目标】，单击【确定】按钮，结果如图 3.3-27c 所示。

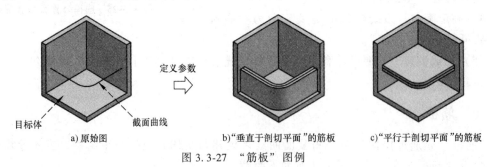

a）原始图　　　　　b）"垂直于剖切平面"的筋板　　　c）"平行于剖切平面"的筋板

图 3.3-27　"筋板"图例

3.4　扫掠特征

扫掠特征是将截面曲线沿指定的引导线运动，而创建出三维实体或片体的操作，其引导线可以是直线、圆弧、样条曲线等。在创建具有相同截面形状并具有引导线特征的扫掠实体模型时，截面形状和扫掠路径曲线可以通过基准平面分别创建，然后利用"扫掠"工具创建所需的实体。本节介绍"特征"命令组上"更多"命令菜单中"扫掠"区域的常用命令。

3.4.1　管

"管"是沿曲线扫掠圆形横截面创建实体特征，可以通过设置内外径实现空心管道的创建。进入建模环境后，激活"管"命令的常用方法有如下两种。

方法一：依次单击![menu]【菜单】→【插入】→【扫掠】→![pipe]【管】。

方法二：在功能区"特征"命令组上，打开![more]"更多"命令菜单，在其中的"扫掠"区域选择![pipe]【管】命令。

激活命令后，系统弹出"管"对话框，如图 3.4-1 所示，"路径"区域用于确定管道的中心线；"横截面"区域用于设置管道的截面参数。

以图 3.4-2 所示的管道为例，"管"命令的操作步骤和参数设置介绍如下。

（1）打开文件　根据路径"\ug\ch3\3.4\1-管道.prt"打开配套资源中的模型。

（2）激活命令　在功能区"特征"命令组上，打开![more]"更多"命令菜单，在其中的"扫掠"区域选择![pipe]【管】命令。

图 3.4-1　"管"对话框

（3）创建实体管道　选择图 3.4-2a 所示管道路径曲线，在对话框"横截面"区域设置"外径"为"7"，"内径"为"0"，单击【确定】按钮，结果如图 3.4-2b 所示。

（4）创建空体管道　撤回或删除上步操作，再次激活"管"命令，选择图 3.4-2a 所示曲线，在"横截面"区域设置"外径"为"7"，"内径"为"4"，单击【确定】按钮，结果如图 3.4-2c 所示。

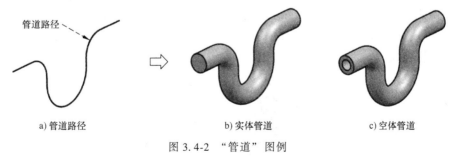

a) 管道路径　　　　　　　　　　b) 实体管道　　　　　　　c) 空体管道

图 3.4-2　"管道"图例

3.4.2　沿引导线扫掠

"沿引导线扫掠"是通过沿引导线扫掠截面曲线来创建体。进入建模环境后，激活该命令的常用方法有如下两种。

方法一：依次单击 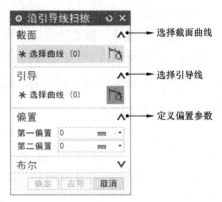【菜单】→【插入】→【扫掠】→【沿引导线扫掠】。

方法二：在功能区"特征"命令组上，打开 "更多"命令菜单，在其中的"扫掠"区域选择 【沿引导线扫掠】命令。

激活命令后，系统弹出"沿引导线扫掠"对话框，如图3.4-3所示。

"沿引导线扫掠"对话框中的常用选项说明如下。

（1）"截面"区域　用于选择扫掠的截面曲线。截面曲线可以由单段或多段曲线组成，可以是草图曲线，也可以实体（片体）的边或面，但必须是单一开环或单一闭环，而且只能选择一个截面。

（2）"引导"区域　用于选择引导线。引导线可以是多段光滑连接的曲线，也可以是具有尖角的曲线，但尖角过小（如某些锐角）可能会导致扫掠失败。引导线可以是草图曲线，也可以是实体（片体）的边线，但只能选择一条。

图 3.4-3　"沿引导线扫掠"对话框

（3）"偏置"区域　以截面曲线为基准，设置拓展参数。默认无偏置，即创建实体的截面与截面曲线相同。偏置正值代表向截面曲线外侧拓展，偏置负值代表向截面曲线内侧拓展，体的厚度是两个偏置的差值。

以图3.4-4所示情况为例，"沿引导线扫掠"命令的操作步骤和参数设置介绍如下。

（1）打开文件　根据路径"\ug\ch3\3.4\2-沿引导线扫掠.prt"打开配套资源中的模型。

（2）激活命令　在功能区"特征"命令组上，打开 "更多"命令菜单，在其中的"扫掠"区域选择 【沿引导线扫掠】命令，打开"沿引导线扫掠"对话框。

（3）创建实体特征　根据提示行选择图3.4-4a所示矩形截面曲线，选择完成后单击鼠标中键结束选取，或者单击对话框上"引导"区域的"选择曲线"条激活该选项；选择图3.4-4a所示引导线，"偏置"均设置为"0"，结果如图3.4-4b所示。

（4）创建空体特征　撤回或删除上步操作，再次激活"沿引导线扫掠"命令，选择矩形截面曲线，选择引导线，设置"第一偏置"值为"5"，设置"第二偏置"值为"-5"，单击【确定】按钮，结果如图3.4-4c所示。

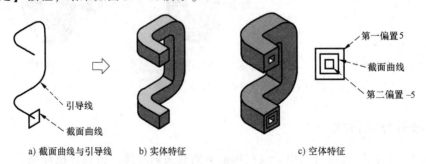

a) 截面曲线与引导线　　　b) 实体特征　　　　　c) 空体特征

图 3.4-4　"沿引导线扫掠"图例

3.4.3 扫掠

"扫掠"是沿一条或多条引导线扫掠截面曲线来创建体，并使用各种方法控制沿着引导线的形状。进入建模环境后，激活"扫掠"命令的常用方法有如下三种。

方法一：依次单击![图标]【菜单】→【插入】→【扫掠】→![图标]【扫掠】。

方法二：在功能区"特征"命令组上，打开![图标]"更多"命令菜单，在其中的"扫掠"区域选择![图标]【扫掠】命令。

方法三：单击功能区选项条上的"曲面"标签打开其选项卡，选择![图标]【扫掠】命令。如果没有"曲面"选项卡，在功能区选项条上单击鼠标右键后在选项菜单中勾选"曲面"即可。

激活命令后，系统弹出"扫掠"对话框，如图3.4-5所示。

"扫掠"对话框的常用选项说明如下。

（1）"截面"区域 用于选择扫掠的截面曲线。截面曲线可以由单段或多段曲线组成，可以是草图曲线，也可以是实体（片体）的边或面，但必须是单一开环或单一闭环。如果要使用多个轮廓作为扫掠的截面曲线，需要单击![图标]【添加新集】按钮，选择其他轮廓。

（2）"引导线"区域 用于选择扫掠的引导线。引导线可以是首尾相连且相切的曲线、样条曲线、实体边缘或面的边缘。单击![图标]【添加新集】按钮，可以添加新引导线来控制扫掠形状，但最多添加三条。

（3）"脊线"区域 当使用多条引导线控制扫掠时，"脊线"区域被激活。引导线的不均匀参数化导致扫掠体形状不理想时，脊线用于进一步控制截面曲线的扫掠方向。

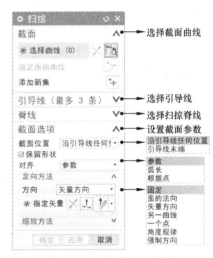

图3.4-5 "扫掠"对话框

（4）"截面选项"区域 设置截面曲线在扫掠过程中的"截面位置""对齐""定向方法""缩放方法"等，具体操作和注意事项此处不一一介绍，可在使用中自行体会。

以图3.4-6所示情况为例，"扫掠"命令的操作步骤和参数设置介绍如下。

（1）打开文件 根据路径"\ug\ch3\3.4\3-扫掠.prt"打开配套资源中的文件。

（2）激活命令 在功能区"特征"命令组上，打开![图标]"更多"命令菜单，在其中的"扫掠"区域选择![图标]【扫掠】命令，打开"扫掠"对话框。

（3）设置扫掠参数 选择图3.4-6所示矩形框为扫掠的截面曲线，选择完成后在对话框"引导线"区域单击"选择曲线"选项激活该命令，选择图3.4-6所示螺旋线为引导线。将"截面选项"区域的"方向"选择为【矢量方向】，并选择Z轴为指定矢量。

（4）创建扫掠特征 设置完成后，预览符合需求，单击【确定】按钮，完成操作。

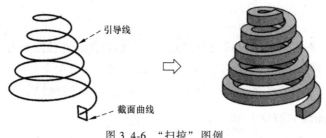

引导线

截面曲线

图 3.4-6　"扫掠"图例

3.5　细节特征

设计和扫掠特征用于创建实体模型，细节特征则用于创建更为细致的局部结构。本节介绍"特征"命令组上"更多"命令菜单中"细节特征"区域的常用命令。其中，边倒圆、面倒圆特征用于创建实体表面的圆角过渡结构，倒斜角特征用于创建边线的斜角结构，拔模特征用于创建铸造的拔模斜度，抽壳特征用于将实体变为空体结构。

3.5.1　边倒圆

"边倒圆"是在实体边缘去除材料或添加材料，使实体上的尖锐边缘变成圆角过渡曲面。进入建模环境后，激活"边倒圆"命令的常用方法有如下两种。

方法一：依次单击 【菜单】→【插入】→【细节特征】→ 【边倒圆】。

方法二：在功能区"特征"命令组上选择 【边倒圆】命令。

激活命令后，系统弹出"边倒圆"对话框，如图 3.5-1 所示。

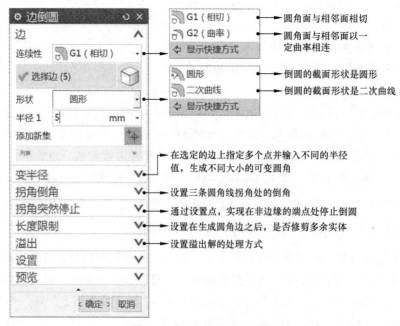

图 3.5-1　"边倒圆"对话框

说明："边倒圆"对话框包含"变半径""拐角倒角""拐角突然停止"等命令，使圆角的创建更为灵活和方便。若对话框中缺少相关命令，可以单击对话框左上角的 ⚙【对话框选项】，勾选"边倒圆（更多）"进行添加。

"边倒圆"对话框的常用选项说明如下。

（1）"边"区域　用于选择倒圆的边线对象，设置圆角形状和半径参数。

"连续性"：设置圆角以"相切"或"曲率"的方式与相邻面相连。

"选择边"：选择单条或多条要倒圆角的边线，边线可以相连也可以不相连。

"形状"：定义倒圆的截面形状，可以设置为"圆形"或"二次曲线"。

（2）"变半径"区域　在倒圆的边线上添加若干可变半径的点，设置各点处的圆角半径，从而生成半径变化的圆角效果。

（3）"拐角倒角"区域　设置三条圆角线拐角处的倒角。

（4）"拐角突然停止"区域　通过添加突然停止点，使圆角可以在非边缘的端点处停止，进行局部边缘段倒圆。

（5）"长度限制"区域　设置在生成圆角边之后，是否修剪多余实体。

（6）"溢出"区域　设置溢出解的处理方式。其中，"跨光顺边滚动"设置圆角遇到光顺边时是否进行光滑倒角过渡，不勾选就不进行光滑过渡；"延边滚动"设置圆角遇到光顺边或锐边时是否沿边滚动；"修剪圆角"设置圆角遇到锐边时是否延伸相邻面以修剪圆角。

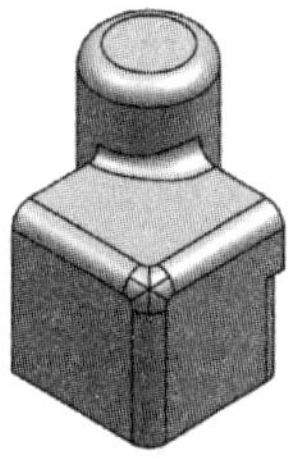

图 3.5-2　"边倒圆"图例

"边倒圆"图例如图 3.5-2 所示，其分解的"边倒圆"常用类型的创建过程见表 3.5-1。

表 3.5-1　"边倒圆"常用类型

圆角类型	功能含义	图　　例
等半径倒圆	在对话框展开"边"区域，选择倒圆的棱边，然后在对话框选择"连续性"和"形状"的类型，确定半径值后创建圆角	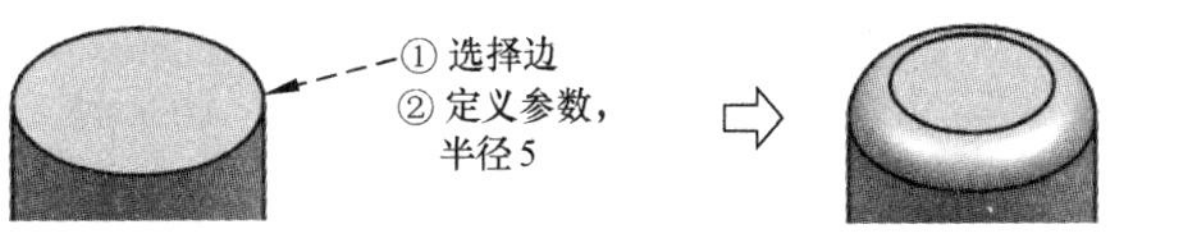 ① 选择边　② 定义参数，半径5
变半径倒圆	在对话框展开"变半径"区域，选择倒圆的棱边，设置变半径点、不同的半径值和弧长百分比，生成大小不同的可变圆角	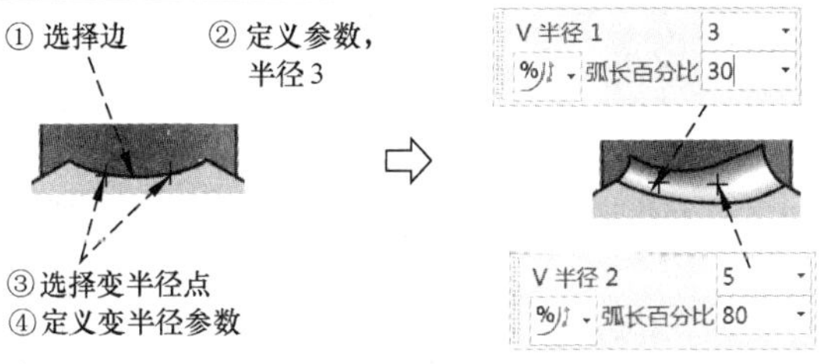 ① 选择边　② 定义参数，半径3　③ 选择变半径点　④ 定义变半径参数　　√半径1　3　%/₁ 弧长百分比 30　√半径2　5　%/₁ 弧长百分比 80
拐角倒圆	在对话框展开"拐角倒角"区域，选择多条倒圆的棱边和半径，定义倒角端点，在拐角处形成一个拐角圆角，即球状圆角	 ① 选择边　② 定义参数，半径5　③ 选择端点定义倒角　　半径1=5

（续）

圆角类型	功能含义	图　例
拐角突然停止	在对话框展开"拐角突然停止"区域,选择倒圆的棱边,设置半径值和停止位置,创建局部边倒圆	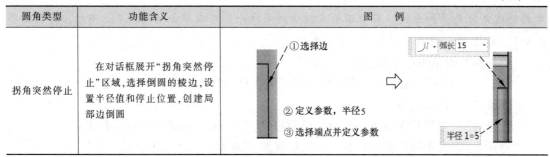

3.5.2　面倒圆

"面倒圆"是在选定的面组之间添加相切圆角面。圆角的截面形状可以是圆形、二次曲线或其他规律控制的形状。与边倒圆相比,面倒圆的形状控制更灵活,倒圆处理能力更强。进入建模环境后,激活"面倒圆"命令的常用方法有如下两种。

方法一：依次单击 ▤【菜单】→【插入】→【细节特征】→ ◢【面倒圆】。

方法二：在功能区"特征"命令组上,打开 ◢"更多"命令菜单,在其中的"细节特征"区域选择 ◢【面倒圆】命令。

激活命令后,系统弹出"面倒圆"对话框,如图 3.5-3 所示。

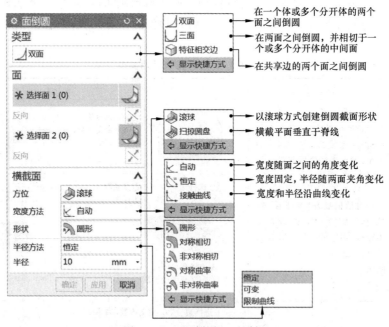

图 3.5-3　"面倒圆"对话框

"面倒圆"对话框的常用选项说明如下。

（1）"类型"区域　用于设置面倒圆的创建方式,包括以下三种。

◢ "双面"：选择两个面并定义倒圆角的截面形状及尺寸,如图 3.5-4 所示。

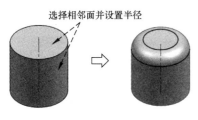 "三面"：定义两个侧面和一个中间面，结果是中间面完全被圆角替代。如此创建时无需定义圆角半径，因为圆角面与第三个面的相切半径是定值，如图3.5-5所示。

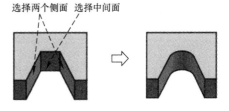 "特征相交边"：选择两个面的交线，定义倒圆的截面形状和尺寸，如图3.5-6所示。

图 3.5-4 "双面"方式创建面倒圆　　　　图 3.5-5 "三面"方式创建面倒圆

（2）"横截面"区域　通过定义圆角横截面形状来设置不同圆角类型。

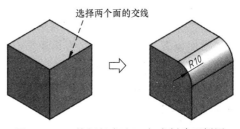

"方位"下拉列表框：包括"滚球"和"扫掠圆盘"两种。"滚球"方式圆角的横截面位于垂直于选定的两个面的平面上；"扫掠圆盘"比"滚球"方式圆角在倒圆的横截面中多了脊曲线。

"宽度方法"下拉列表框：设置圆角宽度的变化方式。选择"自动"方式，则圆角宽度随

图 3.5-6 "特征相交边"方式创建面倒圆

面之间的角度调节；选择"恒定"方式，则圆角宽度不随圆角半径变化；选择"接触曲线"方式，则圆角宽度和半径沿曲线变化。

"形状"下拉列表框：控制圆角横截面的形状。选择"圆形"方式，则圆角横截面形状为圆弧；选择"对称相切"方式，则圆角横截面形状为对称二次曲线；选择"非对称相切"方式，则圆角横截面形状为不对称二次曲线；选择"对称曲率"，则圆角横截面形状相对于面对称且曲率连续；选择"非对称曲率"，则横截面形状关于面不对称且曲率连续。

"半径方法"下拉列表框：定义半径的设置方法。选择"恒定"方式，则圆角半径值恒定且必须是正值；选择"可变"方式，则可以设置面的限制曲线方式；选择"限制曲线"方式，则圆角半径由限制曲线定义，且该限制曲线始终与圆角保持接触，并且始终与选定曲线或边相切。

3.5.3 倒斜角

"倒斜角"是对面之间的锐边倒斜角。进入建模环境后，激活"倒斜角"命令的常用方法有如下两种。

方法一：依次单击 【菜单】→【插入】→【细节特征】→ 【倒斜角】。

方法二：：在功能区"特征"命令组上选择 【倒斜角】命令。

激活命令后，系统弹出"倒斜角"对话框，如图3.5-7所示。

"倒斜角"对话框的常用选项说明如下。

（1）"偏置"区域　设置倒斜角的方式和数值。偏置方式有三种，见表3.5-2。

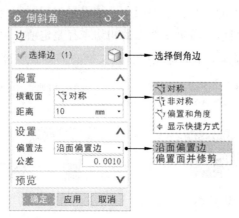

图 3.5-7 "倒斜角"对话框

（2）"设置"区域 设置斜角的偏置方法，如图 3.5-8 所示。

"沿面偏置边"选项：仅为简单形状的面生成精确的斜角，从倒斜角的边开始，沿着面测量偏置值，进而定义新倒角面的边。

"偏置面并修剪"选项：如果被倒斜角的面很复杂，则可选择此选项来延伸用于修剪原始曲面的每个偏置曲面。

表 3.5-2 "倒斜角"偏置方式

倒斜角方式	功能说明	图例
对称	创建偏置量相等的倒角	倒角边 ⇒ 偏置 横截面 对称 距离 10 mm / 10 10
非对称	创建偏置量不相等的倒角，可利用 ✕【反向】按钮反转倒斜角的偏置顺序	倒角边 ⇒ 横截面 非对称 距离 1 10 mm 距离 2 15 mm / 15 10
偏置和角度	创建定义偏置量和角度的倒角	倒角边 ⇒ 横截面 偏置和角度 距离 10 mm 角度 30 ° / 30° 10

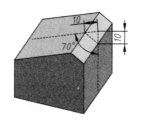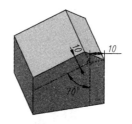

a)"沿面偏置边"方式创建斜角　　　　b)"偏置面并修剪"方式创建斜角

图 3.5-8 "偏置法"图例

3.5.4 拔模

为了便于取模，铸造壳体的内外壁通常沿起模方向做出斜度，称为起模（拔模）斜度。"拔模"特征可以使面相对于指定的拔模方向成一定角度。进入建模环境后，激活"拔模"命令的常用方法有如下两种。

方法一：依次单击 ![菜单] 【菜单】→【插入】→【细节特征】→ 【拔模】。

方法二：在功能区"特征"命令组上选择 【拔模】命令。

激活命令后，系统弹出"拔模"对话框，如图 3.5-9 所示。

"拔模"对话框的常用选项说明如下。

（1）"类型"区域　用于选择拔模方式，选择不同方式后对话框选项也会有所不同，"拔模"的类型有四种，见表 3.5-3。

（2）"脱模方向"区域　通过矢量对话框或自动判断矢量定义砂箱拔模方向。

（3）"拔模参考"区域　在选择"面"和"分型边"拔模类型时激活，用于选择固定面或分型面。

（4）"要拔模的面"区域　仅在选择"面"拔模类型时激活，用于选择要进行拔模的面，可以是平面也可以是曲面。

图 3.5-9 "拔模"对话框

表 3.5-3 "拔模"类型功能

拔模类型	功能说明	图　　例
![面图标] 面	相对于固定面或分型面拔模	固定面 拔模的面，拔模角度为15° 拔模方向为Z轴正向

（续）

拔模类型	功能说明	图　　例
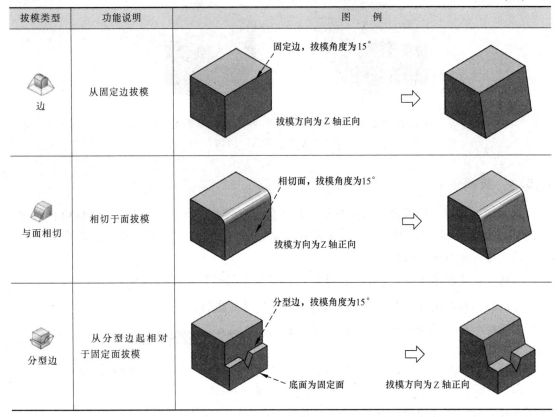		

边　从固定边拔模

固定边，拔模角度为15°

拔模方向为Z轴正向

与面相切　相切于面拔模

相切面，拔模角度为15°

拔模方向为Z轴正向

分型边　从分型边起相对于固定面拔模

分型边，拔模角度为15°

底面为固定面

拔模方向为Z轴正向

3.5.5　抽壳

"抽壳"是移去所选表面并根据设置保留一定壁厚的壳体，或者绕实体建立一个壳体。进入建模环境后，激活"抽壳"命令的常用方法有如下两种。

方法一：依次单击 ☰ 【菜单】→【插入】→【偏置/缩放】→ 🔲 【抽壳】。

方法二：在功能区"特征"命令组上选择 🔲 【抽壳】命令。

激活命令后，系统弹出"抽壳"对话框，如图3.5-10所示。

说明："抽壳"对话框可以设置等壁厚抽壳，也可以设置不等壁厚抽壳，若对话框中缺少相关命令，可以单击对话框左上角 ⚙ 【对话框选项】按钮，勾选"抽壳（更多）"选项进行添加。

"抽壳"对话框的常用选项说明如下。

🔲 "移除面，然后抽壳"：移除所选取表面进行抽壳，可以设置不同面的厚度，操

图3.5-10　"抽壳"对话框

作步骤如图 3.5-11 所示。

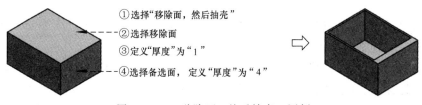

① 选择"移除面，然后抽壳"
② 选择移除面
③ 定义"厚度"为"1"
④ 选择备选面，定义"厚度"为"4"

图 3.5-11 "移除面，然后抽壳"图例

"对所有面抽壳"：以不移除表面的方式创建一个壳体，壳体的偏置方向是选择面的法向，操作步骤如图 3.5-12 所示。

① 选择"对所有面抽壳"
② 选择要抽壳的体
③ 定义"厚度"为"3"

图 3.5-12 "对所有面抽壳"图例

3.6 关联复制特征

关联复制特征是对已有的模型进行操作，创建与已有模型相关联的目标特征，从而减少重复操作，提高效率。本节介绍"特征"命令组上"更多"命令菜单中"关联复制"区域的常用命令。抽取几何特征用于从已有形体上抽取设计要素；镜像特征用于创建对称的特征或几何体；阵列特征用于创建有一定规律的重复特征或几何体。

3.6.1 抽取几何特征

"抽取几何特征"是用来从当前对象中抽取需要的点、曲线、面或体特征，并创建与之相同的副本特征。进入建模环境后，激活"抽取几何特征"命令的常用方法有如下两种。

方法一：依次单击【菜单】→【插入】→【关联复制】→【抽取几何特征】。

方法二：在功能区"特征"命令组上，打开"更多"命令菜单，在其中的"关联复制"区域选择【抽取几何特征】命令。

激活命令后，系统弹出"抽取几何特征"对话框，如图 3.6-1 所示。

"抽取几何特征"对话框的常用选项说明如下。

（1）"类型"区域 设置要抽取的几何特征

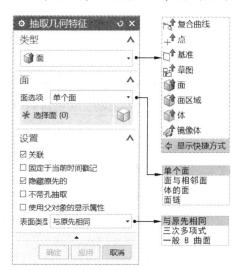

图 3.6-1 "抽取几何特征"对话框

类别，包括"点""草图""面"等八种类型，选择不同"类型"时，对话框中的选项会有所不同。

（2）"面"区域　选择要抽取几何特征的面，面的选择方式有"单个面""面与相邻面""体的面""面链"四种。

（3）"设置"区域　设置抽取的几何特征与原特征是否关联、抽取后是否隐藏原有特征、是否带孔抽取等。其中，"表面类型"分为三种。

"与原先相同"：将模型中的选中面抽取为与原来的曲面相同的曲面类型。

"三次多项式"：将模型中的选中面抽取为三次多项式 B 曲面类型。

"一般 B 曲面"：将模型中的选中面抽取为一般 B 曲面类型。

以图 3.6-2 所示单一面的抽取为例，几何特征抽取的步骤和参数设置介绍如下。

（1）打开文件　根据路径"\ug\ch3\3.6\1-抽取几何特征—面 . prt"打开配套资源中的模型。

（2）激活命令　在功能区"特征"命令组单击 【更多】打开其下拉菜单，在"关联复制"区域选择 【抽取几何特征】。

（3）抽取面特征　根据提示行选择图 3.6-2a 所示抽取面，在"抽取几何特征"对话框勾选【关联】【隐藏原先的】，"表面类型"选择为【与原先相同】，单击【确定】按钮，结果如图 3.6-2b 所示。

说明：为更直观地显示抽取的表面，水平长方体与抽取体没有求和。

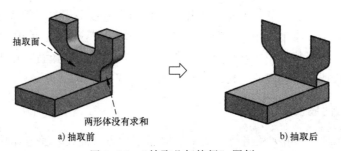

图 3.6-2　"抽取几何特征"图例

3.6.2　镜像

镜像是将所选的几何特征、面或几何体相对于一个部件的平面或基准平面（称为镜像中心平面）进行对称复制，从而得到所选特征的副本并保留与原特征的关联性。

1. 镜像特征

"镜像特征"是将形体上的某些特征基于平面或基准平面进行对称复制，复制后的副本与原特征完全关联。进入建模环境后，激活"镜像特征"命令的常用方法有如下两种。

方法一：依次单击 【菜单】→【插入】→【关联复制】→ 【镜像特征】。

方法二：在功能区"特征"命令组上，打开 "更多"命令菜单，在其中的"关联复制"区域选择 【镜像特征】命令。

激活命令后，系统弹出"镜像特征"对话框，如图 3.6-3 所示。

"镜像特征"对话框的常用选项说明如下。

（1）"要镜像的特征"区域 通过部件导航器或直接在图形区实体上选择要镜像的几何特征。

（2）"镜像平面"区域 选择镜像中心面，可以是体上平面或基准平面，也可以选择"新平面"选项后创建平面。

图 3.6-3 "镜像特征"对话框

以图 3.6-4 所示情况为例，介绍在"镜像特征"命令激活后，如何创建镜像基准面并完成特征的镜像操作，方法如下。

（1）打开文件 根据路径"\ug\ch3\3.6\2-镜像特征.prt"打开配套资源中的文件。

（2）激活命令 在功能区"特征"命令组单击 【更多】打开其下拉菜单，在"关联复制"区域选择 【镜像特征】命令。

（3）选择镜像对象 选择图 3.6-4a 所示实体模型上的"孔"为镜像特征，单击鼠标中键或在对话框上单击"镜像平面"区域的【指定平面】选项条完成选择。

（4）创建镜像平面 单击"指定平面"选项条右侧的 ，在下拉列表框中选择 【二等分】，选择图 3.6-4a 所示长方体长度方向的两个面，创建等分的新基准面，单击【确定】按钮，完成操作，结果如图 3.6-4b 所示。

说明：可以先创建镜像平面再进行镜像操作，此处为实现训练特在镜像过程中创建镜像对称面。

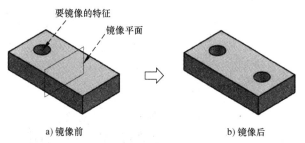

a) 镜像前   b) 镜像后

图 3.6-4 "镜像特征"图例

2. 镜像面

"镜像面"是将一组面基于平面或基准平面进行对称复制，复制后的副本与原特征关联。进入建模环境后，激活"镜像面"的常用方法有如下两种。

方法一：依次单击 【菜单】→【插入】→【关联复制】→ 【镜像面】。

方法二：在功能区"特征"命令组上，打开 "更多"命令菜单，在其中的"关联复制"区域选择 【镜像面】命令。

激活命令后，系统弹出"镜像面"对话框，如图 3.6-5 所示。

图 3.6-5 "镜像面"对话框

"镜像面"对话框的常用选项说明如下。

（1）"面"区域　选择要镜像的面。为便于选择，可以先根据设计需求，在上边框条的选择组设置"面"的选择意图，然后选择面。

（2）"镜像平面"区域　选择镜像中心面，可以是体上平面或基准平面，也可以选择"新平面"选项后创建平面。

以图3.6-6所示情况为例，镜像面的创建过程介绍如下。

（1）打开文件　根据路径"\ug\ch3\3.6\3-镜像面.prt"打开配套资源中的文件。

（2）激活命令　在功能区"特征"命令组单击 【更多】打开其下拉菜单，在"关联复制"区域选择 【镜像面】命令。

（3）创建镜像面　在上边框条的选择组设置"面"的选择意图为"单个面"，选择图3.6-6a所示要镜像的面，选择完成后单击鼠标中键，或者在对话框上单击"镜像平面"区域的【指定平面】选项条；选择图3.6-6a所示的镜像平面后单击【确定】按钮，结果如图3.6-6b所示。

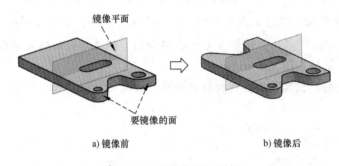

a) 镜像前　　　　　　　　　　　b) 镜像后

图3.6-6　"镜像面"图例

3. 镜像几何体

"镜像几何体"是将形体基于平面或基准平面进行复制，镜像后的副本与原几何体关联。进入建模环境后，激活"镜像几何体"的常用方法有如下两种。

方法一：依次单击 【菜单】→【插入】→【关联复制】→ 【镜像几何体】。

方法二：在功能区"特征"命令组上，打开 "更多"命令菜单，在其中的"关联复制"区域选择 【镜像几何体】命令。

激活命令后，系统弹出"镜像几何体"对话框，如图3.6-7所示。

"镜像几何体"对话框的常用选项说明如下。

（1）"要镜像的几何体"区域　选择要镜像的几何体。

（2）"镜像平面"区域　选择镜像中心面，可以是体上平面或基准平面，也可以选择"新平面"选项后创建平面。

以图3.6-8所示情况为例，激活命令后，在图形区选择要镜像的体；选择完成后单击鼠标中键，或者在对话框上单击"镜像平面"区域的【指定平面】选项条；选择图3.6-8a所示镜像平面，单击【确定】按钮，结果如图3.6-8b所示。

图3.6-7　"镜像几何体"对话框

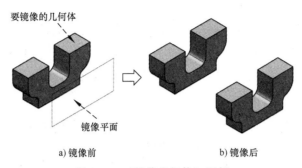

a) 镜像前　　　　　　　　　　　b) 镜像后

图 3.6-8 "镜像几何体"图例

3.6.3 阵列

阵列是对特征或几何体按照一定的规律进行关联复制以生成一个或多个副本，原特征的参数修改会同步给阵列结构。

1. 阵列特征

"阵列特征"是将形体上的特征按照一定的规律进行多重关联复制。进入建模环境后，激活"阵列特征"命令的常用方法有如下两种。

方法一：依次单击 🢃【菜单】→【插入】→【关联复制】→ 🪨【阵列特征】。

方法二：在功能区"特征"命令组上选择 🪨【阵列特征】命令。

激活命令后，系统弹出"阵列特征"对话框，如图 3.6-9 所示。

"阵列特征"对话框的常用选项说明如下。

（1）"要形成阵列的特征"区域　选择要阵列的特征，可以在部件导航器上选取，也可以在模型上选取。

（2）"参考点"区域　选择一个点作为阵列参考点，系统一般自动选择特征的几何中心。

（3）"阵列定义"区域　在"布局"下拉列表框中选择布局方式，不同布局方式所需设置的参数有所不同。

图 3.6-9 "阵列特征"对话框

🈴 "线性"：根据指定的一个或两个线性方向生成多个复制特征，其中"方向 2"可以进行定义。

🈴 "圆形"：沿着指定的旋转轴和旋转中心在圆周上生成多个复制特征，需要定义旋转轴方向和轴的通过点。

🈴 "多边形"：沿着定义的正多边形边线生成多个复制特征，需要定义每边上的特征数目、多边形边数或特征之间的跨距等。

🈴 "螺旋"：以所选特征为中心，向四周沿平面螺旋路径生成多个复制特征，需要定义螺旋所在的平面法向及螺旋的参数。

"沿"：沿着选定的曲线边线或草图曲线生成多个复制特征。

"常规"：用于在平面上任意指定点创建复制特征，先选择基准点，然后选择阵列的平面并进入草图环境进行绘制，草图点位置作为复制特征的阵列点。

"参考"：使用已有阵列布局来生成复制特征。

以图 3.6-10 所示情况为例，阵列特征操作步骤和参数设置过程介绍如下。

（1）打开文件　根据路径 "\ug\ch3\3.6\4-线性阵列 .prt" 打开配套资源中的文件。

（2）激活命令　在功能区 "特征" 命令组单击 【更多】打开其下拉菜单，在 "关联复制" 区域选择 【阵列特征】命令。

（3）选择对象并设置布局　通过部件导航器或直接在模型上选取孔特征为要阵列的特征，在 "布局" 下拉列表框中选择 【线性】；选择图 3.6-10a 所示方向 1、方向 2；设置 "间距" 为 "数量和间隔"，"数量" 设置为 "2"，"间距" 设置为 "16"；单击 【确定】按钮，结果如图 3.6-10b 所示。

说明： 如果阵列方向不符合需求，可以单击 "指定矢量" 右侧的 【反向】按钮进行调整。

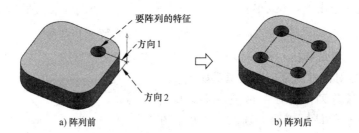

a) 阵列前　　　　　　　　　　b) 阵列后

图 3.6-10　"线性" 布局阵列特征图例

其他布局方式创建阵列特征的方法与 "线性" 布局的操作类似，不再赘述，图例如图 3.6-11 所示。

a)"圆形" 布局　　　　b)"多边形" 布局　　　　c)"螺旋" 布局

图 3.6-11　其他布局阵列特征图例

2. 阵列几何特征

"阵列几何特征" 是将独立的点、线、面或体按照一定的规律进行多重关联复制。进入建模环境后，激活 "阵列几何特征" 命令的常用方法有如下两种。

方法一：依次单击 【菜单】→【插入】→【关联复制】→ 【阵列几何特征】。

方法二：在功能区"特征"命令组上，打开🖶"更多"命令菜单，在其中的"关联复制"区域选择🎲【阵列几何特征】命令。

激活命令后，系统弹出"阵列几何特征"对话框，如图 3.6-12 所示。

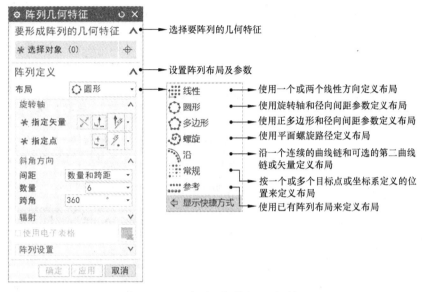

图 3.6-12　"阵列几何特征"对话框

"阵列几何特征"对话框和"阵列特征"对话框的参数及设置方式基本相同，此处不再赘述。"圆形"布局创建几何特征的主要操作步骤及结果如图 3.6-13 所示，其他布局的创建方法类似，图例如 3.6-14 所示。

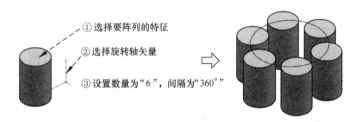

图 3.6-13　"圆形"布局阵列几何特征图例

a)"线性"布局　　　　　　b)"多边形"布局　　　　　　c)"螺旋"布局

图 3.6-14　其他布局阵列几何特征图例

3.7　修剪特征

修剪特征用于进行体或面的分解，以更好地实现设计意图。本节介绍"特征"命令组上"更多"命令菜单中"修剪"区域的常用命令。修剪体是用面修剪体，拆分体是用面分割体，分割面是用曲线分割面。

3.7.1　修剪体

"修剪体"是利用面剪去几何体的一部分。进入建模环境后，激活"修剪体"命令的常用方法有如下两种。

方法一：依次单击![菜单图标]【菜单】→【插入】→【修剪】→![图标]【修剪体】。

方法二：在功能区"特征"命令组上选择![图标]【修剪体】命令。

激活命令后，系统弹出"修剪体"对话框，如图3.7-1所示。

"修剪体"对话框的常用选项说明如下。

（1）"目标"区域　选择要修剪的体，注意修剪的体应该是一个整体。

（2）"工具"区域　选择用来修剪的平面或基准平面，也可以选择"新建平面"选项后创建平面。选择用来修剪的平面后图形区会出现其预览样式，如果不符合需求，可以单击![反向图标]【反向】按钮进行调整。

以图3.7-2所示情况为例，修剪体的操作步骤介绍如下。

图3.7-1　"修剪体"对话框

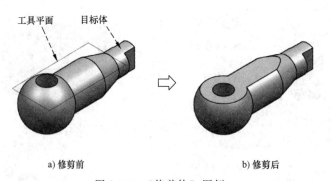

a) 修剪前　　　　　　　　　b) 修剪后

图3.7-2　"修剪体"图例

（1）打开文件　根据路径"\ug\ch3\3.7\1-修剪体.prt"打开配套资源中的模型。

（2）激活命令并选择修剪体　在功能区"特征"命令组上选择![图标]【修剪体】命令，选择图3.7-2a所示实体为修剪的目标体，选择完成后单击鼠标中键，或者在对话框"工具"区域单击【选择面或平面】选项条。

（3）创建基准面并修剪　在"工具选项"下拉列表框中选择【新建平面】，单击"指定平面"右侧的▼，在下拉列表框中选择![图标]【按某一距离】；选择工作坐标系上XZ基准面，并在动态输入框内输入"20",通过 ✕【反向】按钮调整修剪方向,选择合适方向后单击【确定】按钮,结果如图 3.7-2b 所示。

说明:动态输入框内输入正值,则与默认基准方向一致地创建新基准面,输入负值则反向创建。

3.7.2 拆分体

"拆分体"是选取面、基准平面或其他的几何体来分割一个或多个目标体,分割后的结果是将原始目标体分割为两部分。进入建模环境后,激活"拆分体"命令的常用方法有如下两种。

方法一:依次单击 ☰【菜单】→【插入】→【修剪】→◻【拆分体】。

方法二:在功能区"特征"命令组上,打开 👆"更多"命令菜单,在其中的"修剪"区域选择 ◻【拆分体】命令。

激活命令后,系统弹出"拆分体"对话框,如图 3.7-3 所示。"拆分体"图例如 3.7-4 所示。

图 3.7-3 "拆分体"对话框

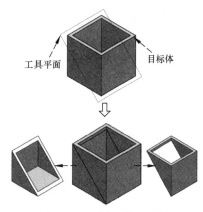

图 3.7-4 "拆分体"图例

"拆分体"和"修剪体"的对话框设置方式和相应的操作步骤基本相同,此处不再赘述。图 3.7-4 所示空槽是目标体,对角基准平面是工具平面,拆分后,原形体被拆解为两部分。

3.7.3 分割面

"分割面"是用线将平面分为两部分。进入建模环境后,激活"分割面"命令的常用方法有如下两种。

方法一:依次单击 ☰【菜单】→【插入】→【修剪】→◇【分割面】。

方法二:在功能区"特征"命令组上,打开 👆"更多"命令菜单,在其中的"修剪"区域选择 ◇【分割面】命令。

激活命令后,系统弹出"分割面"对话框,如图 3.7-5 所示。

"分割面"对话框的常用选项说明如下。

（1）"要分割的面"区域　选择要分割的面，该面可以是平面也可以是曲面。

（2）"分割对象"区域　选择分割用的工具对象，可以是草图曲线，也可以在图形区创建分割线。

（3）"投影方向"区域　设置投射的方向，可以"垂直于面""垂直于曲线平面""沿矢量"方向投射。

以图3.7-6所示情况为例，分割面的创建过程介绍如下。

（1）打开文件　根据路径"\ug\ch3\3.7\3-分割面.prt"打开配套资源中的模型。

（2）激活命令　在功能区"特征"命令组单击 【更多】打开其下拉菜单，在"修剪"区域选择 【分割面】命令。

图3.7-5　"分割面"对话框

（3）设置对话框　根据提示行选择图3.7-6a所示圆柱面为要分割的面，单击鼠标中键结束选择，或者单击对话框"分割对象"区域的【选择对象】选项条，选择基准面上的圆为分割对象；设置"投影方向"区域的"投影方向"为【垂直于曲线平面】，通过 【反向】按钮调整投射方向，单击【确定】按钮，圆柱面被分割成两个面，结果如图3.7-6b所示。

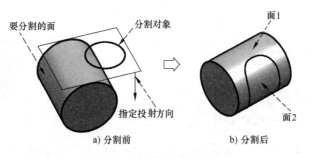

a) 分割前　　　　　　　　　　b) 分割后

图3.7-6　"分割面"图例

3.8　建模实例

基于特征的参数化建模方式是UG NX的建模特点，本节以一个组合体和一个支架零件的建模为实例，实现UG NX建模功能的综合应用，起到巩固强化三维实体设计能力的作用。

3.8.1　实例1——组合体建模

综合运用特征命令，完成图3.8-1所示组合体的创建。

该组合体可分为底板和圆台两部分。实体部分可使用"圆柱"体素特征和"拔模"命令完成，空体部分可使用"孔"命令和"阵列"命

3.8.1　微课视频

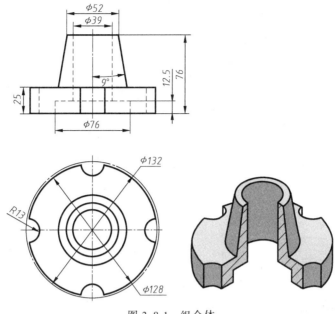

图 3.8-1 组合体

令完成。创建该组合体模型的主要步骤介绍如下。

1. 创建实体

（1）创建圆柱 在功能区"特征"命令组上，打开 ![icon]"更多"命令菜单，在其中的"设计特征"区域选择 ![icon]【圆柱】命令。创建圆心在原点、"直径"为"128"、"高度"为"25"的圆柱，单击【应用】按钮，结果如图 3.8-2a 所示；选择创建的 φ128 圆柱的上表面圆心为创建点，设置"直径"为"52"、"高度"为"51"，布尔运算方式设置为 ![icon]【合并】，单击【确定】按钮，结果如图 3.8-2b 所示。

（2）拔模 在"特征"命令组上选择 ![icon]【拔模】命令，选择 φ52 圆柱面进行"9°"拔模，以上表面为固定面，结果如图 3.8-2c 所示。

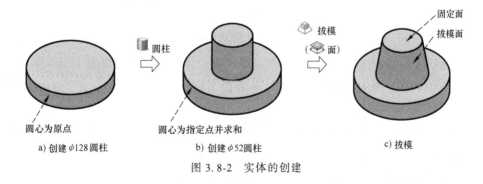

图 3.8-2 实体的创建

2. 创建空体结构

（1）打孔 在功能区"特征"命令组上选择 ![icon]【孔】命令。

1）创建沉头孔。"类型"设置为 ![icon]【常规孔】，"成形"设置为 ![icon]【沉头】，选择 φ128 圆柱的底面圆心为孔中心，设置"沉头直径"为"76"，"沉头深度"为"12.5"，"直径"为"39"，"深度限制"为【贯通体】，单击【应用】按钮，结果如图3.8-3a所示。

2）创建R13孔。选择φ128圆柱的顶面为孔的放置面，进入草图环境后设置圆心到坐标原点的距离为"76"，将点约束在X轴上，退出草图；在"孔"对话框中，将"成形"设置为▊【简单孔】，"直径"设置为"26"，"深度限制"设置为【贯通体】，单击【确定】按钮，结果如图3.8-3b所示。

（2）阵列　在功能区"特征"命令组上选择▧【阵列特征】命令，选择R13孔为阵列特征，设置"布局"为⬡【圆形】，选择圆柱表面确定旋转轴和指定点，设置阵列"数量"为"4"，"跨距"为"360°"，单击【确定】按钮，结果如图3.8-3c所示。

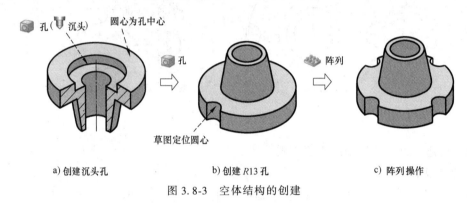

a) 创建沉头孔　　　　　　　　b) 创建R13孔　　　　　　　　c) 阵列操作

图3.8-3　空体结构的创建

3.8.2　实例2——支架零件建模

综合运用特征命令，完成图3.8-4所示支架零件的创建。

该支架零件由五部分组成。在创建过程中，可以先创建底板，然后创建外径φ30的圆筒，再创建凸台，最后是支撑板和筋板。创建该支架零件的主要步骤介绍如下。

3.8.2　微课视频

1. 创建底板

（1）创建长方体　在功能区"特征"命令组上单击▛【更多】打开其下拉命令，在其中选择▱【长方体】命令，建立关于XZ基准面对称的长方体，设置见图3.8-5a所示。

（2）绘制草图　单击▦【草图】进入草图环境，选择长方体底面为草图平面，绘制沿长方体长度方向对称、与长方体棱宽度方向平齐的矩形，如图3.8-5b所示，单击▨【完成草图】按钮，完成草图绘制。

（3）拉伸求差　在功能区"特征"命令组上选择▥【拉伸】命令，选择矩形草图，设置拉伸高度为"3"，布尔运算方式为"减去"，结果如图3.8-5c所示。

（4）打孔　在功能区"特征"命令组上选择▧【孔】命令，创建φ10的孔，位置和尺寸如图3.8-5d所示。

2. 创建圆筒

（1）绘制草图　单击▦【草图】进入草图环境，选择YZ基准面为草图平面，以圆心在

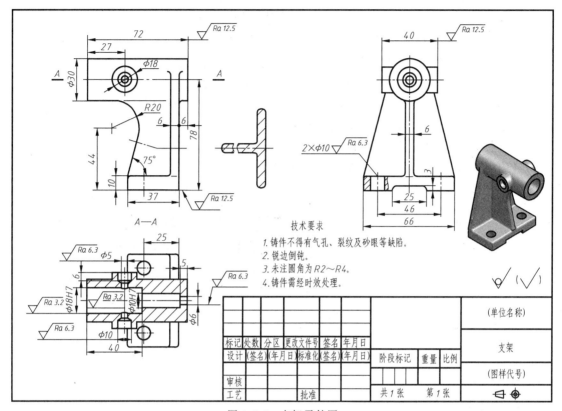

图 3.8-4 支架零件图

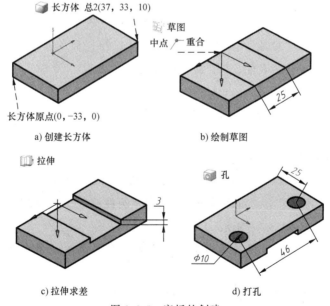

a) 创建长方体　　　　b) 绘制草图

c) 拉伸求差　　　　d) 打孔

图 3.8-5 底板的创建

Z 轴上绘制 φ30 的圆，如图 3.8-6a 所示，单击 ▨ 【完成草图】按钮，完成草图绘制。

（2）拉伸柱体　在"特征"命令组上选择 ▥ 【拉伸】命令，选择 φ30 的圆，设置"开始"值为"-6","结束"值为"66",结果如图 3.8-6b 所示。

（3）打孔　在"特征"命令组上选择 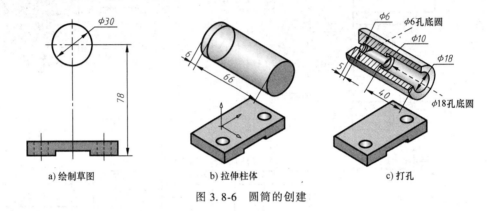【孔】命令。

1）创建 $\phi18$ 的孔。选择 $\phi30$ 圆柱的前端面圆心为孔中心，设置"直径"为"18"，"深度"为"40"，"顶锥角"为"0°"，单击【应用】按钮。

2）创建 $\phi6$ 的孔。选择 $\phi30$ 圆柱的后端面圆心为孔中心，设置"直径"为"6"，"深度为5"，"顶锥角"为"0°"，单击【应用】按钮。

3）创建 $\phi10$ 的孔。选择 $\phi18$ 孔的底圆圆心为孔中心，设置"深度"到 $\phi6$ 孔的底圆，单击【确定】按钮，最后结果如图 3.8-6c 所示。

a) 绘制草图　　　　　b) 拉伸柱体　　　　　c) 打孔

图 3.8-6　圆筒的创建

3. 创建凸台

（1）绘制草图　单击 【草图】进入草图环境，选择 XZ 基准面为草图平面，绘制 $\phi18$ 的圆，如图 3.8-7a 所示，单击 【完成草图】按钮，完成草图绘制。

（2）拉伸柱体　在"特征"命令组上选择 【拉伸】命令，"开始"值设置为"直至选定"并选择圆筒 $\phi18$ 孔的表面，"结束"值设置为"20"，"布尔"运算方式设置为"合并"，结果如图 3.8-7b 所示。

（3）打孔　在"特征"命令组上选择 【孔】命令。

1）创建 $\phi5$ 的孔。选择凸台端面圆心为孔中心，设置"直径"为"5"，"深度"为"直至下一个"，单击【应用】按钮。

2）创建 $\phi10$ 的孔。选择凸台端面圆心为孔中心，设置"直径"为"10"，"深度限制"为"值"，"深度"为"6"，"深度直至"为 【圆柱底"，"顶锥角"为"118°"，单击【确定】按钮，结果如图 3.8-7c 所示。

说明： 如果无法创建，可将对话框中的"孔方向"设置为"沿矢量"后选择凸台轴线方向。

（4）镜像特征　在"特征"命令组上单击 【更多】打开其下拉菜单，在"关联复制"区域选择 【镜像特征】命令，选择 $\phi18$ 的拉伸体、$\phi5$ 和 $\phi10$ 的两个孔（可从部件导航器中按住<Ctrl>键选择）；选择 XZ 基准面为镜像平面，单击【确定】按钮完成创建，结果如图 3.8-7c 所示。

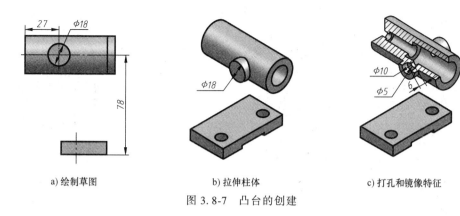

a) 绘制草图 b) 拉伸柱体 c) 打孔和镜像特征

图 3.8-7 凸台的创建

4. 创建支撑板

（1）绘制草图 单击 【草图】进入草图环境，选择 YZ 基准面为草图平面，绘制图 3.8-8a 所示草图曲线，单击 【完成草图】按钮，完成草图绘制。

（2）拉伸柱体 在"特征"命令组上选择 【拉伸】命令，设置"开始"值为"0"，"结束"值为"6"，选择圆筒进行 【合并】方式的布尔运算。

（3）求和 在"特征"命令组上选择 【合并】命令，将支撑板与底板进行求和（支撑板与圆筒已经在上步求和完毕），结果如图 3.8-8b 所示。

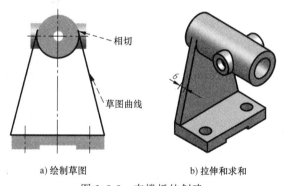

a) 绘制草图 b) 拉伸和求和

图 3.8-8 支撑板的创建

5. 创建筋板

（1）绘制草图 单击 【草图】进入草图环境，选择 XZ 基准面为草图平面，绘制图 3.8-9a 所示草图曲线，单击 【完成草图】按钮，完成草图绘制。

（2）筋板命令 在"特征"命令组上单击 【更多】打开其下拉菜单，在"设计特征"区域选择 【筋板】命令，设置"壁"为"平行与剖切平面"方式，"厚度"为"6"，结果如图 3.8-9b 所示。

6. 创建铸造圆角

在"特征"命令组上选择 【圆角】命令，设置"半径"为"2"，对需要的部位逐个倒圆角，结果如图 3.8-10 所示。

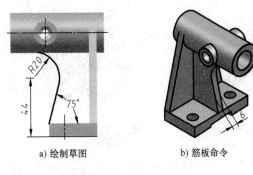

a) 绘制草图

b) 筋板命令

图 3.8-9　筋板的创建

图 3.8-10　支架零件立体图

3.9　模型的测量

在实际操作中，有时需要对模型进行测量、分析以指导设计工作，从而提高效率与准确性。因此，本节将介绍测量命令的添加方式和基础的测量内容，以便读者自我验证所建模型的准确性。

3.9　微课视频

3.9.1　测量命令组

在功能区选项条单击【分析】标签打开其选项卡，如图 3.9-1 所示。但默认界面没有显示所有命令，可按照如下方法进行命令的添加和激活。

（1）添加命令　以添加"测量面"和"测量体"命令为例，单击"测量"命令组右下方▼→勾选📏【更多库】→勾选📐【体库】→勾选📐【测量面】、📐【测量体】，则可添加所勾选命令，如图 3.9-1①处所示。其他命令的添加方式相同。

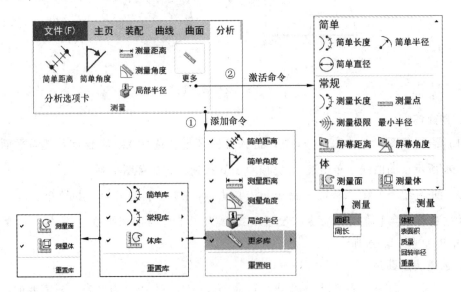

图 3.9-1　测量命令的添加与激活

（2）激活命令　在"分析"选项卡已经显示的命令，可直接单击其图标进行激活。若需激活其他命令，可以单击 【更多】下方▾打开其下拉菜单，然后在其中单击命令图标即可激活命令，如图3-9-1②处所示。

在后续讲解中，不再赘述命令的添加和激活方法，所需命令将直接引用。

3.9.2　模型的测量

精准设计是工程技术人员的基本素养，精准测量则是为精准设计提供保障。本小节介绍常用的距离、角度、最小半径、面积与周长、体积与表面积等参数的测量方法，其他测量命令可在使用时自行体验。

1. 测量距离

根据路径"\ug\ch3\3.9\测量.prt"打开配套资源中的模型。在功能区选项条上单击【分析】标签打开其选项卡，选择 【测量距离】命令，系统弹出"测量距离"对话框，如图3-9-2所示。其类型功能见表3.9-1。

图3.9-2　"测量距离"对话框

表3.9-1　"测量距离"类型功能

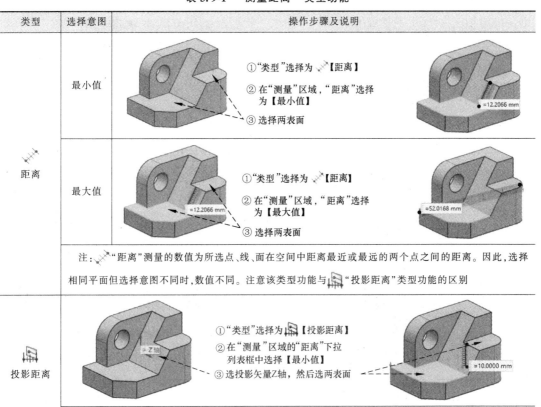

类型	选择意图	操作步骤及说明
距离	最小值	①"类型"选择为【距离】 ②在"测量"区域，"距离"选择为【最小值】 ③选择两表面
	最大值	①"类型"选择为【距离】 ②在"测量"区域，"距离"选择为【最大值】 ③选择两表面
	注：【距离】测量的数值为所选点、线、面在空间中距离最近或最远的两个点之间的距离。因此，选择相同平面但选择意图不同时，数值不同。注意该类型功能与【投影距离】类型功能的区别	
投影距离		①"类型"选择为【投影距离】 ②在"测量"区域的"距离"下拉列表框中选择【最小值】 ③选投影矢量Z轴，然后选两表面
	注：【投影距离】的测量数值为所选点、线、面在投影矢量方向上距离最近或最远的两个点之间的距离	

（续）

类型	选择意图	操作步骤及说明
长度		①"类型"选择为 【长度】 ②选择曲线 =24.4131 mm
半径		①"类型"选择为 【半径】 ②选择圆弧面、圆弧边或圆柱面 =9.0000 mm
直径		①"类型"选择为 【直径】 ②选择圆弧面、圆弧边或圆柱面 =18.0000 mm
点在曲线上		①"类型"选择为 【点在曲线上】 ②在草图曲线上选择两点 =12.1156 mm 注：测量一组相连曲线上两点间的最短距离。这组曲线可包含单条曲线，也可包含多条曲线
对象集之间	最小值	①"类型"选择为 【对象集之间】 ②在"测量"区域的"距离"下拉列表框中选择【最小值】 ③先选择对象集A（三个面），再选择对象集B（两个面） =22.3607 mm
	最大值	①"类型"选择为 【对象集之间】 ②在"测量"区域的"距离"下拉列表框中选择【最大值】 ③先选择对象集A（三个面），再选择对象集B（两个面） =55.9732 mm
	注："对象集之间"的测量数据为所选的对象集（点、线、面相互组合）在空间距离最近或最远的两个点之间的距离。类比 "距离"命令	

（续）

类型	选择意图	操作步骤及说明
对象集之间的投影距离	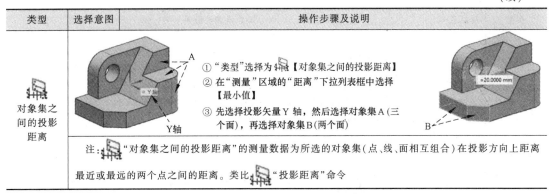	①"类型"选择为 【对象集之间的投影距离】 ②在"测量"区域的"距离"下拉列表框中选择【最小值】 ③先选择投影矢量Y轴，然后选择对象集A（三个面），再选择对象集B（两个面）
	注： "对象集之间的投影距离"的测量数据为所选的对象集（点、线、面相互组合）在投影方向上距离最近或最远的两个点之间的距离。类比 "投影距离"命令	

2. 测量角度

根据路径"\ug\ch3\3.9\测量.prt"打开配套资源中的模型。在功能区选择 【测量角度】命令，系统弹出"测量角度"对话框，如图3.9-3所示。测量"类型"有 "按对象"、 "按3点"、 "按屏幕点"三种，三种测量方式的对象选取方式类似，只有选择"按对象"或"按3点"时，"测量"区域的"评估平面"下拉列表框才可用。

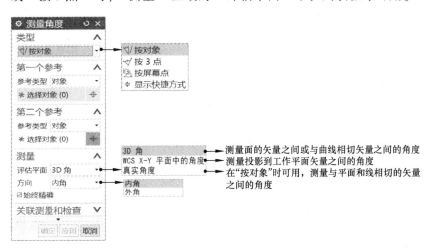

图3.9-3 "测量角度"对话框

以常用测量方式 "按对象"和"3D角"为例进行角度测量操作及关键点介绍，见表3.9-2。

说明：当两个相切矢量平行于工作平面时，WCS X-Y平面中的角度与真实角度相同。

表3.9-2 "测量角度"类型功能

类型	选择意图	操作步骤及说明
测量角度	线与线	①在"类型"中选择 【按对象】 ②在"测量"区域"评估平面"中选【3D角】，"方向"中选【内角】 ③选择线1，再选择线2

(续)

类型	选择意图	操作步骤及说明
测量角度	线与面	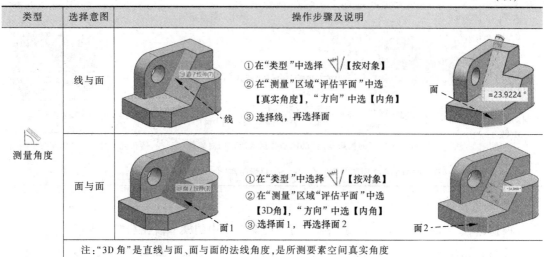①在"类型"中选择 【按对象】 ②在"测量"区域"评估平面"中选 【真实角度】，"方向"中选【内角】 ③选择线，再选择面
	面与面	①在"类型"中选择 【按对象】 ②在"测量"区域"评估平面"中选 【3D角】，"方向"中选【内角】 ③选择面1，再选择面2

注："3D角"是直线与面、面与面的法线角度，是所测要素空间真实角度

3. 测量最小半径

根据路径"\ug\ch3\3.9\测量.prt"打开配套资源中的模型。按照以下步骤完成最小半径的测量。

（1）激活命令　在功能区单击 【更多】下方的▼打开其下拉菜单，在其中选择【最小半径】命令，系统弹出"最小半径"对话框，如图3.9-4所示。

（2）设置对话框　勾选"在最小半径处创建点"。

（3）选择对象　连续选取图3.9-5a所示模型的三个表面，单击【确定】按钮，所选曲面中最小半径位置如图3.9-5b所示，半径值显示在"信息"对话框中，如图3.9-5c所示。单击 ✕ 【取消】按钮，完成最小半径测量。

图3.9-4　"最小半径"对话框

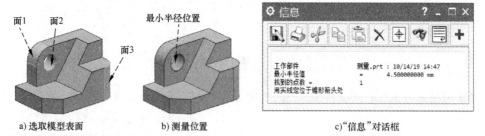

a) 选取模型表面　　　　b) 测量位置　　　　c)"信息"对话框

图3.9-5　"最小半径"图例

4. 测量面积与周长

根据路径"\ug\ch3\3.9\测量.prt"打开配套资源中的文件，根据以下步骤完成面积与周长的测量。

（1）激活命令　在功能区单击 【更多】下方的▼打开其下拉菜单，在其中选择 【测量面】，系统弹出"测量面"对话框，如图3.9-6所示。

（2）选择对象　将上边框条中"类型选择"设置为"面"，选择图3.9-7a所示平面，弹

出数据动态框，单击【面积】右侧的▼，可以进行"面积""周长"的切换，结果图 3.9-7b 所示。

图 3.9-6 "测量面"对话框

a) 测量对象   b) 测量结果

图 3.9-7 "测量面"图例

5. 测量体积与表面积

根据路径"\ug\ch3\3.9\测量.prt"打开配套资源中的模型，按照以下步骤完成体积与表面积的测量。

（1）设置密度 依次单击【菜单】→【插入】→【编辑】→【特征】→【实体密度】，打开"指派实体密度"对话框，如图 3.9-8 所示。在图形区选择测量实体，设置密度为 $7830.640 kg/m^3$。

（2）激活命令 在功能区单击【更多】下方的▼打开其下拉菜单，在其中选择【测量体】，系统弹出"测量体"对话框，如图 3.9-9 所示。

图 3.9-8 "指派实体密度"对话框

图 3.9-9 "测量体"对话框

（3）选择对象 选择图 3.9-10a 所示实体，弹出数据动态框，单击【体积】右侧的▼，可以进行"体积""表面积""质量"等的切换，结果图 3.9-10b 所示。

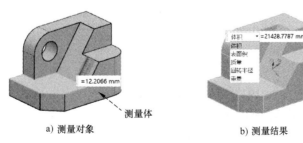

a) 测量对象   b) 测量结果

图 3.9-10 "测量体"图例

3.10　建模练习

综合运用 UG NX 命令与功能，根据给定的图形创建三维实体模型，并根据题目提示完成相关测量，选出最接近的答案。其中，组合体练习相对简单，以基础训练为目标；零件练习相对综合，更侧重命令的灵活使用。

1. 组合体练习1

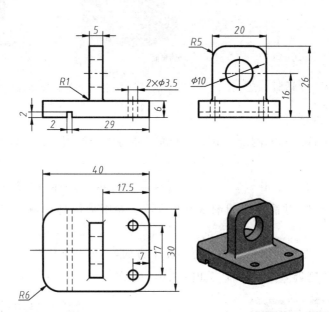

3.10-1　微课视频

图 3.10-1　组合体练习 1

读图 3.10-1，根据标注的尺寸建模，并从四个选项中选出最接近的答案。

（1）实体体积是（　　　）mm³。

A. 8343　　　　　　　B. 8900　　　　　　　C. 9124　　　　　　　D. 9981

（2）实体表面积是（　　　）mm²。

A. 4137　　　　　　　B. 4258　　　　　　　C. 4927　　　　　　　D. 5826

（3）将实体密度设置为 7900kg/m³ 后，其质量是（　　　）kg。

A. 1.197　　　　　　　B. 0.018　　　　　　　C. 1.862　　　　　　　D. 0.065

2. 组合体练习2

读图 3.10-2，根据标注的尺寸建模，并从四个选项中选出最接近的答案。

（1）实体体积是（　　　）mm³。

A. 46344　　　　　　　B. 51409　　　　　　　C. 41351　　　　　　　D. 5316

（2）实体表面积是（　　　）mm²。

A. 15565　　　　　　　B. 16795　　　　　　　C. 14761　　　　　　　D. 14799

（3）将实体密度设置为 7900kg/m³ 后，其质量是（　　　）kg。

A. 0.2451　　　　　　　B. 0.3011　　　　　　　C. 0.3661　　　　　　　D. 0.2985

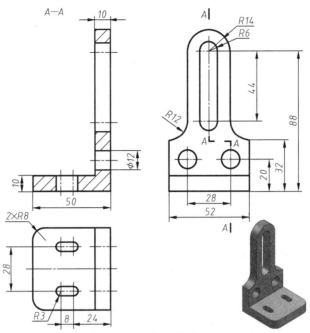

3.10-2　微课视频

图 3.10-2　组合体练习 2

3. 组合体练习 3

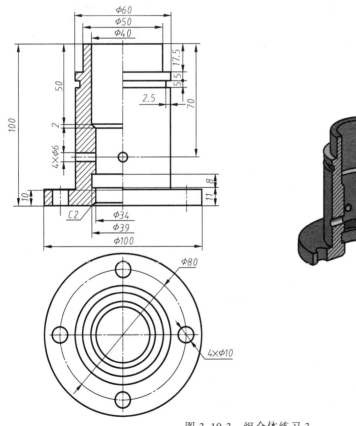

3.10-3　微课视频

图 3.10-3　组合体练习 3

读图 3.10-3，根据标注的尺寸建模，并从四个选项中选出最接近的答案。

（1）实体体积是（　　　）mm^3。

A. 200000　　　　B. 199934　　　　C. 215635　　　　D. 376287

（2）实体表面积是（　　　）mm^2。

A. 52378　　　　B. 26468　　　　C. 47719　　　　D. 66786

（3）将实体密度设置为 7900kg/m^3 后，其质量是（　　　）kg。

A. 1.5795　　　　B. 1.4726　　　　C. 1.3621　　　　D. 1.2832

4. 组合体练习 4

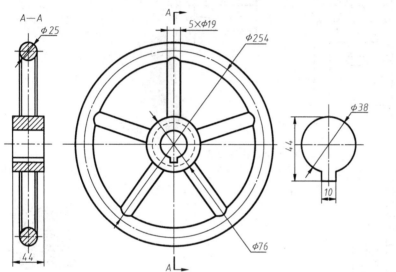

3.10-4　微课视频

图 3.10-4　组合体练习 4

读图 3.10-4，根据标注的尺寸建模，并从四个选项中选出最接近的答案。

（1）实体体积是（　　　）mm^3。

A. 647612　　　　B. 648807　　　　C. 649208　　　　D. 650983

（2）实体表面积是（　　　）mm^2。

A. 106281　　　　B. 107281　　　　C. 108001　　　　D. 109632

（3）将实体密度设置为 7830.640kg/m^3 后，其质量是（　　　）kg。

A. 4.3009　　　　B. 4.6782　　　　C. 4.8999　　　　D. 5.0806

5. 组合体练习 5

读图 3.10-5，根据标注的尺寸建模，并从四个选项中选出最接近的答案。

（1）实体体积是（　　　）mm^3。

A. 202411　　　　B. 202533　　　　C. 202618　　　　D. 202720

（2）实体的表面积是（　　　）mm^2。

A. 35683　　　　B. 35764　　　　C. 35884　　　　D. 35943

（3）模型中 S_1 点与 S_2 点的距离是（　　　）mm。

A. 134　　　　B. 148　　　　C. 152　　　　D. 167

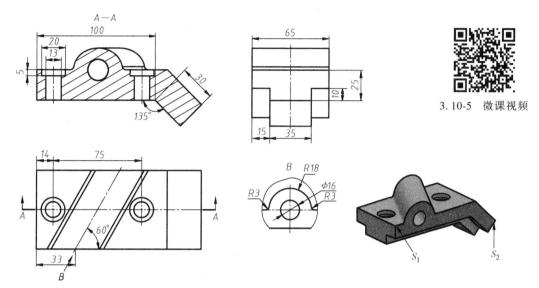

3.10-5 微课视频

图 3.10-5 组合体练习 5

6. 零件练习 1

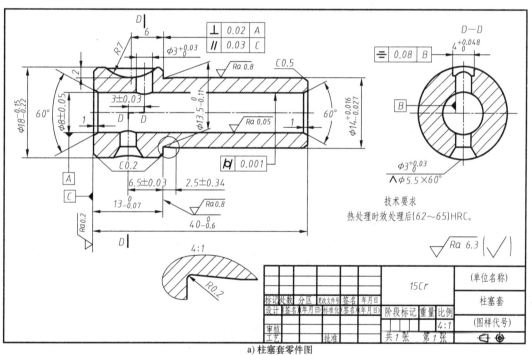

a) 柱塞套零件图

b) 柱塞套立体图

图 3.10-6 零件练习 1

3.10-6 微课视频

读图3.10-6，根据标注的尺寸创建柱塞套零件模型，在四个选项中选出最接近的答案。

（1）实体体积是（　　）mm^3。

A. 5291　　　　　　B. 5281　　　　　　C. 5239　　　　　　D. 5277

（2）实体表面积是（　　）mm^2。

A. 3378　　　　　　B. 3370　　　　　　C. 3362　　　　　　D. 3373

（3）上部$\phi3$孔的中心线与右端面的距离为（　　）mm。

A. 29　　　　　　　B. 29.5　　　　　　C. 30.5　　　　　　D. 31.5

7. 零件练习2

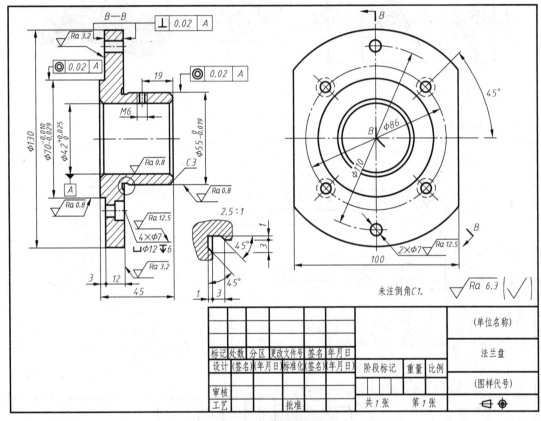

a) 法兰盘零件图

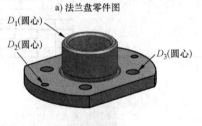

b) 法兰盘立体图

图3.10-7　零件练习2

3.10-7　微课视频

读图3.10-7，根据标注的尺寸创建法兰盘零件模型，并从四个选项中选出最接近的答案。

（1）实体体积是（　　　）mm³。

A. 152686　　　　　B. 142672　　　　　C. 147829　　　　　D. 136728

（2）实体表面积是（　　　）mm²。

A. 39827　　　　　B. 38000　　　　　C. 38396　　　　　D. 39786

（3）D_1、D_3 两圆心的距离是（　　　）mm。

A. 76　　　　　　B. 52　　　　　　C. 59　　　　　　D. 47

8. 零件练习3

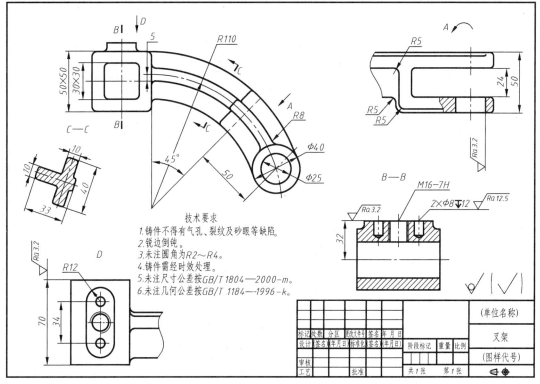

a) 叉架零件图

b) 叉架立体图

图 3.10-8　零件练习3

3.10-8　微课视频

读图 3.10-8，根据标注的尺寸创建叉架零件模型（不添加铸造圆角），并从四个选项中选出最接近的答案。

（1）实体体积是（　　　）mm³。

A. 234579　　　　　B. 234550　　　　　C. 286050　　　　　D. 234588

（2）实体表面积是（　　　）mm²。

A. 57518　　　　　B. 57509　　　　　C. 57520　　　　　D. 57588

（3）S_1 与 S_2 两点之间的距离是（　　　）mm。

A. 55　　　　　B. 53　　　　　C. 57　　　　　D. 50

9. 零件练习4

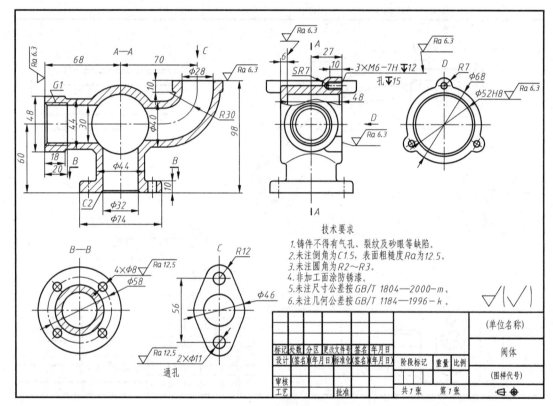

a) 阀体零件图

D_1(圆心)

D_2(圆心)

b) 阀体立体图

图 3.10-9　零件练习4

3.10-9　微课视频

读图 3.10-9，根据标注的尺寸创建阀体零件模型（不添加铸造圆角），并从四个选项中选出最接近的答案。

（1）实体体积是（　　）mm^3。

A. 210546　　　　B. 213012　　　　C. 215015　　　　D. 209439

（2）实体表面积是（　　）mm^2。

A. 66716　　　　B. 66515　　　　C. 65891　　　　D. 66001

（3）D_1 与 D_2 两点之间的距离是（　　）mm。

A. 99　　　　　　B. 109　　　　　　C. 119　　　　　　D. 129

第 4 章

装配设计

装配设计是产品设计的重要环节，通过装配可以将设计好的零件组装在一起，形成部件或完整的产品模型。本章先介绍装配概述、导航器和装配约束这些装配基础知识，然后结合典型实例讲解常用装配工具和两种装配方式。为更好地服务工程应用，设置了从"重用库"调用标准件的方法、创建爆炸和追踪线的内容。此外，脚轮实例贯穿本章内容，以期使读者对装配设计有一个全面、规范的认识。

4.1 装配概述

一个完整的机械产品（部件）往往由多个零件装配而成，装配模块用来建立零件、确定零件间的相对位置关系，从而形成复杂的装配体。零件间装配关系的确定主要是通过添加约束和建立连接关系来实现。本节主要介绍装配文件的创建、装配概念和装配菜单的设置方法。

4.1　微课视频

4.1.1　新建装配文件

启动 UG NX 后，单击 ▢【新建】按钮，系统弹出"新建"对话框，如图 4.1-1 所示。打开"模型"选项卡，设置"单位"为"毫米"，在"名称"列表框中选择🔲【装配】；在"新文件名"区域"名称"文本框中输入文件名，单击"文件夹"右侧👝【打开】按钮选择与装配组件相同的存储路径，设置完成后单击【确定】按钮，系统进入装配环境并打开"添加组件"对话框，完成装配文件的创建。其中，"添加组件"命令详见 4.4.1 节。

注意：装配文件和要装配的零件、组件一定保存在同一个文件夹中！

4.1.2　装配方法及常用术语

1. 装配方法

按照是否复制模型到装配文件中，UG NX 装配可分为多组件装配和虚拟装配两种模式。多组件装配是将所有组件复制到装配文件中，原组件和复制的组件不存在关联性；虚拟装配是利用部件链接关系建立装配，装配体与组件是一种引用关系，组件间存在关联性。虚拟装配相比多组件装配具有占用内存小、处理速度快及修改单个组件时装配自动更新的优点。

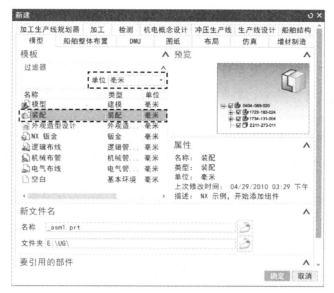

图 4.1-1 "新建"对话框

在装配过程中，按照组件调用的先后顺序，又可分为如下三种装配方法。

（1）自底向上装配 先创建最底层的零件（子装配部件），再把这些零件装配到上一级的装配部件中，直至完成整个装配任务。简言之，先模型，后装配。

（2）自顶向下装配 这种装配注重产品结构规划，先创建装配文件，然后通过创建新组件和零件关联建模来完成整个装配的关联设计。简言之，先整体，后局部。

（3）混合装配 根据零件和装配体特征，将前两种装配方法结合在一起的装配方式。在实际操作中通常采用混合装配，可以更好地发挥以上两种装配的优势。

充分利用 UG NX 装配模块功能可以便捷、准确地完成装配设计，主要体现在如下方面。

1）利用装配导航器可以查询、修改和删除组件及约束。

2）利用资源条中的"重用库"可以便捷地调用标准件来进行选配。

3）利用爆炸图工具可以方便地生成装配体的爆炸图和装配序列图。

4）利用其提供的十一种约束方式可以准确地把组件装配到位。

2．常用装配术语和概念

在装配过程中，有许多装配专业术语，现将常见的装配术语简单介绍如下，随着本章的学习，应对这些概念逐渐加深理解。

（1）装配 装配就是建立部件之间的相对位置关系，由部件和子装配组成。

（2）组件 在装配模型中指定了配对方式的部件或零件。组件可以是独立的部件，也可以是由其他较低级别的组件组成的子装配。装配中的每个组件仅包含一个指向其主集合体的指针，在修改组件的几何体时，装配体将随之发生变化。

（3）部件 任何".prt"格式的模型文件都可以作为部件添加到装配文件中。

（4）工作部件 工作部件是可以在装配模式下编辑的部件。在装配状态下，一般不能对组件直接进行修改，若要修改组件，则需要先将该组件设为工作部件。部件被编辑后，所做的修改会反映到所有引用该部件的组件中。

（5）子装配　子装配是在高一级装配中被用作组件的装配。子装配也可以拥有自己的子装配，子装配是相对于引用它的高一级装配而言的。任何一个装配部件，可在更高级装配中用作子装配。

（6）引用集　引用集是定义在每个组件中的附加信息，其内容包括该组件在装配时显示的信息，如名称、几何对象、基准、坐标系等。每个部件有多个引用集可供在装配时选用。

（7）约束　约束是控制不同组件间位置关系的几何条件。

4.1.3　装配菜单及选项卡

在功能区空白区域单击鼠标右键，在弹出的快捷菜单中勾选【装配】选项，实现"装配"选项卡的添加，如图 4.1-2 所示。单击功能区右下角的▼打开"功能区选项"下拉菜单，在其中勾选需要添加的命令组名称实现装配工具的添加。

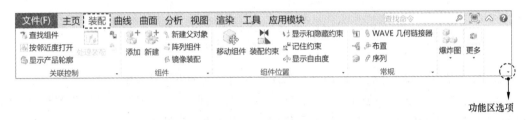

图 4.1-2　"装配"选项卡

"装配"选项卡中的常用命令功能介绍如下。

"查找组件"：提供查找功能，通过"按名称""根据状态""根据属性""从列表""按大小"五种方式进行组件的查找，其对话框如图 4.1-3 所示。

"按邻近度打开"：将与所选组件在一定范围内的关闭了的组件打开。范围可通过"邻近度"和"大小"滑动条进行调整，其对话框如图 4.1-4 所示。

图 4.1-3　"查找组件"对话框

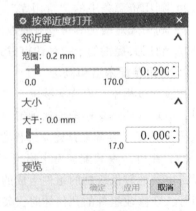

图 4.1-4　"按邻近度打开"对话框

"添加"：向装配体添加已有零件或部件并同时设置与其他组件的装配约束，也可以不设置装配约束而直接调用组件到装配环境中。此命令在装配模块经常使用，是自底向上的装配方式。

"新建"：创建新的组件并添加到装配环境中，此命令与"WAVE 几何链接器"配合使用可实现自顶向下的装配方式。

"阵列组件"：实现组件按一定规律的复制。复制规则有自定义的"线性""圆形"复制方式，也可以与建模时的阵列特征关联实现"参考"复制方式。

"镜像装配"：可实现组件、装配的对称复制。在镜像过程中可设置是否关联复制，是否通过备选解进行组件的再定位。

"移动组件"：实现组件在没有约束的维度上的移动，也可以实现组件的复制移动。

"装配约束"：为组件添加约束，使各零部件装配到合适的位置。

"显示和隐藏约束"：显示和隐藏装配过程中创建的约束。

"显示自由度"：显示所选组件的可移动维度并在提示行进行显示。

"WAVE 几何链接器"：在工作部件中创建关联或非关联的投影要素用于几何体的创建，在自顶向下的装配方式中经常使用。

"序列"：用于查看和更改创建装配的序列。

"爆炸图"：在装配环境下，将装配体的组件拆分并形成特定状态和位置的视图，显示整个装配的组成情况。

"间隙分析"：用于快速分析组件间的干涉，包括软干涉、硬干涉和接触干涉。单击【执行分析】创建当前装配体的干涉检查报告，单击【新建集】再单击【确定】按钮则创建新的干涉检查报告。如果存在干涉，则可以选中某一干涉并隔离与之无关的组件。

4.2 导航器

4.2.1 装配导航器

装配导航器以树状结构显示部件的装配关系，每个组件作为装配树结构中的一个节点。装配导航器提供了在装配中操控组件的快捷方法和装配管理功能，如更改工作部件、更改显示部件、隐藏和删除组件等。

1. 装配导航区

在左侧资源条单击【装配导航器】标签打开装配导航区。以"脚轮装配"为例，装配导航区常见样式如图 4.2-1 所示。

装配导航区常用图标和按钮说明如下。

设置图标：设置导航区状态。其中，勾选"锁住"则导航区展开，否则当鼠标移走后导航区自动收回；"位置"选项用于设置导航区在左侧或右侧显示；"内容"选项区用于设置资源条显示的选项卡标签。

装配或子装配图标：金色表明装配为激活状态，灰色表明装配为未激活状态。

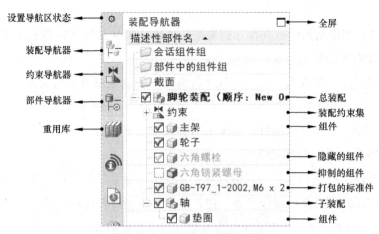

图 4.2-1　装配导航区常见样式

组件图标：金色表明组件被完全或部分加载。

"约束"：约束集，单击"⊞"符号将展开约束，详细介绍见 4.2.2 节。

红色勾选：表明组件被加载，为显示状态。如果双击组件名，可将该组件设置为"工作部件"。

灰色勾选：表明组件被部分加载，为隐藏状态。单击复选框，则灰色对号变为红色，零件被完全加载，部件变为显示状态。

虚线方框：表明组件没有被加载，为抑制状态。在组件上单击鼠标右键后选择【抑制】命令，在弹出的"抑制"对话框中选择【从不抑制】命令，单击【确定】按钮，则组件被完全加载。

GB-T97_1-2002,M6 × 2："GB-T97_1-2002，M6"代表利用"重用库"功能调用的标准件，后面"×2"表明装配体中有两个相同的组件打包一起呈现。

2. 装配组件修改

在装配过程中可以修改组件模型的参数，但需要进入建模界面，常用方法有如下两种。

方法一：设置组件为工作部件。双击某个组件，或者在组件上单击鼠标右键后在弹出的快捷菜单中选择【设为工作部件】，则装配导航区和图形区的其他组件变为灰显状态，如图 4.2-2 所示。当前组件的建模功能激活，可在"主页"选项卡进行模型的参数修改和保存。

方法二：设置组件为显示部件。选择组件并单击鼠标右键，在弹出的快捷菜单中选择【在窗口中打开】，进入该组件的建模界面，根据需求修改模型参数并保存即可。

修改完成后，需要返回装配界面，返回的常用方法有如下两种。

方法一：在装配导航器上双击 "脚轮装配"文件名即可进入装配界面。

方法二：在装配导航器上已激活组件的名称上单击鼠标右键进行激活，即在 **主架**上单击鼠标右键，然后依次选择【在窗口中打开父项】→【脚轮装配】。

在组件名称和空白区域单击鼠标右键会弹出快捷菜单，选择相关命令可对装配进行其他

a) 装配导航区   b) 图形区

图 4.2-2　组件为工作部件

修改，此处不再赘述，请在使用中自行体会。

4.2.2　约束导航器

约束导航器以树状结构显示约束的组件和约束类型，提供在装配中操控约束的快捷方法和管理功能，如更改部件、重新定义约束类型、隐藏和删除等。装配约束将在 4.3 节详细介绍。

1. 约束导航区

在左侧资源条单击 ▓ 【约束导航器】标签打开约束导航区，约束导航区常见样式如图 4.2-3 所示。

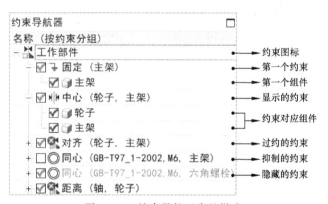

图 4.2-3　约束导航区常见样式

约束导航区常用图标和按钮说明如下。

☑ ⤵绿钩+约束符号：表明约束为激活状态。

☑ ▓绿钩+红色约束符号：表明约束间有冲突，为过约状态，应该修改约束。

☐实线方框：表明约束被抑制，无法执行约束功能。单击方框或在约束上单击鼠标右键，在弹出的快捷菜单中选择 ▓ 【取消抑制】即可激活约束。

⊞：单击该符号，则展开显示约束组件，在组件上单击鼠标右键可进行组件替换等操作。

组件名黑色字：表明约束符号在图形区显示。

组件名灰色字：表明约束符号为隐藏状态，不在图形区显示。

2. 编辑装配约束

利用约束导航器，可以管理装配体中的约束。选择某一约束后单击鼠标右键，将弹出图4.2-4所示菜单，可对约束进行"重新定义""反向""删除"等操作。

约束快捷菜单中部分选项说明如下。

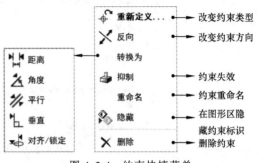

图4.2-4　约束快捷菜单

"重新定义"：双击某一约束，或者选择【重新定义】命令，打开"装配约束"对话框，在"约束类型"区域可选择其他约束来替换当前约束。此时图形区中组件的原约束对象高亮显示，按住<Shift>键点选可使原约束对象取消选择，重新选择约束对象即可重新定义约束。其中，"固定"约束对象是单个组件，不可重新定义。

"反向"：约束一般包含两个对象，选择【反向】命令可以反转对象的位置关系。例如，接触约束可通过"反向"命令修改为对齐约束。

"转换为"：选择【转换为】命令将打开可供转换的子菜单。对于接触、对齐和平行这几种约束，可将其转化为距离、角度和垂直等约束，而不改变约束效果。例如，接触约束相当于距离为0的距离约束，平行约束相当于角度为0的角度约束。

"抑制"：该命令是使约束失去作用，但仍然保留该约束项目。在过约束状态下，可以通过抑制约束进行调整，从而实现快速定位。

4.3　装配约束

调入装配环境的组件需要与其他组件确定相对位置关系，这就需要添加约束来限制组件在装配体中的自由度，从而确定组件的位置。在组件的添加过程中和添加完成后，均可对其进行约束，如果自由度全部被限制，则称为完全约束；如果自由度没有全部被限制，则称为欠约束。

4.3　微课视频

添加组件后，激活"装配约束"命令的常用方法有如下两种。

方法一：依次单击 [菜单]→【装配】→【组件位置】→ 【装配约束】。

方法二：在功能区"装配"选项卡的"组件位置"命令组上选择 【装配约束】命令。

激活命令后，系统弹出"装配约束"对话框，如图4.3-1所示。

"装配约束"对话框中的常用选项说明如下。

（1）"约束类型"区域　显示常用的十一种约束，各类型功能见表4.3-1。

（2）"要约束的几何体"区域　根据"约束类

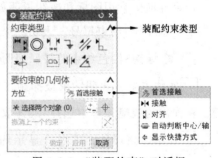

图4.3-1　"装配约束"对话框

型"的不同显示不同选项。其中，"方位"的下拉列表框用于设置某一类型下的分类约束方式。

表 4.3-1 "装配约束"类型功能

类型	方位	功能含义	图例
▶◀▮ 接触对齐	▶◀▮ 接触	两平面接触且法向量相反,也可设置线线接触	两面接触
	▮▶ 对齐	两平面在一个平面上且法向量同向	两侧面对齐 两底面对齐
	自动判断中心/轴	两回转体轴线共线	两圆柱面同轴
◎ 同心		两个组件的圆形边界或椭圆形边界的中心重合,且边界面共面	两圆心重合
▮▶◀▮ 距离		指定两对象的3D距离。选定对象后,在"距离"文本框输入数值以进行定位	选择内侧两面,"距离"输入"40" 40
⏚ 固定		将组件固定在当前位置	
⫽ 平行		两目标对象的法向量平行	两面平行

（续）

类型	方位	功能含义	图例
垂直		两目标对象的法向方向垂直	两面垂直
对齐/锁定		两目标对象的边线或轴线重合	两边线
等尺寸配对		将半径相等的两个圆柱面拟合在一起，此约束对确定孔中销和螺栓的位置很有效。如果修改后半径变为不等，则该约束失效	两直径相等的圆或圆柱面
胶合		将组件约束到一起以使它们作为刚体移动	
中心	子类型：1 对 2	将组件 1 的一个要素约束到组件 2 的两个要素的中间	组件1轴线／组件2左、右表面
	子类型：2 对 1	将组件 1 的两要素约束到组件 2 某个要素的对称位置	组件1前、后表面／组件2轴线
	子类型：2 对 2	将组件 1 两要素约束到组件 2 两要素的对称位置	组件1左、右表面／组件2左、右表面

（续）

类型	方位	功能含义	图例
角度	指定两对象（可绕指定轴）之间的夹角		设置两表面夹角45°

说明：选择约束对象时请注意先后顺序，通常以选择的第二对象为基准进行定位。

4.4 常用装配工具

本节将结合实例，介绍常用装配工具和装配方式。

4.4.1 添加组件与自底向上装配

1. "添加组件"对话框

"添加组件"是选择已加载的部件或从硬盘中选择部件，并将其添加到装配中。进入装配环境后，激活"添加组件"命令的常用方法有如下两种。

4.4.1 微课视频

方法一：依次单击 【菜单】→【装配】→【组件】→ 【添加组件】。

方法二：在功能区"装配"选项卡"组件"命令组上选择 【添加】命令。

激活命令后，系统弹出"添加组件"对话框，如图4.4-1所示。

"添加组件"对话框中的常用选项说明如下。

（1）"要放置的部件"区域 用于从硬盘中或从已经加载部件的列表框中选取部件。其中，"打开"是从硬盘中选取要装配的部件，"数量"是定义重复装配部件的个数。

（2）"位置"区域 用于对载入的部件进行定位。

"组件锚点"下拉列表框：设置用于定位装配组件的坐标系。可以通过在组件内创建"产品接口"来定义其他组件坐标系。

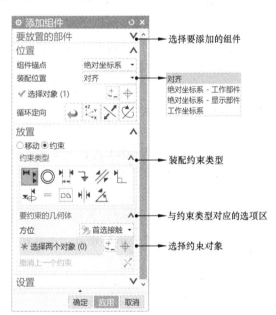

图4.4-1 "添加组件"对话框

"装配位置"下拉列表框：设置装配中组件放置的目标坐标系。其中，"对齐"是通过选择位置来定义坐标系；"绝对坐标系-工作部件"是将组件放置于当前工作部件的绝对原

129

点处；"绝对坐标系-显示部件"是将组件放置于显示装配的绝对原点处；"工作坐标系"是将组件放置于工作坐标系。

"循环定向"：用于改变组件的位置及方向。

（3）"放置"区域 对加载的部件进行放置。

"移动"：通过动态坐标系重新定义加载部件的位置，具体操作见4.4.5小节。

"约束"：通过约束关系定义加载部件的位置。若选择该选项，则对话框显示"装配约束"列表框。

（4）"设置"区域 设置部件的组件名、引用集和图层选项等。其中，组件名可以沿用也可以更改部件的名称。

2. 自底向上装配

下面以螺栓装配为例，介绍"添加组件"命令的操作步骤，且装配以定义"装配约束"的方式和自底向上的装配顺序进行。

（1）新建装配文件 启动UG NX后，单击 【新建】按钮，系统弹出"新建"对话框，如图4.1-1所示。打开"模型"选项卡，设置"单位"为"毫米"，在"名称"列表框中选择 【装配】，在"新文件名"区域"名称"文本框输入"螺栓装配"，单击"文件夹"文本框右侧 【打开】按钮选择存储路径"\ug\ch4\4.4\1-螺栓装配"，设置完成后单击【确定】按钮，系统进入装配环境并打开"添加组件"对话框。

注意：装配文件和要装配的部件一定在同一个文件夹中！

（2）添加第一个组件（下板）

1）调入组件。在"添加组件"对话框上的"要放置的部件"区域单击 【打开】按钮，系统弹出"部件名"对话框，按路径"\ug\ch4\4.4\1-螺栓装配"选择"下板.prt"文件并单击【确定】按钮。

2）设置装配位置。在"位置"区域"装配位置"下拉列表框中选择【绝对坐标系-工作部件】。

3）设置"引用集"。展开对话框下部"设置"区域，将"引用集"设置为【模型"MODEL"】（也是默认格式，通常不用设置），单击【应用】按钮完成第一个零件的调用，结果如图4.4-2所示。

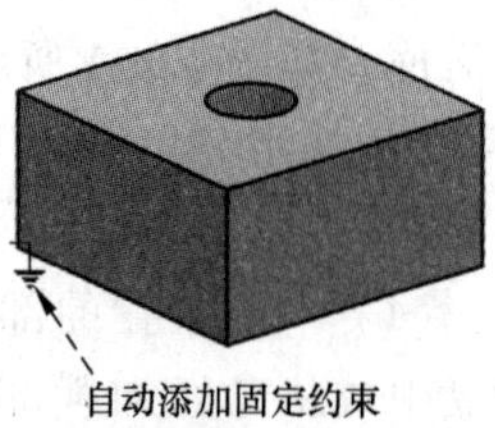

自动添加固定约束

图4.4-2 添加第一个组件

说明：单击【应用】按钮，系统会执行操作但不关闭命令对话框。如果单击了【确定】按钮，则系统执行操作并关闭对话框，再次调用组件需要在"组件"命令组上激活 "添加组件"命令。

（3）添加第二个组件（上板）

1）调入组件。在"添加组件"对话框上的"要放置的部件"区域单击 【打开】按钮，按路径"\ug\ch4\4.4\1-螺栓装配"选择"上板.prt"文件并单击【确定】按钮。

2）移动组件。在"放置"区域激活【移动】命令，调入的组件出现动态坐标系，用鼠标左键按住原点小球并移动可实现组件的任意移动（也可单击轴上箭头和平面上小球实现准确移动），结果如图4.4-3a所示。

3）约束组件。在"放置"区域激活【约束】命令，对话框显示出"约束类型"列表框。

① 约束孔同轴。选择◎【同心】约束，选择图4.4-3a所示上、下板的两圆，两组件再次重叠，单击对话框上的"撤销上一个约束"右侧的 ⊠【反向】按钮，结果如图4.4-3b所示。

② 约束面平行。选择⫽【平行】约束，选择图4.4-3b所示两平面，结果如图4.4-3c所示，单击【应用】按钮，完成零件的调用。

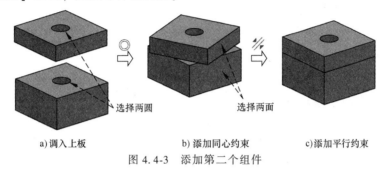

a)调入上板　　　　　　b)添加同心约束　　　　　　c)添加平行约束

图4.4-3　添加第二个组件

如果单击【确定】按钮，退出添加组件命令，则调用其他部件的操作步骤如下。

（4）添加第三个组件（螺栓）

1）激活命令。在功能区"装配"选项卡的"组件"命令组上选择 【添加】命令，打开"添加组件"对话框。

2）调入组件。在"添加组件"对话框上的"要放置的部件"区域单击 【打开】按钮，按路径 "\ug\ch4\4.4\1-螺栓装配"选择"螺栓.prt"文件并单击【确定】按钮。

3）约束组件。在"放置"区域激活【约束】命令，对话框显示出"约束类型"列表框，选择◎【同心】约束，选择图4.4-4a所示螺杆圆和下板孔的底圆，结果如图4.4-4b所示。

添加垫圈、螺母的方法与螺栓同理，不再赘述，最后结果如图4.4-5所示。

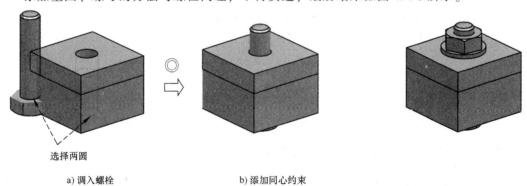

a)调入螺栓　　　　　　　b)添加同心约束

图4.4-4　添加第三个组件　　　　　　　　图4.4-5　螺栓装配

4.4.2　新建组件

"新建组件"是在装配环境下选择几何体并将其保存为新组件，或直接保存空文件为新组件。在装配环境下，激活"新建组件"命令的常用方法有如下两种。

方法一：依次单击 🍗【菜单】→【装配】→【组件】→ 🍴【新建组件】。

方法二：在功能区"装配"选项卡的"组件"命令组上选择 🍴【新建】命令。

激活命令后，系统弹出"新组件文件"对话框，设置文件名和与装配相同的存储路径，单击【确定】按钮，系统弹出"新建组件"对话框，如图4.4-6所示。

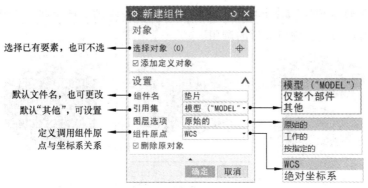

图4.4-6 "新建组件"对话框

"新建组件"对话框中的常用选项说明如下。

（1）"对象"区域 选择在装配环境下创建的几何对象，或者直接单击【确定】按钮进入装配界面。

（2）"设置"区域 设置部件的"组件名""引用集""图层选项"等。

"组件名"：用于指定组件名称。可以沿用在"新组件文件"对话框设置的名称，也可以在文本框中输入新名称。

"引用集"：用于指定当前引用集的类型，可以选择"模型（"MODEL"）""仅整个部件""其他"。如果选择"其他"选项，可指定引用集的名称。

"图层选项"：用于设置新组件添加到装配部件中哪个图层。选择"工作的"选项，则新组件添加到装配组件的工作层；选择"原始的"选项，则新组件保持原来图层位置不变；选择"按指定的"选项，则新组件添加到装配组件的指定层。

"组件原点"：用于指定组件原点采用的坐标系。选择"WCS"（工作坐标系）选项，则设置组件原点为工作坐标原点；选择"绝对坐标系"选项，则设置组件原点为绝对坐标原点。

"删除原对象"：勾选该复选框，则所选对象成为新组件，原装配中的对象被删除。

"新建组件"命令与自顶向下装配相关联，具体操作见4.4.3小节。

4.4.3 WAVE几何链接器与自顶向下装配

1. "WAVE几何链接器"对话框

"WAVE几何链接器"是将装配中其他部件的几何特征复制到当前工作部件中。在功能区的"常规"命令组选择 ⊛【WAVE几何链接器】命令打开"WAVE几何链接器"对话框，如图4.4-7所示。

"WAVE几何链接器"对话框中的常用选项说明如下。

4.4.3 微课视频

（1）"类型"区域 提供九种链接类型。选择某一类型，可从图形区的组件上选取相关要素复制到当前部件中，建立当前部件和所选要素的链接关系。

（2）"面"区域 选择不同类型，则该区域显示的选项不同，可以根据提示行进行要素选取后单击【应用】或【确定】按钮完成操作。

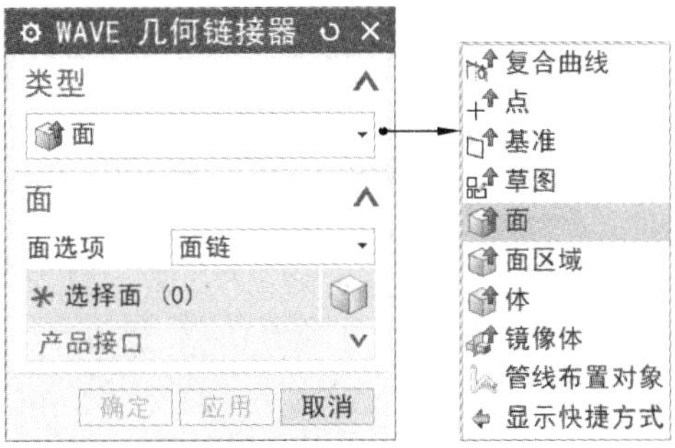

图 4.4-7 "WAVE 几何链接器"对话框

2. 自顶向下装配

下面以机油泵的泵体添加垫片为例，介绍"新建组件""WAVE 几何链接器"操作步骤和自顶向下装配方法。

（1）打开装配文件 根据路径"\ ug \ ch4 \ 4.4 \ 2-自顶向下装配 \ WAVE 几何链接器装配"打开配套资源中的模型。

（2）新建组件 在功能区"装配"选项卡的"组件"命令组上选择🔧【新建组件】命令，系统弹出"新组件文件"对话框，设置文件名为"垫片"，保存路径与步骤（1）相同，单击【确定】按钮，系统弹出"新建组件"对话框，直接单击【确定】按钮，回到装配主界面。

（3）工作部件的设置 在"装配导航器"的"垫片"组件上单击鼠标右键，在弹出的快捷菜单中选择🔲【设为工作部件】，此时其他部件无论在装配导航区还是图形区均变为灰显状态，如图 4.4-8、图 4.4-9 所示。

图 4.4-8 装配导航区

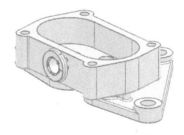

图 4.4-9 图形区模型

（4）链接特征 在功能区"装配"选项卡的"常规"命令组上选择🔗【WAVE 几何链接器】命令打开其对话框，在"类型"区域的下拉列表框中选择🔳【面】，选择泵体上表面，单击【确定】按钮，结果如图 4.4-10 所示。

（5）创建实体 在功能区"主页"选项卡的"特征"命令组上选择▥【拉伸】命令，在上边框条区域将选择意图设置为【面的边】，选择步骤（4）的链接面，设置"厚度"为"2"，单击【确定】按钮，结果如图 4.4-11 所示。

（6）激活装配文件 在装配导航区双击装配文件名，则导航区和图形区的所有组件要素均变为亮显状态，回到装配环境。

以上内容介绍了"新建组件"后如何利用"WAVE 几何链接器"复制已有要素进行自顶向下装配的过程，实际操作中还有其他方法，请在使用中自行体会。

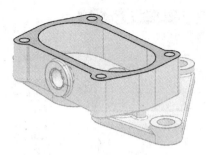

图 4.4-10　链接复制上表面

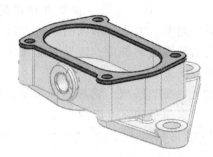

图 4.4-11　创建垫片实体

4.4.4　镜像装配

"镜像装配"是对整个装配或选定组件进行关于对称平面的复制。在装配环境下，激活"镜像装配"命令的常用方法有如下两种。

方法一：依次单击 ▤【菜单】→【装配】→【组件】→ 🗔【镜像装配】。

方法二：在功能区"装配"选项卡的"组件"命令组上选择 🗔【镜像装配】命令。

激活命令后，系统弹出"镜像装配向导"对话框，如图 4.4-12 所示。

图 4.4-12　"镜像装配向导"对话框

"镜像装配向导"对话框包括五个"镜像步骤"，选择各步骤后，对话框右侧会显示其相关选项。

（1）欢迎使用　激活命令后展开"镜像装配向导"欢迎界面，可以根据对话框右侧的内容了解命令功能。

（2）选择组件　按照提示行选择要镜像的组件，所选组件的子项将自动选定。

（3）选择平面　选择图形区现有平面，或者单击 ▭【创建基准平面】按钮创建一个新对称平面。

（4）命名策略　通过"命名规则"选项向部件名中添加前缀或后缀，或替换原始名称中的字符串，默认"mirror_ "为前缀；通过"目录规则"可将新部件添加到与父部件相同的目录中，或为新部件指定另一个目录。

（5）镜像检查　单击对话框下部按钮可设置镜像组件，单击【下一步】按钮时，向导将创建镜像装配。各按钮的功能如下。

🔁 "循环重定位解算方案"：当类型为重用和重定位时可用。当该按钮亮显时，单击该按钮进行重定位解算方案间的循环并在工作区显示预览界面。

▭ "指定对称平面"：当类型为"重用和重定位"时可用。单击该按钮可打开"平面"对话框，可以在图形区的组件上指定对称平面并设置偏置距离。

🔷 "重用和重定位"：创建每个所选组件的复制组件。

🔷 "关联镜像"：创建包含关联镜像几何体的新部件文件，修改原组件参数，镜像组件随之改变。通过"镜像装配向导"对话框完成操作后，可以移动新组件。

🔷 "非关联镜像"：创建包含非关联镜像几何体的新部件文件，修改原组件参数，镜像组件不变。通过"镜像装配向导"对话框完成操作后，可以移动新组件。

✖ "排除"：有多个镜像组件时，单击该按钮将排除选定的组件。

下面通过 U 型组件的镜像装配为例，介绍镜像装配的操作步骤。

（1）打开装配文件　根据路径"\ ug \ ch4 \ 4.4 \ 3-镜像装配 \ 镜像装配 . prt"打开配套资源中的模型，如图 4.4-13a 所示。

（2）创建镜像平面　在功能区"主页"选项卡的"特征"命令组上选择◈【基准坐标系】命令，在第一个组件的部件坐标系原点出现动态坐标系，如图 4.4-13b 所示；单击 X 轴，在动态输入框中输入"25"，按<Enter>键，结果如图 4.4-13c 所示。

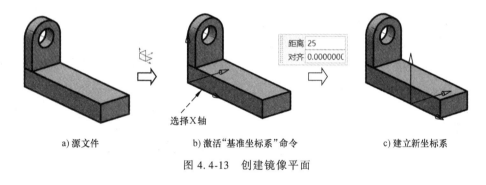

a)源文件　　　　　　　　b)激活"基准坐标系"命令　　　　　　c)建立新坐标系

图 4.4-13　创建镜像平面

（3）激活命令　在功能区"装配"选项卡的"组件"命令组上选择🔷【镜像装配】命令，系统弹出"镜像装配向导"对话框，选择带孔立板为镜像体，选择基准面为镜像平面，根据需求完成关联设置等操作后单击【确定】按钮，结果如图 4.4-14 所示。

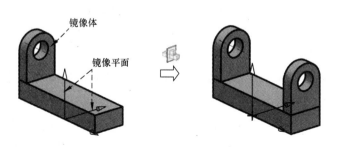

图 4.4-14　"镜像装配"图例

4.4.5　阵列组件

"阵列组件"是将组件按照一定的规律进行多重关联复制。在装配环境下，激活"阵列组件"命令的常用方法有如下两种。

方法一：依次单击 【菜单】→【装配】→【组件】→ 【阵列组件】。

方法二：在功能区"装配"选项卡的"组件"命令组上选择 【阵列组件】命令。

激活命令后，系统弹出"阵列组件"对话框，如图4.4-15所示。

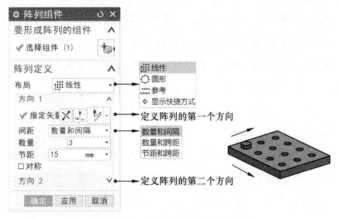

图4.4-15　"阵列组件"对话框

"阵列组件"对话框的常用选项说明如下。

（1）"要形成阵列的组件"区域　选择要阵列的组件，可以在装配导航区或图形区选取。

（2）"阵列定义"区域　可以在"布局"下拉列表框中选择布局方式，不同布局所需设置的参数有所不同。

"线性"：根据指定的一个或两个线性方向生成多个组件，其中"方向2"可以进行定义。

"圆形"：沿着指定的旋转轴和旋转中心在圆周上生成多个组件，需要定义旋转轴方向和轴的通过点。

"参考"：继承已创建的阵列布局。

下面以一个简单实例介绍装配中组件阵列的操作步骤。

（1）打开装配文件　根据路径"\ug\ch4\4.4\4-阵列组件\线型阵列.prt"打开配套资源中的模型。

（2）激活阵列命令　在功能区"装配"选项卡的"组件"命令组上选择 【阵列组件】命令，系统弹出"阵列组件"对话框。

（3）线性阵列　将对话框中的"布局"设置为 【线性】，选择长方体宽度方向为阵列的第一个方向，设置阵列"数量"为"3"，"节距"为"15"；设置长方体的长度方向为阵列的第二个方向，阵列"数量"为"4"，"节距"为"15"。其中，方向的设置可以通过坐

标轴也可以用 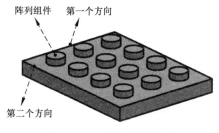【两点】命令来确定，结果如图 4.4-16 所示。

该简单实例的阵列也可利用底板建模时的"阵列特征"进行复制。将"布局"设置为 【参考】，选择阵列组件后系统会自动继承建模时的阵列参数，无需再次设置。

环形阵列的操作方式与线性阵列类似，此处不再赘述，图 4.4-17 所示为环形阵列图例。

图 4.4-16　线性阵列图例

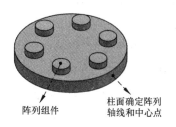

图 4.4-17　环形阵列图例

4.4.6　移动组件

"移动组件"是将组件在其自由度范围内进行移动或旋转。在装配环境下，激活"移动组件"命令的常用方法有如下两种。

方法一：依次单击 【菜单】→【装配】→【组件位置】→ 【移动组件】。

方法二：在功能区"装配"选项卡"组件位置"命令组上选择 【移动组件】命令。

激活命令，系统弹出"移动组件"对话框，如图 4.4-18 所示。

"移动组件"对话框的常用选项说明如下。

（1）"要移动的组件"区域　选择要移动的组件，组件可以在装配导航区或图形区上选取。

（2）"变换"区域　选择运动方式。"运动"方式不同，则需要设置的选项也有所不同。

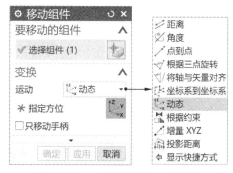

"距离"：通过定义矢量方向和偏移距离值实现移动。

图 4.4-18　"移动组件"对话框

"角度"：通过定义旋转轴的矢量方向和通过点，使组件绕轴旋转一定角度。

"点到点"：通过指定出发点和目标点实现移动。

"根据三点旋转"：使组件绕指定轴旋转，旋转角度由旋转起点和旋转终点定义。

"将轴与矢量对齐"：以一个指定点为枢轴点，将起始矢量和终止矢量对齐，从而实现组件移动。

"坐标系到坐标系"：组件进行由起始坐标系重合到目标坐标系的移动。

"动态"：在组件上显示动态坐标系，如图 4.4-19 所示。用鼠标左键按住原点球可以实现任意位置的移动，鼠标左键按住两轴间小球可实现该平面内的转动，鼠标左键按住轴上箭头可实现轴线方向的移动。

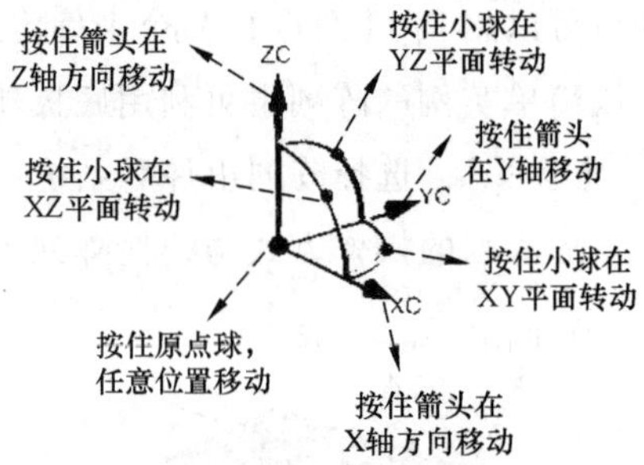

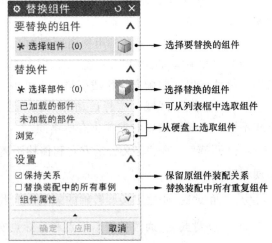

图 4.4-19　动态坐标系

"根据约束"：选择该命令则打开"约束类型"列表框，通过添加约束实现组件到目标位置的移动。

"增量XYZ"：使用XC、YC和ZC方向的坐标增量定义组件的移动，可选择不同的坐标系定义轴方向。

"投影距离"：根据选定点在矢量方向上的投影距离进行移动。

在移动过程中，还可以通过设置对话框"复制"区域的"复制""不复制""手动复制"选项进行复制操作。"移动组件"命令将在后续装配实例讲解中穿插使用。

4.4.7　替换组件

"替换组件"是将一个组件替换为另一个组件。在装配环境下，激活"替换组件"命令的常用方法有如下两种。

方法一：依次单击 【菜单】→【装配】→【组件】→ 【替换组件】。

方法二：在功能区"装配"选项卡打开 【更多】的下拉菜单，在"组件"区域选择 【替换组件】命令。

激活命令，系统弹出"替换组件"对话框，如图4.4-20所示。

"替换组件"对话框的常用选项说明如下。

（1）"要替换的组件"区域　选择要替换的组件，组件可以在装配导航区或图形区选取。

（2）"替换件"区域　如果是已加载的部件，通过装配导航区、图形区或对话框列表框进行选择；如果是未加载的部件，则单击对话框上 【打开】按钮从硬盘上选取。

（3）"设置"区域　设置调入的组件是否继承原组件的装配关系和是否完成相同组件的全部替换。

图 4.4-20　"替换组件"对话框

"替换组件"命令在装配组件重命名后经常被使用，具体操作不再赘述，请在使用中自行体会。

4.5　重用库的调用

在机械设备的装配设计中，经常需要用到垫圈、螺栓等标准件，UG

4.5　微课视频

NX12.0的"重用库"提供了常用的标准件库,下面以标准垫圈的调用为例进行讲解。

(1)打开重用库资源区 在初始界面下,单击左侧资源条中的 [重用库]标签打开重用库资源区。

(2)展开标准件库 单击"GB Standard Parts"前十符号,展开标准件分类表,单击"Washer"前十符号并选择平垫圈文件夹【Plain】,如图4.5-1所示。

(3)选择垫圈类型 在资源区下方的"成员选择"区域选择垫圈类型,例如选择"Washer,GB-T97_ 1-2002",双击图标则其零件模型在图形区被打开。

(4)保存标准件 依次单击【文件】→【保存】→【另存为】后选择路径,单击【确定】按钮。

注意:一个装配体的所有零件必须保存在同一个文件夹中。

(5)调用标准件 进入装配环境,添加步骤(4)保存的标准件文件,系统弹出"选择族成员"对话框,如图4.5-2所示。在"匹配成员"区域选择对应规格,单击【确定】按钮,则可将标准垫圈调入装配环境,根据需求进行约束定位,完成调用。

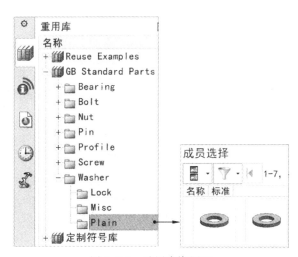

图4.5-1 重用库资源区

图4.5-2 调用标准件

4.6 爆炸图

爆炸图是指在装配环境下,将装配体的组件以一定的距离拆分并形成特定状态和位置的视图,以显示整个装配的组成情况。应用软件爆炸图功能可以建立、编辑、删除一个或多个爆炸图,也可以将爆炸图定义和命名后添加到其他视图中。

4.6 微课视频

爆炸图的操作命令在功能区"装配"选项卡的"爆炸图"命令组上,如图4.6-1所示。若功能区显示该命令组,则可按1.2.2节介绍的设置功能区的方法进行添加。

在装配环境下,激活爆炸图命令的常用方法有如下两种,以"新建爆炸"为例,方法如下。

方法一:依次单击 【菜单】→【装配】→【爆炸图】→ 【新建爆炸】。

方法二：在功能区"装配"选项卡的"爆炸图"命令组上选择 ✨【新建爆炸】命令。

"爆炸图"命令组其他命令的激活方法与此相同，后续将直接讲解命令功能，激活方法不再赘述。

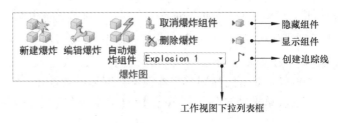

图 4.6-1 "爆炸图"命令组

4.6.1 新建爆炸

"新建爆炸"是在工作视图中新建爆炸图，可以在其中重新定义组件以生成爆炸。在"爆炸图"命令组上选择 ✨【新建爆炸】命令打开"新建爆炸"对话框，如图 4.6-2 所示。可以使用默认爆炸图名称，也可以自定义名称，单击【确定】按钮，创建爆炸图。

如果当前没有爆炸图，创建爆炸的同时删除装配约束；如果当前有爆炸，则弹出"是否复制当前爆炸到新爆炸"询问对话框，选择后即可创建多个爆炸图。创建后，在"爆炸图"命令组的工作视图下拉列表框会显示爆炸名称，通过下拉列表可切换已经创建好的爆炸图和"（无爆炸）"视图，如图 4.6-3 所示。

图 4.6-2 "新建爆炸"对话框

图 4.6-3 工作视图下拉列表框

4.6.2 编辑爆炸

新建爆炸后，系统只删除组件间的约束关系，组件间的相对位置没有变化。下面以螺栓装配为例，介绍"自动爆炸组件""编辑爆炸""删除爆炸"等命令。

1. 自动爆炸组件

"自动爆炸组件"是基于组件的装配约束，根据给定的距离重新定位当前爆炸图中的组件。以 4.4.1 小节的螺栓装配为例，"自动爆炸组件"的创建过程介绍如下。

（1）打开装配文件 根据路径" \ ug \ ch4 \ 4.4 \ 1-螺栓装配 \ 螺栓装配爆炸图 .prt"打开配套资源中的模型。

（2）创建爆炸图 在"爆炸图"命令组上选择 ✨【新建爆炸】命令打开其对话框，在其上单击【确定】按钮，创建爆炸图，结果如图 4.6-4a 所示。

（3）创建自动爆炸 在"爆炸图"命令组选择 ✨【自动爆炸组件】命令，系统弹出"类选择"对话框，选择要爆炸的组件，单击【确定】按钮，系统弹出"自动爆炸组件"对话框，如图 4.6-4b 所示，在"距离"文本框中输入"30"后单击【确定】按钮，结果如

图 4.6-4c 所示。

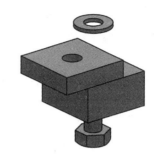

a) 新建爆炸　　　　　　　b)"自动爆炸组件"对话框　　　　　　c)自动爆炸结果

图 4.6-4 "自动爆炸组件"图例

2. 编辑爆炸

"编辑爆炸"是自定义当前爆炸图中选定组件的位置。创建爆炸图后，在"爆炸图"命令组上选择 🎇【编辑爆炸】命令，系统弹出图 4.6-5 所示的"编辑爆炸"对话框。

"编辑爆炸"对话框的常用选项说明如下。

"选择对象"：激活该单选命令，则可以选择装配中要编辑爆炸位置的组件。按住<Shift>键再次单击选中的组件，可解除选择。

"移动对象"：激活该单选命令，则对话框 🎇 按钮被激活，图形区显示动态坐标系，如图 4.6-6 所示，拖动动态坐标系可实现选择对象的位置移动。单击 🎇 按钮，则手柄被移动到工作坐标系（WCS）原点位置。

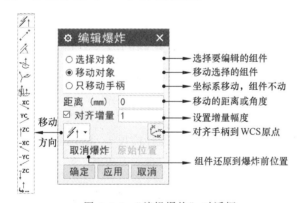

图 4.6-5 "编辑爆炸"对话框

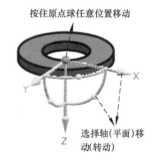

图 4.6-6 垫片动态坐标系

"距离"（"角度"）：单击动态坐标系轴的箭头或坐标平面的小球，则该文本框被激活，可输入固定数值以实现精确移动（转动）。

"对齐增量"：勾选该复选框，则可设置手工拖动的步长，默认为 1mm。

🎇 ▾：单击动态坐标系轴的箭头，则该下拉列表框被激活；选择某一矢量，系统就会直接将选中的轴方向定义为所选择的矢量方向。

"取消爆炸"：单击该选项条，则选中的组件移动到爆炸前的位置。

自动生成的爆炸通常不符合需求，下面以图 4.6-4 所示的螺栓装配自动爆炸结果为例，进行手动编辑爆炸的介绍。

（1）激活命令　在"爆炸图"命令组上选择 【编辑爆炸】命令，系统弹出图 4.6-5 所示的"编辑爆炸"对话框。

（2）选择对象　保持对话框默认选项为"选择对象"不变，在图形区选择垫圈组件，垫圈高亮显示。

（3）移动对象　选择对象后按下鼠标中键切换至"移动对象"，或者在对话框上选择【移动对象】命令，垫圈上显示动态坐标系，如图 4.6-6 所示。可以按住原点球或某一箭头实现任意位置移动，也可以通过在对话框输入数值来实现精确移动。

（4）选择新对象　完成移动后按下鼠标中键切换至"选择对象"，或者在对话框上选择【选择对象】命令。按下<Shift>键后单击垫圈组件，使其恢复为非激活状态；然后选择其他组件重复上述步骤，完成组件移动，最后结果如图 4.6-7 所示。

3. 取消爆炸组件和删除爆炸

"取消爆炸组件"是将组件恢复到爆炸前的位置。在"爆炸图"命令组上选择 【取消爆炸组件】命令，系统弹出"类选择"对话框，在图形区选择组件后单击【确定】按钮，则组件恢复到爆炸前的位置。

图 4.6-7　手动编辑爆炸图例

"删除爆炸"是删除未显示在任何视图中的装配爆炸。在"爆炸图"命令组上选择 【删除爆炸】命令，系统弹出"爆炸图"对话框并显示已有爆炸图名称，在对话框中选择后单击【确定】按钮即可删除。但需要注意，如果该爆炸图被其他视图应用，则无法删除。

4. 隐藏组件和显示组件

"隐藏组件"是隐藏视图中选定的组件。在"爆炸图"命令组上选择 【隐藏组件】命令，系统弹出"隐藏视图中的组件"对话框，在图形区选择需要隐藏的组件后单击【确定】按钮，则该组件隐藏。

"显示组件"是显示视图中选定的隐藏组件。在"爆炸图"命令组上选择 【显示组件】命令，系统弹出"显示视图中的组件"对话框，在列表中选择需要显示的组件名称后单击【确定】按钮，则该组件显示在图形区。

4.6.3　追踪线

"追踪线"是在爆炸图中创建组件的追踪线以指示组件的装配位置。创建爆炸图后，在"爆炸图"命令组上选择 【追踪线】命令，系统弹出图 4.6-8 所示"追踪线"对话框。"追踪线"对话框的常用选项说明如下。

（1）"起始"区域　设置追踪线的起始点和起始矢量方向。矢量方向可以自定义设置，也可以通过单击 【反向】按钮进行调整。

（2）"终止"区域　设置追踪线的终止点和终止矢量方向设置方法与起始设置相同。

（3）"路径"区域　如果在起始点和终止点之间有多种可能的追踪线，可以单击 【备选解】按钮选择满足设计要求的追踪线。

下面以螺栓装配的爆炸图为例介绍追踪线的创建过程。

（1）打开文件 根据路径"\ug\ch4\4.4\1-螺栓装配\螺栓装配追踪线.prt"打开配套资源中的模型。

（2）激活命令 在"爆炸图"命令组上选择 ♪【追踪线】命令打开"追踪线"对话框，如图4.6-8所示。

（3）选择起始点 选择图4.6-9a所示螺栓顶部圆心为起始点，设置起始矢量方向为指向底板孔的方向。

（4）选择终止点 选择螺母上表面的圆心为终止点，在"终止"区域的"终止方向"下方单击✕【反向】按钮，使终止矢量与起始矢量相对，单击【确定】按钮，生成的追踪线如图4.6-9b所示。

说明：本实例爆炸图组件在同一轴线上移动，确保了五个零件上的回转面共轴。否则，相邻零件需要追踪线的设置。在设置过程中也可灵活应用 ↻ "备选解"命令进行设置。

图4.6-8 "追踪线"对话框

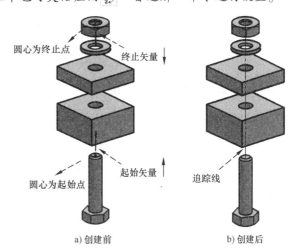

a) 创建前　　　　　　　b) 创建后

图4.6-9 "追踪线"图例

4.7 装配实例——脚轮的装配

本节通过图4.7-1所示简化脚轮的装配实例，进行装配工具和相关命令 4.7 微课视频
的综合运用，起到巩固强化装配设计的作用。简化脚轮由主架、轮子、轴、垫圈、六角头螺栓、六角锁紧螺母和平垫圈七个零件装配而成，其中三个是标准件。为达到综合训练的目的，在整体上是自底向上装配的过程中，轴采用自顶向下的方式装配；螺栓和螺母采用自建模型来装配，平垫圈（GB/T 97 M6）从重用库调入，具体装配步骤如下。

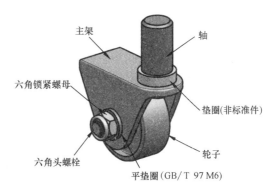

图4.7-1 简化脚轮

1. 调用平垫圈标准件

（1）选择标准件　启动 UG NX，在初始界面下，单击左侧资源条中的 【重用库】标签打开重用库资源区，按照图 4.7-2 所示步骤找到标准件"Washer，GB-T97-1-2002"，双击该名称使其在图形区打开。

（2）保存标准件　依次单击【文件】→【保存】→【另存为】，将当前调用的垫圈存储在脚轮装配文件夹中。

关闭当前窗口，返回 UG NX 主界面。

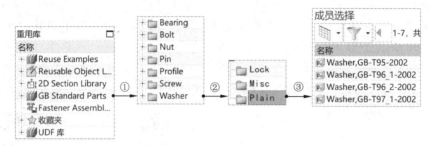

图 4.7-2　垫圈标准件的调用

2. 创建装配文件并添加主架

（1）新建装配文件　单击 【新建】按钮，系统弹出"新建"对话框，打开"模型"选项卡，设置"单位"为"毫米"，在"名称"列表框中选择 【装配】选项；在"新文件名"区域"名称"文本框中输入"脚轮装配"，设置存储路径为"\ ug \ ch4 \ 4.7 \ 脚轮装配"，单击【确定】按钮，创建新装配文件并打开"添加组件"对话框。

（2）添加主架

1）调入组件。在"添加组件"对话框上的"要放置的部件"区域单击 【打开】按钮，按路径"\ ug \ ch4 \ 4.7 \ 脚轮装配 \ 主架 . prt"选择文件并单击【确定】按钮。

2）设置装配参数。在"位置"区域"装配位置"下拉列表框中选择【绝对坐标系-工作部件】，设置"引用集"为【模型（"MODEL"）】，单击【应用】按钮，实现第一个零件的调入并对其自动添加了固定约束，如图 4.7-3 所示。

3. 装配轮子

按照图 4.7-4 所示步骤进行轮子组件的装配。

（1）添加组件　在"添加组件"对话框单击 【打开】按钮，打开"脚轮装配"文件夹，选择"轮子 . prt"文件并单击【确定】按钮，结果如图 4.7-5a 所示。

（2）类型设置　在"放置"区域激活【约束】命令。

（3）添加同轴约束　在"约束类型"列表框中选择 【接触对齐】约束，在"要约束的几何体"区域"方位"的下拉列表中选择 【自动判断中心/轴】；选择图 4.7-5a 所示的主架和轮子上孔的圆柱面（或轴线），结果如图 4.7-5b 所示。

（4）添加"2 对 2"对称约束　在"约束类型"列表框中选择 【中心对齐】约束，在下方"子类型"下拉列表框中选择【2 对 2】；选择图 4.7-5b 所示的主架外侧两平面、轮子外侧两平面，结果如图 4.7-5c 所示。

图 4.7-3　添加主架结果图

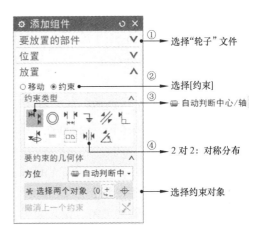

① 选择"轮子"文件

② 选择[约束]

③ 自动判断中心/轴

④ 2 对 2：对称分布

选择约束对象

图 4.7-4　"添加组件"对话框

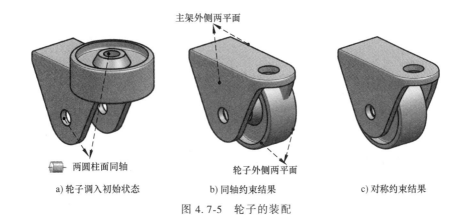

主架外侧两平面

两圆柱面同轴

轮子外侧两平面

a) 轮子调入初始状态　　　b) 同轴约束结果　　　c) 对称约束结果

图 4.7-5　轮子的装配

4．装配六角头螺栓

（1）添加组件　在"添加组件"对话框单击 【打开】按钮，打开"脚轮装配"文件夹，选择"六角头螺栓.prt"文件并单击【确定】按钮，结果如图 4.7-6a 所示。

（2）类型设置　在"放置"区域激活【约束】命令。

（3）添加同心约束　在"约束类型"列表框中选择 【同心】约束，选择图 4.7-6a 所

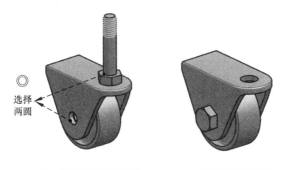

选择两圆

a) 六角头螺栓调入初始状态　　　b) 同心约束结果

图 4.7-6　六角头螺栓的装配

示螺栓杆与螺栓头的交线圆、主架左侧外圆，结果如图4.7-6b所示，如果方向不符合需求，则单击"放置区域"的✗【反向】按钮进行方向调整。

5. 装配平垫圈标准件

（1）调用平垫圈标准件

1）添加组件。在"添加组件"对话框单击🗁【打开】按钮，打开"脚轮装配"文件夹，选择"Washer，GB-T97_1-2002.prt"，单击【确定】按钮，系统弹出"选择族成员"对话框。

2）选择类型。在"匹配成员"区域选择"GB-T97_1-2002，M6"，如图4.7-7所示，单击【确定】按钮，系统返回"添加组件"对话框并在右下角弹出图4.7-8所示"警报"对话框，阅读内容后将其关闭，结果如图4.7-9a所示。

匹配成员
GB-T97_1-2002，M3
GB-T97_1-2002，M4
GB-T97_1-2002，M5
GB-T97_1-2002，M6
GB-T97_1-2002，M8
GB-T97_1-2002，M10
GB-T97_1-2002，M12

图4.7-7 "匹配成员"区域

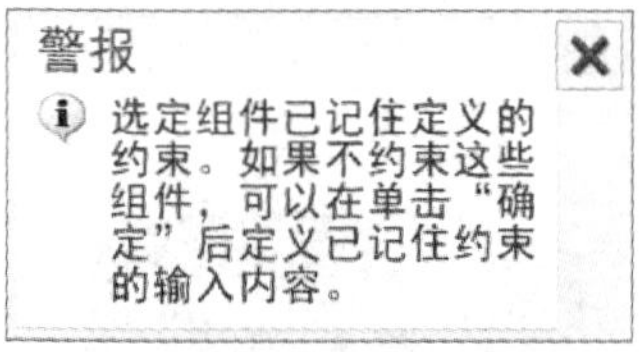

警报 ✗

ℹ 选定组件已记住定义的约束。如果不约束这些组件，可以在单击"确定"后定义已记住约束的输入内容。

图4.7-8 "警报"对话框

（2）类型设置　在"放置"区域激活【约束】命令。

（3）添加同心约束　在"约束类型"列表框中选择◎【同心】约束，分别选择图4.7-9a所示两圆，如果不符合需求，则单击"放置区域"的✗【反向】按钮进行方向调整，结果如图4.7-9b所示。

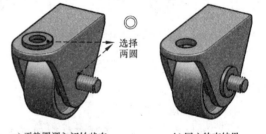

选择两圆

a）平垫圈调入初始状态　　b）同心约束结果

图4.7-9　平垫圈标准件的装配

6. 装配六角锁紧螺母

（1）添加组件　在"添加组件"对话框单击🗁【打开】按钮，打开"脚轮装配"文件夹，选择"六角锁紧螺母.prt"文件并单击【确定】按钮，结果如图4.7-10a所示。

（2）移动组件　在"放置"区域激活【移动】命令，锁紧螺母上出现动态坐标系，为便于装配，进行按距离和角度的移动，结果如图4.7-10b所示。

（3）类型设置　在"放置"区域激活【约束】命令。

（4）添加同心约束　在"约束类型"列表框中选择◎【同心】约束，选择图4.7-10b所示平垫圈和螺母上两圆，单击"放置区域"的✗【反向】按钮进行方向调整，结果如图4.7-10c所示。

7. 装配垫圈

（1）添加组件　在"添加组件"对话框单击🗁【打开】按钮，打开"脚轮装配"文件夹，选择"垫圈.prt"文件并单击【确定】按钮，结果如图4.7-11a所示。

（2）类型设置　在"放置"区域激活【约束】命令。

a) 六角锁紧螺母调入初始状态　　　　b) 移动后位置　　　　c) 同心约束结果

图 4.7-10　六角锁紧螺母的装配

（3）添加约束　该组件可用"同心"约束完成，为达到综合训练的目的，特采用"接触对齐"约束来完成装配。

1）添加接触约束。在"约束类型"列表框选择 ⋈▎【接触对齐】约束，在下方的"方位"下拉列表框中选择 ▶◀【接触】，分别选择图 4.7-11a 所示两平面，结果如图 4.7-11b 所示。

2）添加同轴约束。在"方位"列表框中选择 ⬛【自动判断中心轴】，分别选择图 4.7-11b 所示两个圆柱面，结果如图 4.7-11c 所示。

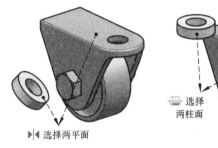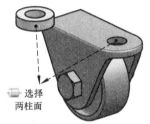

▶◀ 选择两平面　　　　　　　　⬛ 选择两柱面

a) 垫圈调入初始状态　　　　b) 接触约束结果　　　　c) 同轴约束结果

图 4.7-11　垫圈的装配

8. 装配轴

将轴零件采用自顶向下的方式装配。

（1）新建组件　在功能区"装配"选项卡的"组件"命令组上选择 ⬛【新建组件】命令，设置文件名为"轴"，存储路径选择"脚轮装配"文件夹，单击【确定】按钮，系统弹出"新建组件"对话框，直接单击【确定】按钮，回到装配主界面。

说明：也可以先在装配环境建模，然后激活 ⬛【新建组件】命令，在弹出的"新建组件"对话框中选择模型，完成新组件的创建。

（2）工作部件的设置　在"装配导航器"的"轴"组件上双击鼠标左键，此时其他部件无论在装配导航区还是在图形区均为灰显状态。

（3）复制特征　在"常规"命令组上单击 ⬛【WAVE 几何链接器】打开其对话框，设置"类型"为 ⬛【复合曲线】，选择图 4.7-12a 所示垫圈内圆，单击【确定】按钮。

（4）创建实体 在功能区"主页"选项卡的"特征"命令组上选择 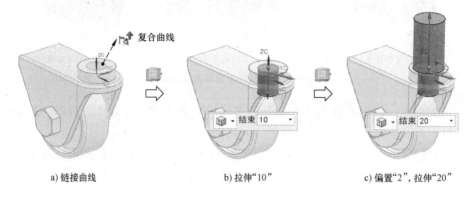 【拉伸】命令，选择上步复制的圆，设置拉伸方向为向下，高度为"10"，如图4.7-12b所示，单击【应用】按钮；然后继续反向拉伸，偏置设置为"单侧"，值设置为"2"，拉伸高度设置为"20"并进行布尔"合并"运算，如图4.7-12c所示。

a) 链接曲线　　　　　　　　b) 拉伸"10"　　　　　　　c) 偏置"2"，拉伸"20"

图 4.7-12　轴的创建

（5）创建倒角 在功能区"主页"选项卡的"特征"命令组上选择 【倒斜角】命令，选择倒角边线，"偏置"设置为"对称"，"距离"设置为"1"，单击【确定】按钮，应用 【保存】命令保存文件。

（6）激活装配文件 在装配导航区双击 【脚轮装配】装配文件名，则导航区和图形区所有组件要素均变为亮显状态，回到装配环境，最后结果如图4.7-13所示。

图 4.7-13　轴的装配

以上对简化脚轮装配过程的介绍，因为零件特点所限，不能将装配工具逐一应用，其他工具请在使用中自行练习。

4.8　装配练习

综合运用UG NX命令与功能，根据给出的装配图和装配资源提供的模型进行装配练习。

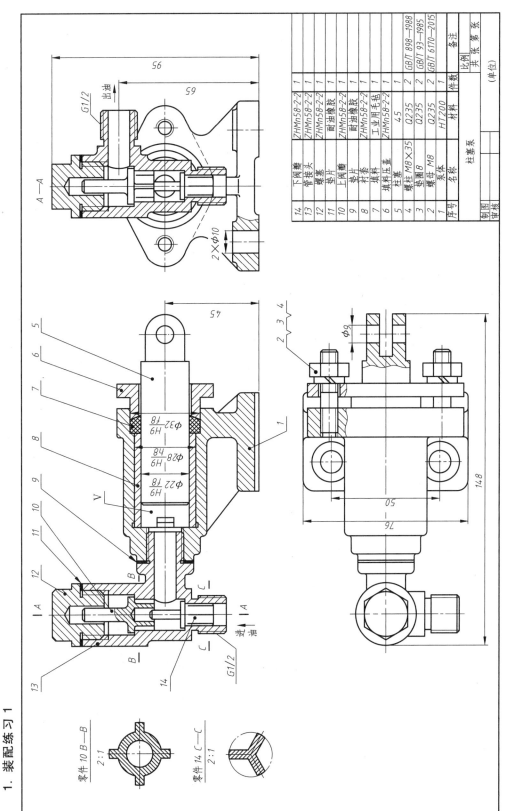

图 4.8-1 柱塞泵装配图

序号	名称	材料	件数	备注
14	下阀瓣	ZHMn58-2-2	1	
13	管接头	ZHMn58-2-2	1	
12	罩塞	ZHMn58-2-2	1	
11	垫片	耐油橡胶	1	
10	上阀瓣	ZHMn58-2-2	1	
9	垫片	耐油橡胶	1	
8	衬料套	ZHMn58-2-2	1	
7	填料	工业用毛毡	1	
6	填料压盖	45	1	
5	螺柱 M8×35	Q235	2	GB/T 898—1988
4	垫圈 8	Q235	2	GB/T 93—1985
3	螺母 M8	Q235	2	
1	泵体	HT200	1	GB/T 6170—2015

柱塞泵

1. 装配练习 1

零件 10 B—B 2:1

零件 14 C—C 2:1

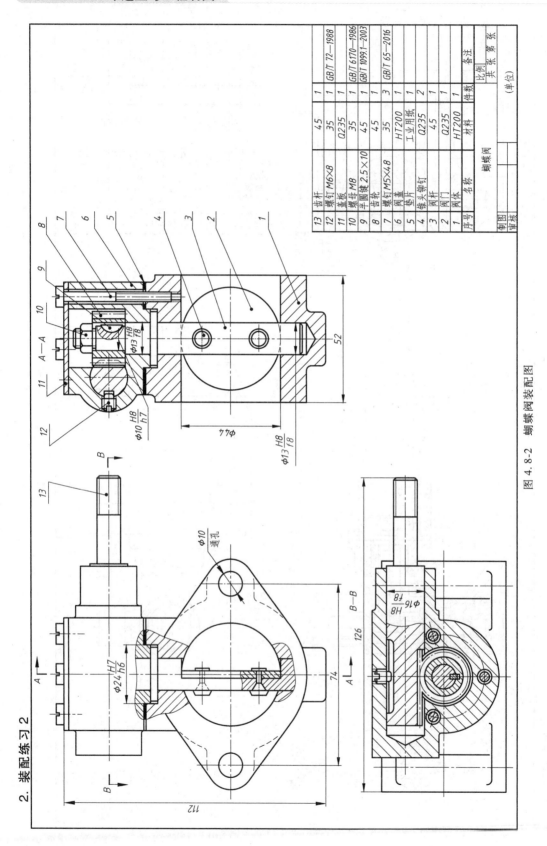

图 4.8-2　蝴蝶阀装配图

2. 装配练习 2

第 **5** 章

工程图环境及视图创建

立体模型（3D"图样"）改变着传统的机械设计观念，也促进工程技术人员追求更高效的技术，甚至有些现代化制造企业已经实现了设计、加工、生产无纸化。但是我国仍然有大量的工厂继续使用二维工程图（2D 图样）进行交流，主要原因有如下几点。

1）3D"图样"无法标注完整的加工参数，比如几何公差、加工精度、焊缝符号等。

2）3D"图样"无法清楚表达零件的局部结构，如斜槽、凹坑等。

3）第三方生产厂家需要二维工程图。

因此，具有独立完成完整而准确的二维工程图的能力是非常必要的。本章将主要介绍 UG NX 中的工程图环境、各种视图的创建方法和视图编辑方法，最终实现三维设计的二维工程图视图呈现。

5.1 工程图环境

在建模环境下切换到"制图"模块，即进入工程图环境的常用方法有如下两种。

方法一：在当前工作界面左上角单击【文件】打开其菜单，在"启动"区域选择 【制图】命令，实现模块切换。

方法二：在功能区选项条上单击【应用模块】标签打开其选项卡，在"设计"区域选择 【制图】命令，实现模块转换。

5.1.1 工程图环境与基本视图生成

1. 新建图纸页

进入工程图环境后单击 【新建图纸页】打开"工作表"对话框，如图 5.1-1 所示。

"工作表"对话框中的常用选项说明如下。

5.1.1 微课视频

（1）"大小"区域 定义图纸页规格、比例。

"使用模板"：选择此选项，则图纸页模板列表框被激活，可以选择系统提供的图纸页模板来创建新的图纸页。

"标准尺寸"：选择此选项，则对话框显示出"大小"和"比例"两个列表框，图纸

"大小"共有五种规格，如图 5.1-1①处所示；图样"比例"共有五种放大比例、原值比例、六种缩小比例、也可自行定制比例，如图 5.1-1②处所示。

"定制尺寸"：选择此选项，可自定义图纸页的高度和长度。例如定制竖放的 A4 图纸，则设置长度为 210，高度为 297。

（2）"名称"区域 定义图纸页的名称、版本等信息。

（3）"设置"区域 定义图纸页的单位、投影象限。

"单位"：设置图纸页的"单位"是"毫米"或"英寸"。

"投影"：定义视图的投影象限，如

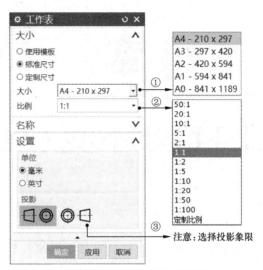

图 5.1-1 "工作表"对话框

图 5.1-1③处所示。▯◎ "第一角投影"，使用国家主要有中国、德国和法国；◎▯ "第三角投影"，使用国家主要有美国、英国和日本。

2. 视图创建向导

"视图创建向导"是对图纸页添加一个或多个基本视图。在功能区"视图"命令组上选择 ▦【视图创建向导】命令，系统弹出"视图创建向导"对话框，如图 5.1-2 所示。

图 5.1-2 "视图创建向导"对话框

利用"视图创建向导"对话框进行基本视图创建需要四步，说明如下。

（1）打开"部件 默认对当前部件创建视图，或者通过对话框下方的 ▨【打开】命令选择新部件创建视图。

（2）设置"选项" 设置视图属性。

"视图边界"：设置视图显示区域，通常选择默认的"自动"方式即可。

"处理隐藏线"：设置生成投影后模型的不可见轮廓线是否显示，可修改线型、颜色和线宽。

"显示中心线"：设置在生成视图时是否显示中心线，勾选则显示。

"显示轮廓线"：设置在生成视图时是否显示模型轮廓线，通常勾选该选项。

"显示视图标签"：设置在生成视图时是否显示视图名称。相关国家标准规定，如果视图按照对应的投影关系配置，则视图名称可以省略，因此该选项通常不勾选。

（3）确定"方向" 确定父（主）视图的方位。在"方向"列表框中选择某个方位的"模型视图"作为父视图，然后在此基础上生成其他视图。

（4）指定"布局" 在确定父视图的基础上根据需求点选其他视图图标（六个基本视图、两个轴测图），单击【完成】按钮，创建所选视图。

如果中间步骤无需设置，可以直接单击【完成】按钮完成视图创建。

3. 基本视图

在功能区"视图"命令组上选择 【基本视图】命令，弹出对话框，如图 5.1-3 所示。

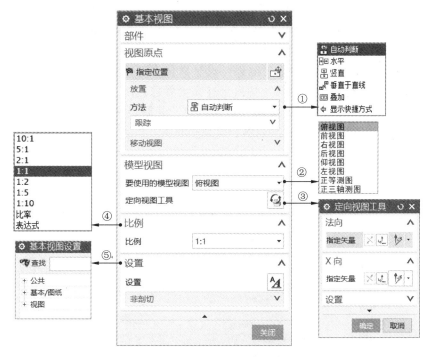

图 5.1-3 "基本视图"对话框

"基本视图"对话框中的常用按钮及选项说明如下。

（1）"视图原点"区域 设置视图的放置方式。"放置方法"默认是"自动判断"，即系统根据鼠标位置自动确定视图的投射方向，也可根据需求选择"水平""竖直""垂直于直线"等方式生成新视图，如图 5.1-3①处所示。

（2）"模型视图"区域　确定父视图的方位。在"要使用的模型视图"的下拉列表框中（六个基本视图和两个轴测图）选择一个作为父视图，如图5.1-3②处所示；或者单击 【定向视图工具】通过对话框设置方位，如图5.1-3③处所示。"定向视图工具"对话框中的常用选项说明如下。

"法向"区域：使选定的矢量旋转至垂直于计算机屏幕向外方向。"指定矢量"可通过 "矢量对话框"来定义，或者打开 的默认矢量列表并从中直接选择。

"X向"区域：使选定的矢量旋转至X轴方向，"指定矢量"的确定方法同上。

（3）"比例"区域　设置视图比例，默认"比例"为"1∶1"。可选择系统提供的放大比例或缩小比例，也可通过"比率""表达式"进行自定义设置，如图5.1-3④处所示。

（4）"设置"区域　可以定义组件的隐藏和剖切状态，也可以定义视图的呈现方式，如图5.1-3⑤处所示。单击 【设置】打开"基本视图设置"对话框，如图5.1-4所示。其中的常用选项说明如下。

"常规"：设置"显示轮廓线""带中心线创建"等。当自动设置的中心线不满足需求时，可不勾选"带中心线创建"选项，生成视图后用 "中心标记"进行设置。

"可见线"：设置模型投影后轮廓线的颜色、线型和线宽。

"隐藏线"：设置生成投影后模型不可见轮廓是否显示，零件的不可见部分通常无需表达，在"处理隐藏线"选项下选择【不可见】即可；如需显示，则单击右侧的 打开其下拉列表框，从中选择需要的线型并设置颜色、线宽即可。

"着色"：设置模型的显示方式，"渲染样式"默认为"线框"。如需生成有实体效果的视图（如轴测图），可将"渲染样式"切换至【完全着色】。

"光顺边"：设置相切的光滑过渡线（如圆角边）是否显示。系统默认不显示，如需显示，则勾选【显示光顺边】并设置其颜色、线型和线宽。

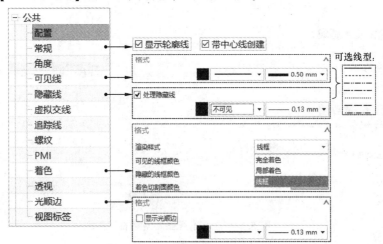

图5.1-4　"基本视图设置"选项

5.1.2　制图首选项参数设置

进入"制图"模块后，可以首先通过"制图首选项"的设置来改变工程图的设计环境，从而使所创建的工程图更符合国家标准和企业标准。需要设置的内容通常包括箭头大小、线条粗细、是否显示隐藏线、字体字高和剖面线等。

依次单击 【菜单】→【首选项】→ 【制图】，系统弹出"制图首选项"对话框，如图 5.1-5 所示。

图 5.1-5 "制图首选项"对话框

单击"制图首选项"对话框左侧列表框中的选项，右侧会显示相应的可以设置的选项，常用选项介绍如下。

1. "常规/设置"中"工作流程"

该选项设置的"制图首选项"对话框如图 5.1-5 所示，其包括三个设置区域。其中，"独立的"区域用于设置硬盘加载的新模型生成视图的情况，"基于模型"区域用设置当前文件模型生成视图的情况。"独立和"和"基于模型"区域都是用来设置进入"制图"模块时图纸页和视图创建命令是否自动启动，勾选相应复选框则设置为启动。"图纸"区域用来设置新建图纸时的默认图纸格式。上述对话框选项用户根据习惯设置即可。

2. "公共"中"文字"

UG NX 默认的"尺寸文本"字体是"blockfont"，"附加文本"字体是"chinesef_fs"，

而我国国家标准规定工程图汉字字体是长仿宋体。因此可打开"文本参数"区域的字体选择下拉列表框，从中选择【FangSong】（仿宋体）并通过"文本宽高比"文本框来设置比例，如图 5.1-6 所示。

3. "视图"中"工作流程"

（1）"边界"区域 设置生成的视图是否显示图形边界，默认不显示。建议初学者勾选"显示"复选框。

图 5.1-6 "公共"中"文字"设置

（2）"预览"区域 设置视图生成时的预览样式，可以选择"边界""线框""隐藏线框"或"着色"，默认为"着色"方式。

4. "视图"中"公共"

该选项的设置与图 5.1-4 相同，具体方式不再赘述。不同的是通过"首选项"设置的参数应用于后续生成的所有视图，而在创建视图过程中设置的参数只适用于当前视图。建议先通过"首选项"对整体属性进行设置，后期再通过"视图"进行个性化的修改。

5. "视图"中"标签"

在"视图"选项的"基本/图纸""投影""表区域驱动"子选项下都有"标签"选项。系统默认"基本/图纸""投影"的"标签"设置时对话框中的"显示视图标签"不勾选，

但在"表区域驱动"的"标签"设置时勾选。可以根据我国国家标准，将剖视图名称的放置"位置"修改为【上面】，将"前缀"的"SECTION"删除，也可去除"显示"的勾选，修改方法如图5.1-7所示。

图5.1-7 "视图"中"标签"设置

6. "视图"中"截面线"

进行"截面线"设置时，对话框的相关选项如图5.1-8所示，常用设置说明如下。

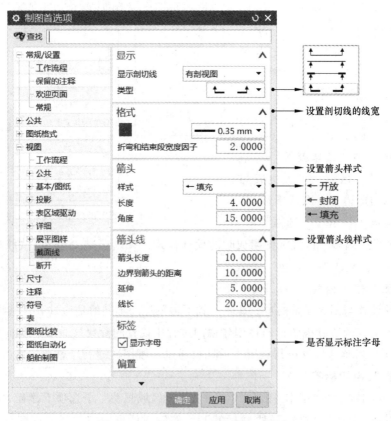

图5.1-8 "视图"中"截面线"设置

（1）"显示"区域 设置剖切线样式。"类型"下拉列表框提供了四种选项，我国使用最后一种。

（2）"格式"区域 设置表示剖切位置的剖切线的线宽和线型。

（3）"箭头"区域 设置箭头的样式，通常采用默认"填充"箭头。其中，"长度"设置箭头的长度（以"英寸"或"毫米"为单位），根据部件的单位类型而定；"角度"设置箭头角度的大小（以"度"为单位）。

（4）"箭头线"区域 设置箭头线的样式。其中，"箭头长度"设置箭头的全长，即从箭头尖端到箭头线末端的长度；"边界到箭头的距离"设置剖切线箭头段与视图边界之间的距离；"延伸"设置表示剖切位置的剖切线长度；"线长"设置剖切线端点与视图边界之间的距离。

（5）"标签"区域 设置剖切标注是否显示字母，默认是"显示字母"。

7. "尺寸"中"文本"

在"尺寸"选项的"文本"子选项中，"方向和位置"用于设置尺寸文本和尺寸线的相对位置；"附加文本""尺寸文本""公差文本"用于设置注释文本、尺寸标注和公差标注的字体、字高等，如图5.1-9所示。通常，汉字设置为"FangSong"字体，数字选择默认的"blockfont"字体；A4、A3和A2图纸中数字和字母的字高设置为"3.5"（mm），A1和A0图纸时设置为"5"（mm），其他选项根据需求设置即可。

图5.1-9 "尺寸"中"文本"设置

8. "注释"中"剖面线/区域填充"

"注释"选项下有八个子选项，通常主要进行"剖面线/区域填充"的参数设置，其设置选项如图5.1-10所示。

（1）"剖面线"区域 设置剖面线样式。

"断面线定义"：设置剖面线类别，共两种。其中，"xhatch.chx"包括常用的金属、玻璃等类别，"xhatch2.chx"包括常用的几何图案、气体、液体等类别。

"图样"：设置对应剖面线类别的剖面符号。打开其下拉列表框后可根据需求进行选择，机械制图中常选用"角度"为"45"的"铁/通用"的剖面符号。

"距离"：设置剖面线的间距。

"角度"：设置剖面线与水平方向的夹角。

（2）"区域填充"区域 设置填充样式。

"图样"：设置常见"剖面线"中"图样"选项外的非金属剖面符号，默认是"软木/

毡"。

"角度"：设置剖面符号与水平方向的夹角。

"比例"：设置剖面符号的比例。

（3）"格式"区域　设置填充颜色和线条宽度。

"颜色"：通过"颜色"对话框设置填充的颜色。

"宽度"：设置填充图样的线宽。

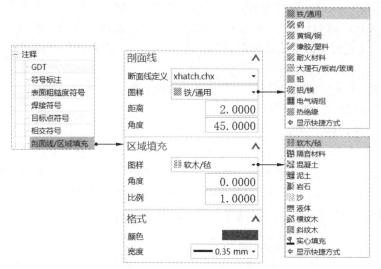

图 5.1-10　"注释""剖面线/区域填充"设置

生成视图后，如果需要单独修改或添加剖面线，可以选择功能区"注释"命令组中的 ▨【剖面线】或 🖌【区域填充】命令进行设置。

说明："制图首选项"设置只针对该设置完成后生成的视图有效，之前的视图保持原定义不变。

5.1.3　图纸的编辑

在工程图环境下，可以新建多张图纸页，创建后"部件导航器"中会添加新的图纸页节点。此外，通过"部件导航器"能够实现不同图纸页的切换，而且可以对每张图纸页进行独立编辑。

5.1.3　微课视频

1. 编辑图纸页

在"部件导航器"上选择需要修改的图纸页并单击鼠标右键，在弹出的快捷菜单中选择修改项并进行相关操作即可实现图纸页的修改，如图 5.1-11 所示。其中，选择 🔧【编辑图纸页】可以修改图纸大小、视图比例、切换第一角与第三角投影体系。

2. 打开图纸页

一个工程图文件可能包含多个图纸页，在不同图纸页之间切换的常用方法有如下两种。

方法一：在"部件导航器"上选择要打开的图纸页如 🗏工作表 "Sheet 1" 并双击鼠标左键。

方法二：在"部件导航器"上选择要打开的图纸页如 🗏工作表 "Sheet 1" 后单击鼠标右键，在弹出的快捷菜单中选择【打开】命令。

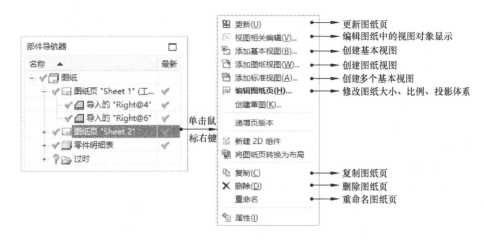

图 5.1-11　编辑图纸页

3. 删除图纸页

删除图纸页的常用方法有如下三种。

方法一：在"部件导航器"上选择相应的图纸页如 工作表 "Sheet 1" 后单击鼠标右键，在弹出的快捷菜单中选择【删除】命令。

方法二：在"部件导航器"上选择相应的图纸页如 工作表 "Sheet 1" 后在键盘上按<Delete>键。

方法三：依次单击 【菜单】→【编辑】→ 【删除】，系统弹出"类选择"对话框，在"部件导航器"中选择要删除的图纸页，然后单击【确定】按钮。

4. 重命名图纸页

在部件导航器上选择要修改名称的图纸页并单击鼠标右键，在弹出的快捷菜单中选择【重命名】命令，此时图纸页名称文本框被激活，输入新的名称后，在键盘上按<Enter>键或在任意位置单击鼠标左键，完成重命名。

5.2　创建视图

视图是工程图最重要的组成部分。在机械制图中，视图主要有基本视图、向视图、局部视图、斜视图等，本节将通过实例进行介绍。在 UG NX 中，创建视图的总体思路是：先在工程图中生成主视图，然后根据需求进行其他视图的创建。

5.2.1　创建基本视图

"基本视图"是指在图纸页上创建基于模型的视图。UG NX 的"视图创建向导"命令提供了六个正投影视图和正等测图、正三轴测图，其中，六个正投影视图即为机械制图中的基本视图，正等轴测图也与机械制图投影理论相同，正三轴测图是沿三个轴线的变形系数各不相同的轴测图。

下面以一个简单组合体为例，对基本视图和轴测图的创建过程一并进行介绍。

（1）打开模型文件　根据路径"\ ug \ ch5 \ 5.2 \ 1-基本视图生成 .prt"打开配套资源

中的模型。

（2）进入"制图"模块　在功能选项条上单击【应用模块】标签打开其选项卡，在"设计"区域选择 🔨【制图】命令，进入"制图"模块。

（3）新建图纸页　在功能区"视图"命令组上选择 🗂【新建图纸页】命令，系统弹出"工作表"对话框（和预设置有关，也可能系统自动弹出）。在对话框中选择【标准尺寸】后选择 A4 图纸，"单位"选择为【毫米】，"投影"选择为 🔲⚪【第一角投影】，单击【确定】按钮。

（4）生成视图　在功能区"视图"命令组上选择 🔲【视图创建向导】命令，系统弹出"视图创建向导"对话框，如图 5.2-1 所示，相关设置说明如下。

🔲 "选项"：将"处理隐藏线"区域中线型"不可见"改选为【虚线------】。其中，"不可见"指模型中不可见部分不投影，"虚线"指不可见部分投影为虚线。

🔲 "方向"：选择【右视图】为父视图方位。

🔲 "布局"：根据表达需求选择视图。图 5.2-1 所示情况是选择了六个基本视图和一个轴测图，设置完成后单击【完成】按钮，完成创建。

（5）修改轴测图　将鼠标移至轴测图边界，出现预选红色时单击鼠标右键，在弹出的菜单上选择 🅰【设置】，在打开的对话框中将"处理隐藏线"区域中线型"------"改选为【不可见】，单击【完成】按钮，最后结果如图 5.2-2 所示。

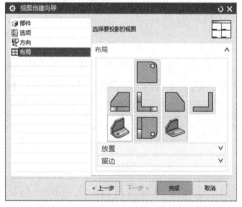

图 5.2-1　"视图创建向导"对话框

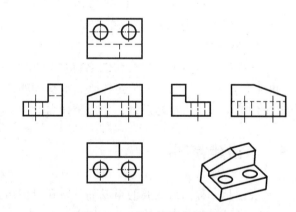

图 5.2-2　基本视图和轴测图

5.2.2　添加投影视图

"投影视图"是将已有视图作为父视图来创建新投影视图或辅助视图。激活"投影视图"的常用方法有如下三种。

方法一：依次单击 🗏【菜单】→【插入】→【视图】→ 🗐【投影】。

方法二：在功能区的"视图"命令组上选择 🗐【投影视图】命令。

方法三：选择父视图后单击鼠标右键，在弹出的快捷菜单上选择 🗐【添加投影视图】命令。

激活命令后，系统弹出"投影视图"对话框，如图 5.2-3 所示。

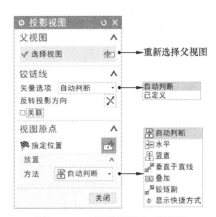

图 5.2-3 "投影视图"对话框

"投影视图"对话框中的常用选项说明如下。

（1）"父视图"区域 如果系统默认视图不符合需求，可以单击 【选择视图】选择其他基本视图。

（2）"铰链线"区域 用于定义铰链线方向。其中，"矢量选项"下拉列表框中"自动判断"指系统根据鼠标围绕父视图的位置自动判断方向；"已定义"需要通过"指定矢量"选择或定义一个矢量作为投射方向（斜视图的生成需要自选矢量），投射方向垂直于所选的矢量方向。

（3）"视图原点"区域 用于定义新视图与父视图的相对位置。

在给定视图的基础上，创建俯视图和左视图的方法如下。

（1）打开模型文件 根据路径"\ ug \ ch5 \ 5.2 \ 2-添加投影视图 .prt"打开配套资源中的模型。

（2）激活命令 在功能区的"视图"命令组上选择 【投影视图】命令，因为图纸上只有一个视图，系统自动拾取当前视图为父视图。

（3）生成俯视图 移动鼠标到图 5.2-4 所示父视图的正下方，单击鼠标左键生成俯视图。

（4）生成左视图 移动鼠标到图 5.2-5 所示父视图的正右方，单击鼠标左键生成左视图。

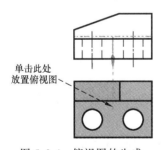

图 5.2-4 俯视图的生成

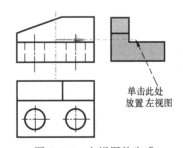

图 5.2-5 左视图的生成

向视图是自由配置的视图，而对"基本视图"和"投影视图"命令生成的视图，如果需要自由放置的话，则需要标注表示投射方向的箭头和所属关系的字母，标注方法见 5.2.3 节中第 2 部分介绍，可在学习之后自行体验向视图的创建方法。

5.2.3 创建局部视图及标注

当物体的某一部分形状未表达清楚，而又没有必要画出整个基本视图时，可以只将物体的局部结构形状向基本投影面投射，这样得到的视图称为局部视图，如图 5.2-6 所示。

5.2.3 微课视频

创建局部视图需要先掌握 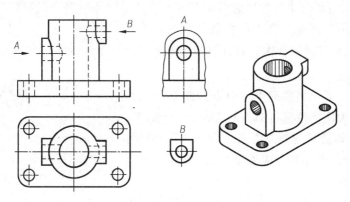"视图边界"和 "视图相关编辑"命令，详细内容见 5.7 节介绍，本小节讲解局部视图的常用创建方法时，将直接引用这两个命令。

图 5.2-6　局部视图

1. 局部视图的创建

（1）打开模型文件　根据路径"\ ug \ ch5 \ 5.2 \ 3-局部视图 .prt"打开配套资源中的模型。

（2）生成基本视图　进入工程图环境，根据给定的视图创建图 5.2-7 所示的左视图和右视图，作为创建局部视图的原始图形。

（3）绘制左视图样条曲线　将鼠标移到左视图边界上，当其出现预选色后单击鼠标右键，在弹出的快捷菜单上选择 【活动草图视图】命令，进入活动草图环境；选择"草图"命令组上 【艺术样条】命令并绘制图 5.2-8a 所示样条曲线；单击 【完成草图】按钮退出草图环境。

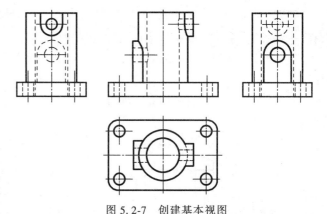

图 5.2-7　创建基本视图

（4）生成局部视图　选择绘制的样条曲线并单击鼠标右键，在弹出的快捷菜单上选择 【边界】命令；在"视图边界"下拉列表框中选择【断裂线/局部放大图】选项，然后选择绘制的样条曲线并单击【确定】按钮，生成图 5.2-8b 所示图形。

（5）删除多余中心线　将鼠标移到图 5.2-8b 所示多余中心线上，当出现预选色后单击鼠标右键，单击弹出的快捷菜单上的 【删除】按钮，或者按<Delete>键。

（6）删除虚线　将鼠标移至图 5.2-8b 所示样条曲线上，当出现预选色后单击鼠标右键，在弹出的快捷菜单上选择 【视图相关编辑】命令，选择 【擦除对象】命令后将不需要的虚线删除，结果如图 5.2-8c 所示。

（7）定义右视图边界　将鼠标移到右视图边界上，当其出现预选色后单击鼠标右键，

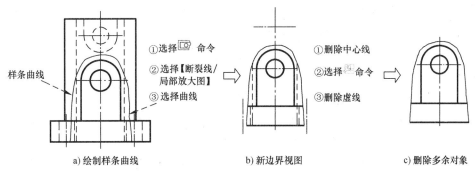

a) 绘制样条曲线　　　　　b) 新边界视图　　　　　c) 删除多余对象

图 5.2-8　波浪线局部视图的生成过程

在弹出的快捷菜单上选择 【边界】命令并打开其对话框，在下拉列表框中选择【手工生成矩形】选项，然后在图 5.2-9a 所示的位置 1 按下鼠标左键并拖动鼠标到位置 2 处，结果如图 5.2-9b 所示。

（8）删除多余线条　选择图形界限，单击鼠标右键后激活 "视图相关编辑" 命令，删除多余图线，结果如图 5.2-9c 所示。

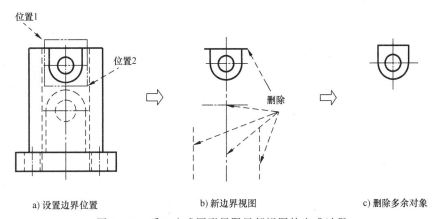

a) 设置边界位置　　　　　b) 新边界视图　　　　　c) 删除多余对象

图 5.2-9　手工生成图形界限局部视图的生成过程

2. 添加方向箭头与标注

创建局部视图，还需要添加表示投射方向的箭头和字母。在功能区 "GC 工具箱—制图工具" 菜单中选择 【方向箭头】命令，系统弹出 "方向箭头" 对话框，如图 5.2-10 所示。

"方向箭头" 对话框的常用选项说明如下。

（1） "选项" 区域　用于创建或编辑方向箭头。

（2） "位置" 区域　用于设置创建箭头的类型和参数。

"与 XC 成一角度"：通过设

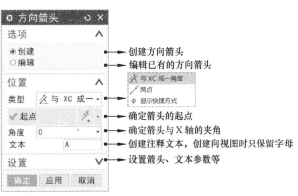

图 5.2-10　"方向箭头" 对话框

163

置与 X 轴的夹角创建箭头，夹角通过"角度"文本框进行输入设置。

　　　　"两点"：通过两点连线确定箭头方向。

　　"文本"文本框输入在创建方向箭头时创建的注释文字。

　　（3）"设置"区域　设置箭头线的长度及箭头尺寸，设置文本字高和字体样式。

　　添加投射方向箭头和标注字母的具体步骤如下。

　　（1）激活命令　在功能区"GC 工具箱—制图工具"菜单中选择 $_A\nearrow$【方向箭头】命令，系统弹出"方向箭头"对话框。

　　（2）绘制箭头　首先选择起点，然后设置箭头与 X 轴的夹角，设置"角度"为"0°"，"文本"只保留字母"A"，将箭头线长度设置为"10"，箭头头部长度设置为"3.5"，字高设置为"3.5"，单击【确定】按钮完成绘制，结果如图 5.2-11 所示。

图 5.2-11　创建的箭头

　　说明：任意方向的箭头可以通过"两点"方式绘制。

　　（3）添加视图标注　在功能区"注释"命令组上选择 A【注释】命令，打开"注释"对话框，在文本框内输入字母"A"，并在左视局部视图上单击鼠标左键，即可添加标注字母。"注释"命令详细介绍见 6.1.2 小节。最后结果如图 5.2-6 所示。

　　后续视图投射方向和字母标注的添加方向相同，不再赘述。

5.2.4　创建斜视图

　　斜视图是将物体向不平行于基本投影面的平面投射所得到的视图。斜视图的创建步骤如下。

5.2.4　微课视频

　　（1）打开模型文件　根据路径"\ ug \ ch5 \ 5.2 \ 4-斜视图 . prt"打开配套资源中的模型。

　　（2）创建主视图　进入工程图环境，生成图 5.2-12a 所示的视图，以作为创建斜视图的原始图形。

　　（3）生成投影视图　选择主视图，在功能区"视图"命令组上选择 【投影视图】命令；在弹出的"投影视图"对话框中将投射方向设置为【垂直于直线】，矢量方向设置为

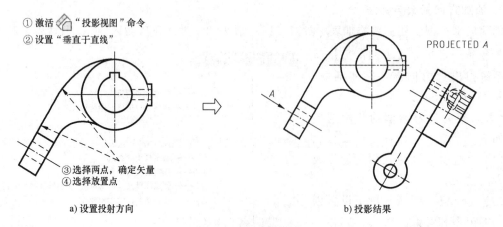

a) 设置投射方向　　　　　　　　　　　　　　　　b) 投影结果

图 5.2-12　斜视图的生成（一）

【两点】，如图 5.2-12a 所示选择两点；然后按照新建的投射方向生成投影，结果如图 5.2-12b 所示。

参考 5.2.3 小节，在 A 向斜视图的基础上生成局部视图的方法分别介绍如下。

方法一：波浪线生成局部斜视图，在前三步的基础上创建步骤如下。

（4）绘制样条曲线　选择新生成的 A 向斜视图边界，在弹出的菜单上选择 ▦【活动草图视图】命令进入活动草图环境；选择 "草图" 命令组上 ⚡【艺术样条】命令并绘制图 5.2-13a 所示样条曲线；单击 ▨【完成草图】按钮退出活动草图环境。

（5）定义边界　选择 A 向斜视图边界并单击鼠标右键，在弹出的快捷菜单上选择 ▣【边界】命令；在对话框的下拉列表框中选择【断裂线/局部放大图】；选择绘制的样条曲线并单击【确定】按钮，生成图 5.2-13b 所示局部视图图形。

（6）删除多余线条　选择步骤（5）生成的局部视图边界并单击鼠标右键，在弹出的快捷菜单选择 ▦【视图相关编辑】命令，将图 5.2-13b 所示的样条曲线删除，结果如图 5.2-13c 所示。

（7）完成视图　单击局部视图边界线，在弹出的菜单上选择 ▦【进入活动草图】命令；在 "草图" 命令组上选择 ⚡【艺术样条】命令并绘制波浪线，删除多余中心线，删除图名前缀，结果如图 5.2-13d 所示。

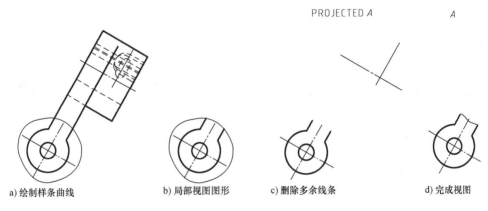

a) 绘制样条曲线　　　b) 局部视图图形　　　c) 删除多余线条　　　d) 完成视图

图 5.2-13　斜视图的生成（二）

方法二：手工生成图形界限生成局部斜视图，在前三步的基础上创建步骤如下。

（4）定义边界　选择 A 向斜视图边界并单击鼠标右键，在弹出的快捷菜单上选择 ▣【边界】命令，在对话框的下拉列表框中选择【手工生成矩形】选项，按照图 5.2-14a 所示位置绘制矩形，生成图样如图 5.2-14b 所示。

（5）绘制波浪线　选择图 5.2-14b 所示图形边界并单击鼠标右键，在弹出的快捷菜单上选择 ▦【进入活动草图】命令；在 "草图" 命令组上选择 ⚡【艺术样条】命令并绘制图 5.2-14c 所示样条曲线，单击 ▨【完成草图】按钮退出草图环境。

（6）修改视图　删除多余中心线，删除图名前缀，最后结果如图 5.2-14c 所示。

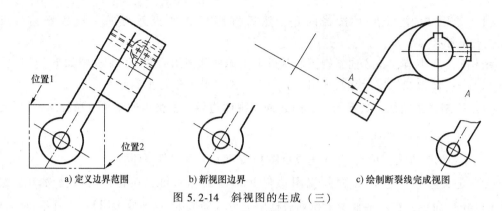

a) 定义边界范围　　　　b) 新视图边界　　　　c) 绘制断裂线完成视图

图 5.2-14　斜视图的生成（三）

5.3　创建剖视图

在机械制图中，剖视图按照剖切范围划分，可分为全剖视图、半剖视图和局部剖视图；按照剖切面的类型划分，可分为单一剖切面的剖视图、几个平行剖切平面的剖视图（俗称阶梯剖视图）和几个相交剖切面的剖视图（俗称旋转剖、展开剖视图）。此外，可将几种剖切面组合起来使用，这种剖切方法称为复合剖。本节将通过实例分别介绍各种剖视图的创建方法。

5.3.1　创建全剖视图

"剖视图"是用剖切平面将物体剖开以表达其内部特征的视图。所有剖视图的创建均需要激活"剖视图"命令，激活"剖视图"命令的常用方法有如下三种。

方法一：依次单击 【菜单】→【插入】→【视图】→▨【剖视图】。　5.3.1　微课视频

方法二：在功能区"视图"命令组上选择▨【剖视图】命令。

方法三：选择父视图后单击鼠标右键，在弹出的快捷菜单上选择▨【添加剖视图】命令。

激活命令，系统弹出"剖视图"对话框，如图 5.3-1 所示。

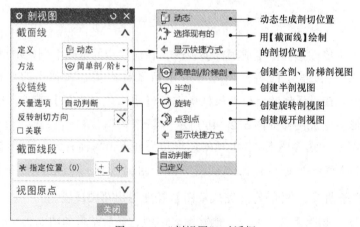

图 5.3-1　"剖视图"对话框

"剖视图"对话框的常用选项说明如下。

（1）"截面线"区域 用于定义剖切线的生成方式和剖切方法。

"定义"选项：用于设置剖切线的生成方式。其中，⛏ "动态"是在剖切过程中自动生成剖切线，⇱ "选择现有的"是选择用"剖切线"命令绘制的剖切位置创建剖视图。

"方法"选项：选择剖视图类别。可以选择创建全剖、半剖、阶梯剖、旋转剖和展开剖视图等类别。

（2）"铰链线"区域 定义剖切方向，有"自动判断"和"自定义"两种设置方式，默认方式是"自动判断"。

（3）"截面线段"区域 定义剖切位置。

全剖视图是用剖切平面将物体完全剖开后所得的视图，创建步骤如下。

（1）打开模型文件并创建视图 根据路径"\ ug \ ch5 \ 5.3 \ 1-全剖视图 .prt"打开配套资源中的模型。

（2）激活命令 在功能区"视图"命令组上选择⬚【剖视图】命令，系统弹出"剖视图"对话框。

（3）定义剖切类型 在"截面线"区域分别选择⛏【动态】和⊙【简单剖/阶梯剖】。

（4）创建剖视图 确认上边框条选择组的"捕捉方式"✦【圆心】被选中，选择图 5.3-2a 所示圆心为截面线段位置，然后将鼠标上移到合适位置并单击鼠标左键，完成剖视图的创建。

（5）修改图名 双击全剖视图名称，将前缀"SECTION"删除，最后结果如图 5.3-2b 所示。

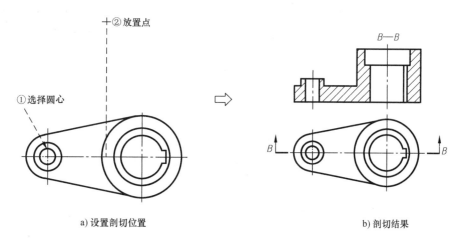

a) 设置剖切位置　　　　　　　　　　　　b) 剖切结果

图 5.3-2 全剖视图的创建

5.3.2 创建半剖视图

当物体具有对称平面时，向垂直于对称平面的投影面上投射所得的图形，以对称中心为分界线，一半画成剖视图以表达内形，一半画成视图以表达外形，得到的剖视图称为半剖视图。半剖视图创建步骤如下。

5.3.2 微课视频

（1）打开模型文件并创建视图　根据路径"\ug\ch5\5.3\2-半剖视图.prt"打开配套资源中的模型。

（2）激活命令　选择视图边界并单击鼠标右键，在弹出的快捷菜单上选择 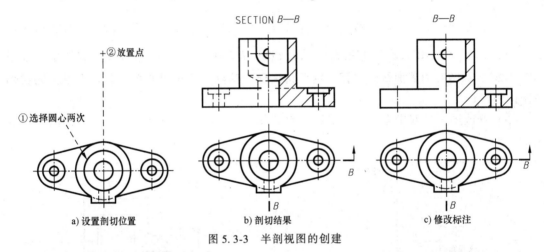【剖视图】命令，系统弹出"剖视图"对话框。

（3）定义剖切类型　在"截面线"区域的"方法"下拉列表框中选择 【半剖】命令。

（4）创建半剖视图　确认上边框条选择组的"捕捉方式" 【圆心】被选中，选择图5.3-3a所示圆心两次，然后将鼠标上移到合适位置，单击鼠标左键完成半剖视图，结果如图5.3-3b所示。

（5）修改半剖视图　生成的半剖视图不符合国家标准要求，需要进行修改。

1）删除虚线。选择生成的半剖视图的边界，在弹出的菜单上选择 【设置】命令，系统弹出"设置"对话框，将"隐藏线"的线型"------"改选为【不可见】。

2）修改标注。双击剖视图名称，将前缀"SECTION"删除，结果如图5.3-3c所示。

说明：选择剖切线和标注后也可在菜单上选择 【隐藏】命令不予显示。

SECTION B—B

B—B

+②放置点

①选择圆心两次

B

B

a)设置剖切位置　　b)剖切结果　　c)修改标注

图5.3-3　半剖视图的创建

5.3.3　创建局部剖视图

用剖切面将物体局部剖开，所得的剖视图称为局部剖视图。激活"局部剖"命令的常用方法有如下两种。

方法一：依次单击 【菜单】→【插入】→【视图】→ 【局部剖】。

方法二：在功能区"视图"命令组上选择 【局部剖】命令。

激活命令后，系统弹出"局部剖"对话框，如图5.3-4所示。

"局部剖"对话框的常用选项说明如下。

"创建"选项：创建新的局部剖视图。但需要先在活动草图环境下绘制表示剖切范围的曲线。

图5.3-4　"局部剖"对话框

"编辑"选项：编辑已创建的局部剖视图。可以调整剖切位置和剖切方向。

"删除"选项：删除已创建的局部剖视图。

⊞ "选择视图"：选择要局部剖的视图。

▢ "指出基点"：指定剖切面通过的点。

⊡ "指出拉伸矢量"：定义剖切矢量的方向。

▣ "选择曲线"：选择在活动草图环境下绘制的剖切范围曲线。

🔧 "修改边界曲线"：为可选步骤，可以编辑用于定义局部剖边界的曲线。

局部剖在工程图样中经常用到，局部剖视图的创建步骤如下。

（1）打开模型文件并创建视图　根据路径"\ug\ch5\5.3\3-局部剖视图.prt"打开配套资源中的模型。

（2）绘制局部剖范围曲线　选择图5.3-5a所示主视图边界，在弹出的菜单上选择 🔲【活动草图视图】命令进入活动草图环境；在"草图"命令组上选择 ✍【艺术样条】命令并绘制图5.3-5b所示样条曲线，单击 🏁【完成草图】按钮退出草图环境。

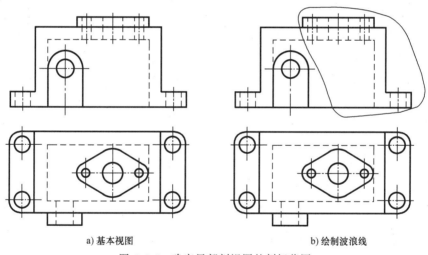

a) 基本视图　　　　　　　　　　　b) 绘制波浪线

图5.3-5　确定局部剖视图的剖切范围

（3）激活命令　在功能区"视图"命令组上选择 🔲【局部剖】命令，打开图5.3-4所示对话框。

（4）创建局部剖视图　选择主视图为要剖切的视图，在俯视图中选择模型顶部的梭形法兰盘大圆圆心为剖切平面通过的基点，默认矢量方向向前无需修改，单击鼠标中键或选择"局部剖"对话框上 🔲【选择曲线】命令，选择绘制的样条曲线，单击【确定】按钮，完成局部剖视图的创建，过程如图5.3-6所示。

（5）修改虚线　选择生成的局部剖视图的边界，在弹出的菜单上选择 ᴬ𝟒【设置】命令，系统弹出"设置"对话框，将"隐藏线"的线型"------"改选为【不可见】，结果如图5.3-7所示。

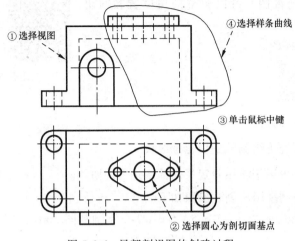

①选择视图

④选择样条曲线

③单击鼠标中键

②选择圆心为剖切面基点

图 5.3-6　局部剖视图的创建过程

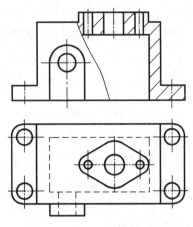

图 5.3-7　局部剖视图的创建结果

5.3.4　创建单一斜剖切平面的剖视图

前述的全剖视、半剖视和局部剖视，都是采用了平行于某个基本投影面的单一剖切平面，而为了表达机件倾斜部分的内部结构，可以采用垂直于机件倾斜结构轮廓线的剖切平面，一般为基本投影面的垂直面来剖开机件，并向新投影体系中的新投影面投射。类似斜视图，这样用单

5.3.4　微课视频

一斜剖切平面剖切得到的剖视图一般按新建立投影体系的投影关系配置，画成倾斜方向，其创建步骤如下。

（1）打开模型文件并创建视图　根据路径"\ug\ch5\5.3\4-垂直剖切面.prt"打开配套资源中的模型。

（2）定义剖切类型　选择视图边界并单击鼠标右键，在弹出的快捷菜单上选择 ▨【添加剖视图】命令，系统弹出"剖视图"对话框；将"截面线"区域的"定义"设置为 ▫【动态】，"方法"设置为 ◉【简单剖/阶梯剖】。

（3）创建剖视图　确定上边框条上选择组的"捕捉方式" ⊕【圆心】被选中，选择图 5.3-8a 所示小孔圆心为切面通过的位置；设置"视图原点"的放置方法为【垂直于直

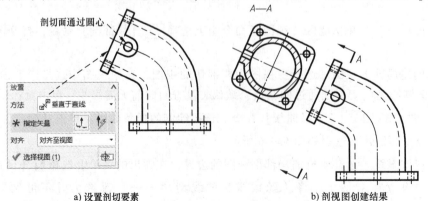

剖切面通过圆心

A—A

a）设置剖切要素　　　　　　　b）剖视图创建结果

图 5.3-8　单一斜剖切平面剖视图的创建

线】并选择图 5.3-8a 所示线条；然后按照矢量投射方向移动鼠标，到合适位置后单击鼠标左键完成创建，结果如图 5.3-8b 所示。

5.3.5 创建几个平行剖切平面的剖视图及编辑

1. 几个平行的剖切平面

假想用几个互相平行的剖切平面剖切机件，将剖切得到的部分组合起来构成一个"全剖视图"，如此创建剖视图的步骤如下。

5.3.5 微课视频

（1）打开模型文件并创建视图 根据路径"\ug\ch5\5.3\5-几个平行的剖切平面.prt"打开配套资源中的模型。

（2）激活命令 依次单击 【菜单】→【插入】→【视图】→ 【剖切线】，或者在功能区的"视图"命令组上选择 【剖切线】命令，系统弹出"截面线"对话框，如图 5.3-9 所示。

（3）创建剖切线 选择视图边界，在弹出的菜单上选择 【活动草图视图】命令进入活动草图环境，按照图 5.3-10 所示位置绘制剖切线（必要时可用约束定位），绘制完成后单击 【完成草图】按

图 5.3-9 "截面线"对话框

钮，退出草图环境，系统返回到"截面线"对话框；在对话框的"方法"下拉列表框中选择 【简单剖/阶梯剖】命令，系统自动生成一个方向的剖切线，如需改为相反方向则单击 【反向】按钮；单击【确定】按钮，完成剖切线的创建。

（4）创建剖视图 在功能区"视图"命令组上选择 【剖视图】命令，系统弹出"剖视图"对话框；将"截面线"区域的"定义"设置为 【选择现有的】，选择步骤（3）绘制的剖切线，选择合适位置单击鼠标左键，修改剖切标注后的阶梯剖视图结果如图 5.3-11 所示。

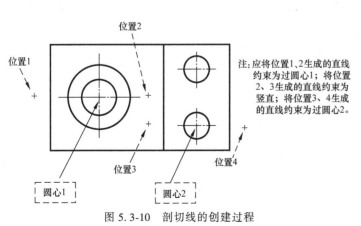

图 5.3-10 剖切线的创建过程

注:应将位置1、2生成的直线约束为过圆心1；将位置2、3生成的直线约束为竖直；将位置3、4生成的直线约束为过圆心2。

图 5.3-11 阶梯剖视图的创建结果

2. 移动剖切线段

（1）打开模型文件　根据路径"\ug\ch5\5.3\6-几个平行的剖切平面-移动段.prt"打开配套资源中的模型。

（2）激活命令　在图5.3-12a所示箭头线段上单击鼠标右键，在弹出的快捷菜单上选择 📝【编辑】命令，系统弹出"截面线"对话框，在"定义"区域单击 📋【绘制草图】按钮，进入草图环境，此时剖切线如图5.3-12b所示。

（3）修改剖切线段位置　选择剖切线段的蓝色交点可实现移动，按照图5.3-12b所示步骤选择交点并拖动到新位置，释放鼠标左键后的剖切线位置如图5.3-12c所示；单击 🏁【完成草图】按钮退出草图环境；单击【确定】按钮关闭"截面线"对话框；修改后的剖切线如图5.3-12d所示，并生成相应的阶梯剖视图。

说明：如果剖视图没有更新，可以依次单击 ☰【菜单】→【编辑】→【视图】→【更新】进行更新。

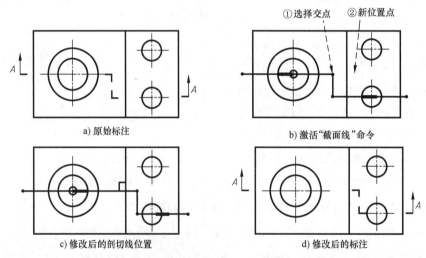

图5.3-12　剖切线段的移动

3. 添加或删除剖切线段

生成剖视图后，可以通过"编辑""删除"来实现剖切要素的添加或删除，具体步骤如下。

注意：只有用 ⟨剖切线⟩ 命令生成的剖切线可以编辑。

（1）打开模型文件　根据路径"\ug\ch5\5.3\7-增加删除剖切线段.prt"打开配套资源中的模型。

（2）添加剖切线段　选择图5.3-13a所示的箭头线段并单击鼠标右键，在弹出的快捷菜单上选择 📝【编辑】命令，系统弹出"剖视图"对话框。在"截面线段"区域单击 ✛【指定位置】按钮，选择图5.3-13a所示左、右两侧阶梯孔圆心，添加的剖切线段和得到的剖视图如图5.3-13b所示。

（3）移动剖切线段位置　自动生成的剖切位置使中间的阶梯孔结构在主视图中出现了不完整要素，选择图5.3-13b所示点后将其移动到新位置处，如图5.3-13c图所示。

（4）剖切线的完成　单击"截面线"对话框的【确定】按钮，得到新的剖切面，剖视图如图 5.3-13d 所示。

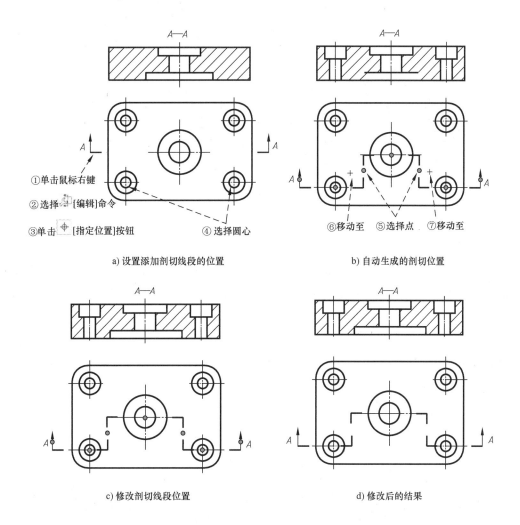

a) 设置添加剖切线段的位置

b) 自动生成的剖切位置

c) 修改剖切线段位置

d) 修改后的结果

图 5.3-13　增加和移动剖切线段

下面进行删除多余剖切线段的操作。

（5）激活命令　选择图 5.3-13d 所示的箭头线段并单击鼠标右键，在弹出的快捷菜单上选择【编辑】命令，系统弹出"剖视图"对话框，视图中的剖切线处于待编辑状态。

（6）删除剖切线段　选择图 5.3-14a 所示右侧圆心并单击鼠标右键，在弹出对话框中选择【删除】命令，结果如图 5.3-14b 所示。

5.3.6　创建几个相交剖切平面的剖视图

当一个剖切平面不能通过机件内部所有需要表达的结构，而机件在整体上又具有回转轴时，可用多个相交的剖切平面剖开机件，然后将剖切平面的倾斜部分旋转到与基本投影面平行的位置进行投射，其创建步骤如下。

5.3.6　微课视频

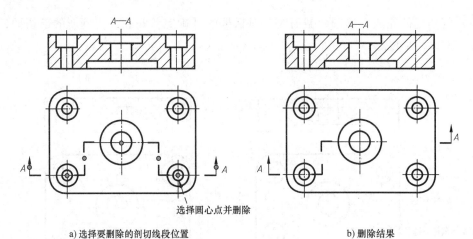

a) 选择要删除的剖切线段位置   b) 删除结果

图 5.3-14   删除剖切线段

（1）打开模型文件并创建视图   根据路径"\ug\ch5\5.3\8-几个相交的剖切面.prt"打开配套资源中的模型。

（2）定义剖切类型   选择图 5.3-15a 所示视图边界并单击鼠标右键，在弹出的快捷菜单上选择 **▨** 【添加剖视图】，系统弹出"剖视图"对话框；将"截面线"区域的"定义"设置为 **▥** 【动态】，"方法"设置为 **◔** 【旋转】；在"截面线段"区域将"创建单支线"复选框的勾选去除。

（3）设置剖切位置   确认上边框条"捕捉方式"命令组中的 **⊕** 【圆心】被选中，依次按照图 5.3-15a 所示步骤进行选择。

（4）确定视图原点   移动鼠标到合适位置后单击鼠标左键，结果如图 5.3-15b 所示。

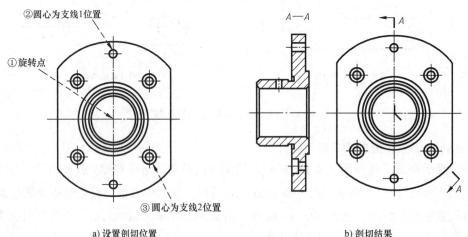

a) 设置剖切位置   b) 剖切结果

图 5.3-15   旋转剖视图的创建

5.3.7   创建复合剖视图

对于结构较复杂的机件，有时需要将多种剖切方法进行综合使用，即创建复合剖视图。复合剖视图的创建过程如下。

5.3.7   微课视频

（1）打开模型文件并创建视图　根据路径"\ug\ch5\5.3\9-复合剖视图.prt"打开配套资源中的模型。

（2）定义剖切类型　选择图5.3-16a所示视图边界并单击鼠标右键，在弹出的快捷菜单上选择 🔲【添加剖视图】，系统弹出"剖视图"对话框；将"截面线"区域的"定义"设置为🔲【动态】，"方法"设置为 🔄【旋转】；在"截面线段"区域将"创建单支线"复选框的勾选去除。

（3）设置剖切位置　确认上边框条"捕捉方式"命令组中的 ⊕【圆心】、◇【象限点】被选中，依次按照图5.3-16a所示步骤进行选择，其中，①处圆心为旋转点、②处最高象限点为支线1位置、③处圆心为支线2位置；然后在"剖视图"对话框中的"截面线段"区域中选择 ⊕【指定位置】命令，选择图5.3-16a所示④处孔的圆心为添加点。

（4）确定视图原点　确定剖切线段拾取点后，按照投影对应关系在左侧的合适位置单击鼠标左键，删除多余线条后的结果如图5.3-16b所示。

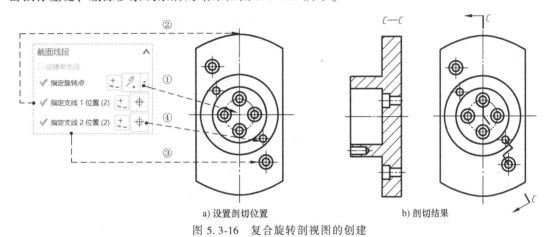

a) 设置剖切位置	b) 剖切结果

图5.3-16　复合旋转剖视图的创建

说明：图5.3-16a所示③、④位置的选择顺序可以调换，不影响剖切结果。

5.4　创建断面图

5.4　微课视频

假想用剖切面将物体的某处切断，仅画出该剖切面与物体接触部分的图形称为断面图，简称断面，如图5.4-1所示。本节将通过实例进行介绍。

（1）打开模型文件并创建视图　根据路径"\ug\ch5\5.4\断面图.prt"打开配套资源中的模型。

（2）定义剖切类型　选择给定视图边界并单击鼠标右键，在弹出的快捷菜单上选择 🔲【添加剖视图】，系统弹出

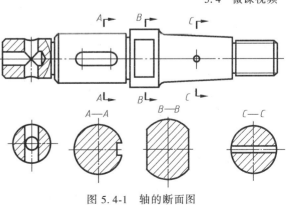

图5.4-1　轴的断面图

"剖视图"对话框；将"截面线"区域的"定义"设置为 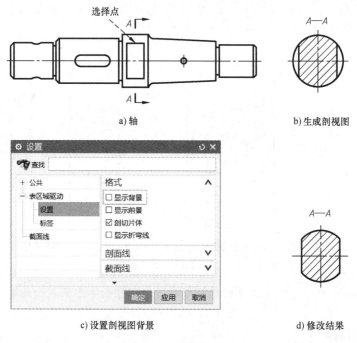【动态】，"方法"设置为 【简单剖/阶梯剖】。

（3）创建剖视图 确认上边框条"捕捉方式"命令组上的 【曲线上的点】被选中，选择图 5.4-2a 所示的点后向右移动鼠标，在合适的位置单击鼠标左键，生成的全剖视图如图 5.4-2b 所示。

（4）修改剖视图为断面图 常用的两种方法介绍如下。

方法一：修改背景。选择图 5.4-2b 所示视图边界，在弹出的菜单上选择 【设置】命令，系统弹出"设置"对话框，选择左侧列表框中"表区域驱动"下的【设置】选项，将右侧"格式"区域的"显示背景"复选框的勾选去除，如图 5.4-2c 所示，单击【确定】按钮，结果如图 5.4-2d 所示。

| a) 轴 | b) 生成剖视图 |

c) 设置剖视图背景　　　　　　　d) 修改结果

图 5.4-2　断面图的创建

方法二：删除投影。选择图 5.4-2b 所示视图边界并单击鼠标右键，在弹出的快捷菜单上选择 【视图相关编辑】命令打开其对话框，在其中选择 【擦除对象】命令，系统弹出"类选择"对话框，选择图 5.4-2b 所示左右两侧圆弧，单击两次【确定】按钮，结果如图 5.4-2d 所示。

（5）完成其他断面图 该轴共需要完成四个移出断面图，依次在特定位置创建剖视图后按照上述方法进行修改即可。

5.5　其他表达方法

为方便读图与绘图，国家标准还规定了局部放大图、简化画法等一些其他表达方法。常用的简化画法有肋、辐轮及薄壁等的不剖画法，对称机件的简化画法，较长机件的缩短画法，装配图中标准件和实心零件的不剖画法等。本节将通过实例分别介绍各种表达方法。

5.5.1 局部放大图

为清楚地表示物体上某些细小结构，将物体的部分结构用大于原图所采用的比例画出的图形，称为局部放大图。激活"局部放大"命令的常用方法有如下两种。

5.5.1 微课视频

方法一：依次单击 ☰ 【菜单】→【插入】→【视图】→ 【局部放大图】。

方法二：在功能区"视图"命令组上选择 【局部放大图】命令。

激活命令后，系统弹出"局部放大图"对话框，如图 5.5-1 所示。

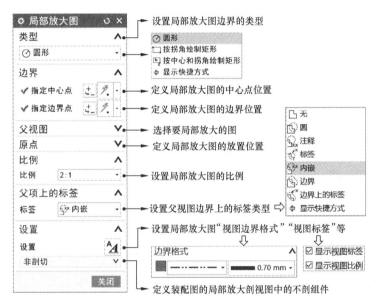

图 5.5-1 "局部放大图"对话框

"局部放大图"对话框的常用选项说明如下。

（1）"类型"区域 设置局部放大图边界的类型，包括"圆形""按拐角绘制矩形""按中心和拐角绘制矩形"。

（2）"边界"区域 设置局部放大图的边界位置。

（3）"比例"区域 设置放大图的比例。可选用放大或缩小的固定比例，也可通过比率和表达式自定义。

（4）"父项上的标签"区域 用于设置父视图边界上的标签类型，如图 5.5-2 所示。

下面以轴类零件的局部放大图为例介绍创建过程。

（1）打开模型文件并创建视图 根据路径"\ug\ch5\5.5\1-局部放大.prt"打开配套资源中的模型，进入工程图环境。

（2）激活命令 在功能区的"视图"命令组上选择 【局部放大图】命令，系统弹出"局部放大图"对话框，如图 5.5-1 所示。

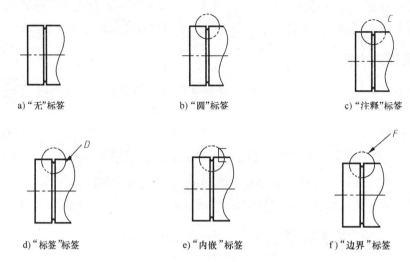

a)"无"标签　　　　　　　b)"圆"标签　　　　　　　c)"注释"标签

d)"标签"标签　　　　　　e)"内嵌"标签　　　　　　f)"边界"标签

图 5.5-2　"父项上的标签"图例

（3）定义边界类型　在"类型"区域选择 ⊘【圆形】选项。

（4）定义放大范围　选择图 5.5-3 所示的位置 1 为放大的中心点，位置 2 为放大的边界点，确定局部放大范围。

（5）定义比例　在"比例"区域通过下拉列表框来确定放大比例。

（6）选择标签类型　在"父项上的标签"区域通过下拉列表框来确定"标签"类型为【圆】。

（7）定义标签　单击对话框的 $^A\!\!\!A$【设置】按钮，系统弹出"设置"对话框，选择【视图标签】选项设置是否显示局部放大图标注，选择【设置】选项设置局部放大图边界线的线型。这里将线型设置为——【连续】，线宽设置为"0.25mm"，其他参数根据需求自行设置即可。

（8）放置视图　设置完成后在图形区的合适位置单击鼠标左键，放置局部放大图，单击【关闭】按钮，结果如图 5.5-3 所示。

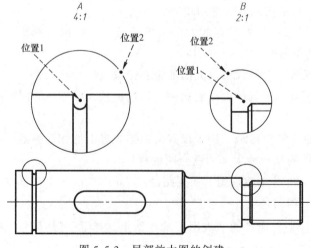

图 5.5-3　局部放大图的创建

5.5.2　肋、辐轮及薄壁等的不剖画法

机械制图规定物体的肋、辐轮及薄壁等结构，如按纵向剖切（剖切平面平行于厚度表面），这些结构都不画剖面符号，而用粗实线将它们与其相邻接部分分隔开，图5.5-4所示即为肋板不剖的画法，下面详细介绍这种画法的完成过程。

5.5.2　微课视频

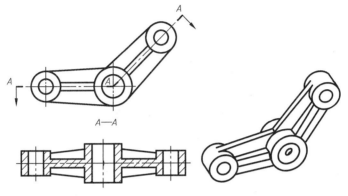

图5.5-4　肋板不剖图例

（1）打开模型文件并创建视图　根据路径"\ug\ch5\5.5\2-肋板不剖.prt"打开配套资源中的模型，进入工程图环境。

（2）创建旋转剖视图

1）激活命令。选择给定视图边界并单击鼠标右键，在弹出的快捷菜单上选择 █▌▐ 【添加剖视图】命令，系统弹出"剖视图"对话框。

2）定义剖切线。将"截面线"区域的"定义"设置为▢【动态】，"方法"设置为 ◴【旋转】，在"截面线段"区域将"创建单支线"复选框的勾选去除，选择图5.5-4所示模型中部的圆心为旋转点，左侧和右上的圆心分别为支线1、支线2位置。

3）确定视图原点。在给定视图下方的合适位置单击鼠标左键，确定原点位置，生成的旋转剖视图如图5.5-5所示。

（3）隐藏剖面线　将鼠标移至剖面线上，当出现预选色时单击鼠标左键，在弹出的菜单上选择 ◈【隐藏】命令，结果如图5.5-6所示。

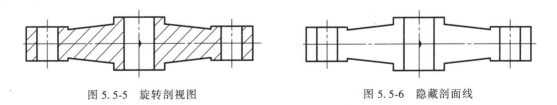

图5.5-5　旋转剖视图　　　　　　　　　　图5.5-6　隐藏剖面线

（4）显示隐藏线　单击旋转剖视图边界，在弹出的菜单上选择 ᴬᴬ【设置】命令，系统弹出"设置"对话框，在左侧列表框中选择"隐藏线"选项，如图5.5-7所示。在右侧"格式"区域将线型设置为虚线，结果如图5.5-8所示。

图5.5-7 "设置"对话框

（5）绘制草图曲线　单击旋转剖视图边界，在弹出的菜单上选择 【活动草图视图】命令，进入活动草图环境；利用 ✏️【直线】命令绘制图5.5-9①、②处所示的三条直线；利用 ✂️【快速修剪】命令裁剪掉多余图线，结果如图5.5-9③处所示。

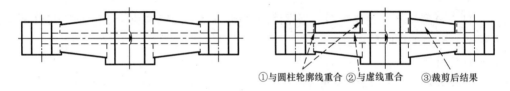

图5.5-8 用虚线显示隐藏线　　　　　　图5.5-9 绘制草图曲线

说明：必要时可创建约束实现草图曲线的定位。

（6）镜像草图曲线　利用 ✏️【直线】命令和 ✏️【中点捕捉】功能绘制镜像中心线；激活 ⬚【镜像曲线】命令，镜像步骤（5）绘制完成的草图曲线，结果如图5.5-10所示；单击镜像中心线后，选择 🔷【隐藏】命令，单击 🏁【完成草图】按钮，完成绘制。

（7）取消隐藏线的显示　单击旋转剖视图的边界，在弹出的菜单上选择 ᴬ𝐀【设置】命令，系统弹出"设置"对话框，选择"隐藏线"选项后，将"格式"区域的线型改为【不可见】，结果如图5.5-11所示。

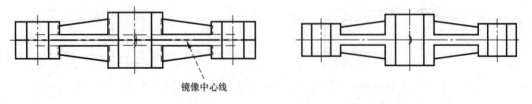

图5.5-10 镜像草图曲线　　　　　　图5.5-11 取消隐藏线的显示

（8）添加剖面线　在"注释"命令组中选择 ▨【剖面线】命令，系统弹出"剖面线"对话框，在"边界"区域"选择模式"下拉列表框中选择【区域中的点】选项，然后依次选择图 5.5-12a 所示的四个区域，单击【确定】按钮完成设置，结果如图 5.5-12b 所示。

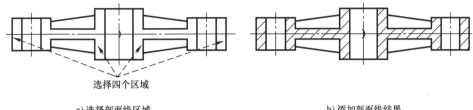

a) 选择剖面线区域　　　　　　　　　　　　　　b) 添加剖面线结果

图 5.5-12　添加剖面线

5.5.3　对称机件的简化画法

5.5.3　微课视频

为了节省图幅，对称机件可只画一半或四分之一，并在对称中心线的两端绘制对称符合（两条与中心线垂直的平行细实线）。对称机件简化画法的创建步骤如下。

（1）打开模型文件并创建视图　根据路径 "\ug\ch5\5.5\3-对称机件简化画法.prt" 打开配套资源中的模型，进入工程图环境。

（2）修改视图范围　选择视图边界并单击鼠标右键，在弹出的快捷菜单上选择 ▣【边界】命令；将边界形成方式设置为【手工生成矩形】模式；在图 5.5-13a 所示点 1 处按下鼠标左键并拖动鼠标至点 2 处，松开鼠标，结果如图 5.5-13b 所示。

（3）标注对称符号　在功能区的"注释"命令组上"中心线"下拉菜单中选择 ╫╫【对称中心线】命令，系统弹出"对称中心线"对话框；选择图 5.5-13b 所示的起点和终点，单击【确定】按钮，结果如图 5.5-13c 所示。

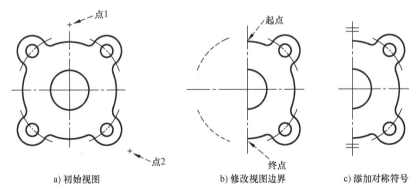

a) 初始视图　　　　　　　　b) 修改视图边界　　　　　　　c) 添加对称符号

图 5.5-13　对称机件的简化画法

5.5.4　较长机件的缩短画法

5.5.4　微课视频

较长的机件沿长度方向的形状一致或规律变化时，可断开绘制。激活"断开视图"命令的常用方法有如下两种。

方法一：依次单击 ☰【菜单】→【插入】→【视图】→◁▷【断开视图】。

方法二：在功能区"视图"命令组上选择 ◁▷【断开视图】命令。

激活命令后，系统弹出"断开视图"对话框，如图 5.5-14 所示。

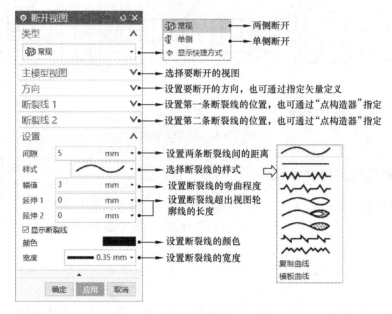

图 5.5-14　"断开视图"对话框

下面通过实例介绍断开视图的创建步骤。

（1）打开模型文件并创建视图　根据路径"\ug\ch5\5.5\4-较长机件的缩短画法.prt"打开配套资源中的模型，进入工程图环境。

（2）激活命令　在功能区的"视图"命令组上选择 【断开视图】命令，系统弹出"断开视图"对话框，如图 5.5-14 所示。

（3）定义断裂线的样式　在"设置"区域的"间隙"文本框输入"5"；在"样式"的下拉列表框中选择 选项，在"幅值"文本框中输入"3"；将"延伸 1"和"延伸 2"全部设置为"0"；其余参数采用默认设置。

（4）定义断裂线位置　选择图 5.5-15a 所示两个位置，单击【确定】按钮，完成断开视图的创建，结果如图 5.5-15b 所示。

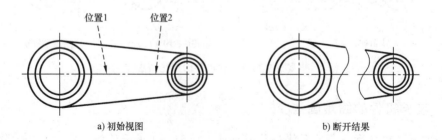

图 5.5-15　断开视图的创建

说明：如果需要取消视图的断开效果，可以在断裂线上单击鼠标右键，在弹出的快捷菜单上选择 【抑制】或 【删除】命令。

5.5.5 装配图中非剖组件的不剖画法

在机械制图中，装配图中的标准件和实心件在剖切平面通过其轴线时按不剖绘制。但是在 UG NX "制图"模块中生成剖视图时，装配体沿着剖切平面剖到的零件均按剖切处理并生成剖面线。下面以螺钉装配为例，介绍装配图中标准件和实心件的不剖画法。

5.5.5 微课视频

（1）打开装配文件并创建视图　根据路径"\ug\ch5\5.5\5-螺钉装配\螺钉装配图 .prt"打开配套资源中的模型，进入工程图环境。

（2）创建剖视图　在功能区的"视图"命令组上选择 █ █【剖视图】命令，选择螺钉圆心为剖切位置，创建的剖视图如图 5.5-16 所示。

（3）添加非剖组件命令　单击功能区"视图"命令组右下方的 ▾ 打开其下拉菜单，在其中勾选"编辑视图下拉菜单"，并勾选其子菜单中的 ▨ "视图中剖切"命令，将它们添加到功能区命令组中。

（4）定义螺钉为非剖组件　在功能区"视图"命令组的"编辑视图"下拉菜单中选择 ▨【剖视图中剖切】命令，打开图 5.5-17 所示对话框并按照图示步骤进行设置。

1）选择视图。当图 5.5-17①处所示区域为激活状态时，选择要修改的视图，这里选择图 5.5-16 所示剖视图。

2）选择组件。在图 5.5-17②处所示区域激活"选择对象"命令，选择图 5.5-16 所示剖视图中螺钉的边界线。

3）定义剖切状态。选择图 5.5-17③处所示【变成非剖切】单选项，单击【确定】按钮，则螺钉改为不剖画法，结果如图 5.5-18 所示。

说明：如果需要将设置为不剖的组件更改为剖切，则选择"设为剖切"单选项，如图 5.5-17④处所示。

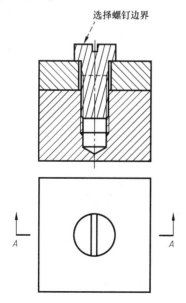

图 5.5-16　螺钉装配的剖视图

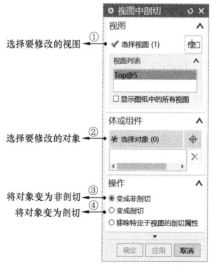

图 5.5-17　"视图中剖切"对话框

这种不剖画法也可以利用"剖视图"对话框来进行设置。如图 5.5-19 所示，在剖视图生成过程中，选择"剖视图"对话框中"非剖切"区域的⊕【选择对象】命令，选择需要设置的非剖切组件，设置完成后，在合适位置单击鼠标左键即可创建剖视图。

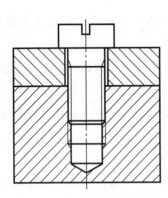

图 5.5-18 螺钉改为不剖画法

图 5.5-19 "剖视图"对话框中"非剖切"区域

5.6 常用件的创建与视图生成

对齿轮、弹簧等常用件，可使用 UG NX 提供的专用工具箱进行实体模型的创建和视图的简化，本节将通过实例进行介绍。

5.6.1 齿轮生成和简化画法

利用"齿轮建模-GC 工具箱"可以直接生成圆柱齿轮和锥齿轮，这样创建的齿轮可在"制图"模块根据我国国家标准进行视图简化，下面以圆柱直齿轮为例介绍相关操作。

5.6.1 微课视频

1. 创建齿轮

（1）新建文件并激活命令 新建文件后在"建模"模块"齿轮建模-GC 工具箱"命令组上选择⚙【圆柱齿轮建模】命令，系统弹出"渐开线圆柱齿轮建模"对话框，如图 5.6-1 所示。

（2）选择齿轮类型 根据建模需求进行参数选择，这里采用默认参数，单击【确定】按钮，系统弹出"渐开线圆柱齿轮类型"对话框，如图 5.6-2 所示。

（3）确定齿轮参数 根据需求选择不同类型的齿轮，这里采用默认值，单击【确定】按钮，系统弹出"渐开线圆柱齿轮参数"对话框，如图 5.6-3 所示。根据需求输入相关参数，单击【确定】按钮即可完成齿轮创建，结果如图 5.6-4 所示。

2. 创建轴孔和键槽

轴孔可以用"孔"命令创建，键槽可以用"草图"命令绘制后用"拉伸"命令创建。此处不再赘述。

3. 创建图纸

在功能区选项条单击【应用模块】标签打开其选项卡，在"设计"命令组上选择
【制图】命令，进入"制图"模块并创建 A4 标准图纸。

图 5.6-1　"渐开线圆柱齿轮建模"对话框　　　图 5.6-2　"渐开线圆柱齿轮类型"对话框

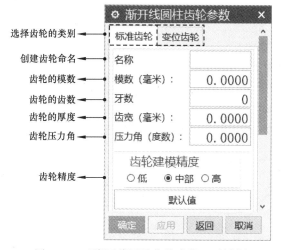

图 5.6-3　"渐开线圆柱齿轮参数"对话框

4. 创建视图

（1）生成基本视图　在功能区"视图"命令组上选择 【基本视图】命令，按照盘类
零件表达规则创建主视图和左视图，结果如图 5.6-5 所示。

图 5.6-4　创建的齿轮

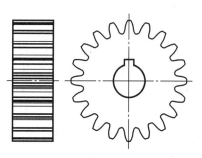

图 5.6-5　齿轮主视图和左视图

（2）简化齿轮视图　在功能区"制图工具-GC工具箱"命令组上选择⚙【齿轮简化】命令，系统弹出"齿轮简化"对话框，如图5.6-6所示。选择需要简化的齿轮视图，在列表框中单击要激活的齿轮名称，单击【应用】按钮完成一个视图的简化。经过两次简化后的结果如图5.6-7所示。

（3）齿轮参数生成　在功能区"制图工具-GC工具箱"命令组上选择📋【齿轮参数】命令，系统弹出"齿轮参数"对话框，选择齿轮名称后单击【确定】按钮，完成齿轮参数生成，结果如图5.6-8所示。

图5.6-6　"齿轮简化"对话框

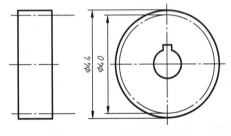

图5.6-7　齿轮简化视图

齿轮参数		
模数	m	2.00
齿数	z	20
压力角	α	20°
变位系数	x	0.25
分度圆直径	d	40.00
齿顶高系数	h_a^*	-
顶隙系数	c^*	1.00
齿顶高	h_a	2.00
齿全高	h	4.50
精度等级		
分度圆齿厚	s	
孔中心距	a	
孔中心极限偏差	F_a	
公法线长度	W_k	
齿向公差	F_l	
接触点	按齿长方向	
	按齿高方向	
配对齿轮	图号	
	参数	

图5.6-8　齿轮参数

说明：在创建的齿轮上添加其他特征后，有时会影响齿轮视图的简化；建议创建完齿轮模型后先在"制图"模块完成视图简化，然后再返回"建模"模块添加其他特征。

5.6.2　弹簧生成和简化画法

弹簧属于常用件，在工程中的应用十分广泛，主要用于减振、夹紧、复位、调节、储能、测量等方面。弹簧的种类比较多，UG NX的弹簧工具箱只提供了常用的圆柱压缩弹簧、圆柱拉伸弹簧和碟形弹簧的相关命令，下面以圆柱压缩弹簧为例介绍模型和工程图的生成方法。

5.6.2　微课视频

1. 创建弹簧

（1）新建文件并激活命令　新建文件后在"建模"模块的"弹簧工具-GC工具箱"命令组中选择🔩【圆柱压缩弹簧】命令，系统弹出"圆柱压缩弹簧"对话框，如图5.6-9所示。

（2）设置参数　首先进行"选择设计模式"的设置，其相关参数的说明如图5.6-9所示，单击【下一步】按钮；对话框显示"输入弹簧参数"页面，如图 5.6-10 所示，在对话框中选择"旋向"的【右旋】、端面结构的【并紧磨平】等，并根据需求输入弹簧相关参数，单击【下一步】按钮；对话框显示"显示验算结果"页面，根据显示结果进行核实，无误后单击【确定】按钮完成弹簧创建，结果如图 5.6-11 所示。

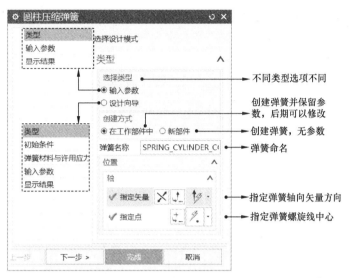

图 5.6-9 "圆柱压缩弹簧"对话框的"选择设计模式"页面

图 5.6-10 "圆柱压缩弹簧"对话框的
"输入弹簧参数"页面

图 5.6-11 弹簧

2. 创建简化视图

（1）进入"制图"模块 在功能区选项条单击【应用模块】标签打开其选项卡，在"设计"命令组上选择 【制图】命令，进入"制图"模块。

（2）创建简化视图 在功能区的"弹簧工具-GC 工具箱"命令组上选择 【弹簧简化画法】命令，系统弹出图 5.6-12 所示对话框，选定图纸页的大小，单击【确定】按钮生成简化视图并标注尺寸，结果如图 5.6-13 所示。

图 5.6-12 "弹簧简化画法"对话框

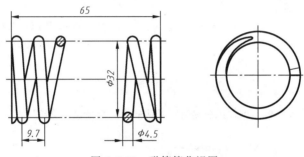

图 5.6-13 弹簧简化视图

5.7 视图编辑

视图创建后，经常需要进行局部视图边界范围修改、投影线和中心线修改等编辑操作，使其符合国家标准规定，下面就结合实例介绍视图编辑的相关命令，也是完成对前述视图创建命令的补充。

5.7.1 视图边界编辑命令

"边界"命令用于编辑图纸上某一视图的视图边界。在创建局部视图、局部放大图时，经常需要利用 [图] "边界"命令定义视图范围，激活该命令的常用方法有如下三种。

5.7.1 微课视频

方法一：依次单击 ☰ 【菜单】→【编辑】→【视图】→ [图] 【边界】。

方法二：在功能区的"视图"命令组上【编辑视图】下拉菜单中选择 [图] 【视图边界】命令。

方法三：选择视图边界后单击鼠标右键，在弹出的快捷菜单上选择 [图] 【边界】命令。

激活命令后，系统弹出"视图边界"对话框，如图 5.7-1 所示。

"视图边界"对话框中的常用按钮和选项说明如下。

图 5.7-1　"视图边界"对话框

（1）"视图边界"下拉列表框　包括四种边界类型，默认是"自动生成矩形"。

"断裂线/局部放大图"：适用于局部视图和局部放大图的创建。

"手工生成矩形"：以自定义的矩形范围作为视图显示边界，常用于生成轮廓自封闭的局部视图或简化画法。

"自动生成矩形"：可用于定义随模型更新而自动调整大小的视图边界。

"由对象定义边界"：通常用于在模型发生变化后，使视图边界自动变化并包含所选择的对象。

（2）"锚点"命令　用来定义视图在图纸上的固定位置，当模型发生变化后，视图仍保留在图纸的特定位置上。

（3）"边界点"命令　用来将视图边界与模型特征进行关联，以使视图边界随模型更改而更新，以保持视图中的模型特征，在选中"断裂线/局部放大图"选项时可用。

（4）"包含的点"命令　用来定义包含在视图边界内的点，在选中"由对象定义边界"选项时可用。

（5）"包含的对象"命令　用来定义包含在视图边界内的几何对象，在选中"由对象定义边界"选项时可用。

（6）"重置"按钮　用来恢复本次操作的参数设定。

"视图边界"命令的实例参见 5.2.3 小节创建局部视图中的应用。

5.7.2　视图相关编辑命令

"视图相关编辑"是在不影响其他视图显示的基础上针对某一视图进行显示对象的编辑操作。激活该命令的常用方法有如下三种。

方法一：依次单击 ▤【菜单】→【编辑】→【视图】→ ▥【视图相关编辑】。

5.7.2　微课视频

方法二：在功能区的"视图"命令组上【编辑视图】下拉菜单中选择 ▥【视图相关编辑】命令。

方法三：选择视图边界后单击鼠标右键，在弹出的快捷菜单上选择 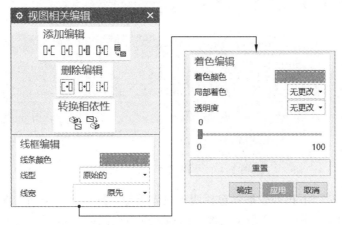 【视图相关编辑】命令。

激活命令后，系统弹出"视图相关编辑"对话框，如图 5.7-2 所示。对话框中的常用编辑功能类型见表 5.7-1。

图 5.7-2 "视图相关编辑"对话框

表 5.7-1 "视图相关编辑"功能类型

区域	编辑类型	操作步骤及功能含义
添加编辑区域	擦除对象	①选择 []·[命令 ②弹出"类选择"对话框 ③选择圆的曲线，单击【应用】按钮
	编辑完整对象	①选择 []·[命令，"线框编辑"区域激活 ②将"线型"改为"-----"，"线宽"改为"0.18mm"，单击【应用】按钮 ③弹出"类选择"对话框，将选择意图设置为"面"，选择面域，单击【应用】按钮 注：应用此功能，激活"线框编辑"区域，可以对线型、线宽和颜色进行修改
	编辑着色对象	①选择 []·[命令 ②弹出"类选择"对话框 ③选择需要着色的面，单击【确定】按钮 ④激活"着色编辑"区域，更改颜色、透明度，单击【确定】按钮 注：只有视图是"完全着色"或"局部着色"的情况该命令才被激活。选择 []·[命令后，激活"着色编辑"区域，可以对面的颜色、局部着色和透明度进行修改
	编辑对象段	①选择 []·[按钮，激活"线框编辑"区域 ②将"线型"改为"-----"，"线宽"改为"0.18mm"，单击【应用】按钮 ③选择曲线并单击【确定】按钮

（续）

区域	编辑类型	操作步骤及功能含义
添加编辑区域	编辑剖视图背景	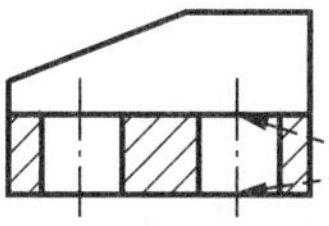 ①选择剖视图，选择 命令 ②弹出"类选择"对话框 ③选择曲线并单击【确定】按钮 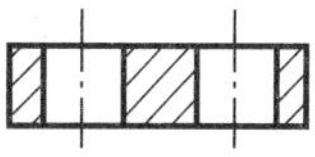 注：只有选择了剖视图后，"编辑剖视图背景"命令才被激活
删除编辑辑	删除选定擦除	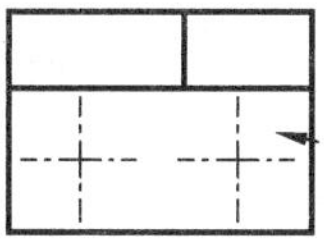 ①选择 命令 ②弹出"类选择"对话框 ③选择要删除擦除的对象，单击【确定】按钮 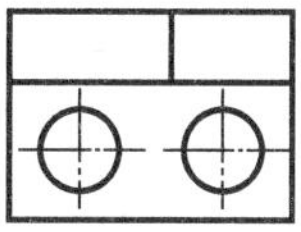
	删除选定编辑	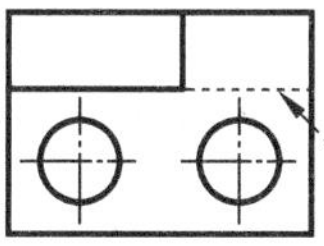 ①选择 命令 ②弹出"类选择"对话框 ③选择要删除编辑的对象，单击【确定】按钮 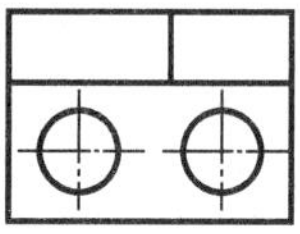
	删除所有编辑	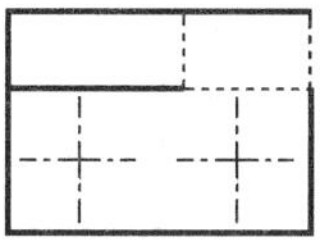 ①选择 命令 ②弹出"删除所有编辑"对话框  删除所有编辑 要从选定视图中删除所有编辑内容吗？ 是(Y)　　否(N) ③单击【是】按钮，然后单击【确定】按钮 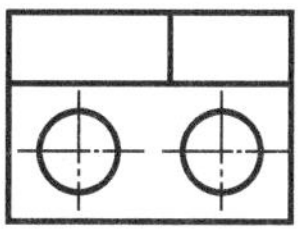

5.7.3　创建中心线符号

UG NX 提供了很多类型的中心线，包括自动中心线、中心标记、2D 中心线、3D 中心线、螺栓圆中心线、圆形中心线、对称中心线等。灵活使用中心线可以进一步丰富和完善工程图。

1. 自动中心线

"自动中心线"命令是自动判断圆孔、圆柱等制图对象，并生成对应的中心线，其创建过程如下。

（1）打开模型文件并创建视图　根据路径"\ug\ch5\5.7\1-自动中心线.prt"打开配套资源中的模型。

（2）激活命令　在功能区"注释"命令组的"中心线"下拉菜单上选择 【自动中心线】命令，系统弹出"自动中心线"对话框，如图 5.7-3 所示。

（3）创建中心线　选择图 5.7-4a 所示的两个视图，单击"自动中心线"对话框的【确定】按钮，结果如图 5.7-4b 所示。

2. 中心标记

"中心标记"命令可以创建通过点或圆弧圆心的中心线，其创建过程如下。

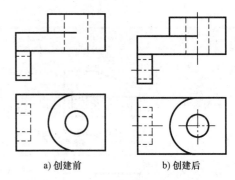

a) 创建前   b) 创建后

图 5.7-3　"自动中心线"对话框　　　　　图 5.7-4　自动中心线的创建

（1）打开模型文件并创建视图　根据路径"\ug\ch5\5.7\2-中心标记 . prt"打开配套资源中的模型。

（2）激活命令　在功能区"注释"命令组的"中心线"下拉菜单上选择⊕【中心标记】命令，系统弹出"中心标记"对话框，对话框及其中常用选项的说明如图 5.7-5 所示。

（3）创建中心线　选择图 5.7-6a 所示视图中的四个圆心，单击"中心标记"对话框的【确定】按钮，结果如图 5.7-6b 所示。

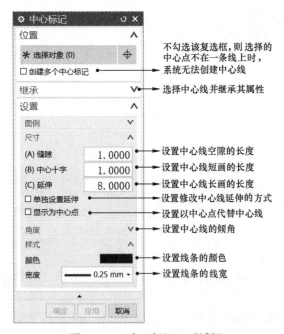

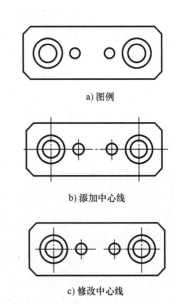

a) 图例

b) 添加中心线

c) 修改中心线

图 5.7-5　"中心标记"对话框　　　　　图 5.7-6　中心标记的创建

（4）修改中心线　选择图 5.7-6b 所示视图中的中心线并单击鼠标右键，在弹出的快捷菜单上选择【编辑】命令，再次打开"中心标记"对话框；将中心线"尺寸"区域的值分别修改为"0.5""0.5""2"，即可生成图 5.7-6c 所示的中心线；也可勾选"单独设置延伸"复选框对中心线的长度分别进行修改。

当形体为图 5.7-7 所示的多孔结构时，其中心标记的创建方法如下。

（1）打开模型文件并创建视图　根据路径"\ug\ch5\5.7\3-创建多个中心标记复选框举例.prt"打开配套资源中的模型。

（2）激活命令　在功能区"注释"命令组的"中心线"下拉菜单上选择⊕【中心标记】命令，系统弹出图5.7-5所示的"中心标记"对话框。

（3）创建中心线　选择图5.7-8a所示七个圆的圆心，勾选"中心标记"对话框"位置"区域的【创建多个中心标记】复选框，结果如图5.7-8b所示。

（4）创建中心线　选择图5.7-8a所示七个圆的圆心，不勾选"创建多个中心标记"复选框时的结果如图5.7-8c所示。

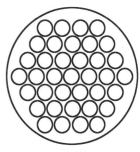

图5.7-7　多孔结构

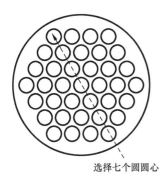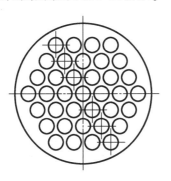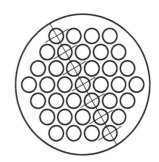

a）图例　　　　　　　　　b）创建多个中心标记　　　　　　　c）创建系列中心标记

图5.7-8　创建多个中心标记图例

3. 2D中心线

"2D中心线"是通过选择两条边、两条曲线或两个点来创建中心线，其创建过程如下。

（1）打开模型文件并创建视图　根据路径"\ug\ch5\5.7\4-2D中心线.prt"打开配套资源中的模型。

（2）激活命令　在功能区"注释"命令组的"中心线"下拉菜单上选择▣【2D中心线】命令，系统弹出"2D中心线"对话框，对话框及其中常用选项的说明如图5.7-9所示。

（3）创建竖直中心线　选择图5.7-10a所示视图的左、右两条边线，此时会出现带有箭头的中心线，单击箭头可以实现中心线两侧长度的同时调整，单击【应用】按钮，结果如图5.7-10b所示。

说明：如果勾选"单独设置延伸"复选框，则中心线的两个端点上显示出两个箭头，可分别拖动两个箭头调整中心线长度。

（4）创建水平中心线　与（3）类似，分别选择视图的上、下两条边线并调整其长度，结果如图5.7-10c所示。

4. 3D中心线

"3D中心线"是通过选择回转面来创建中心线，其创建过程如下。

（1）打开模型文件并创建视图　根据路径"\ug\ch5\5.7\5-3D中心线.prt"打开配套资源中的模型。

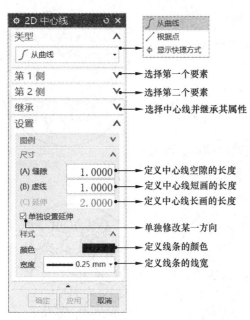

图 5.7-9 "2D 中心线"对话框

图 5.7-10 2D 中心线的创建

（2）激活命令　在功能区"注释"命令组的"中心线"下拉菜单上选择 【3D 中心线】命令，系统弹出"3D 中心线"对话框，对话框及其中选项的说明如图5.7-11所示。

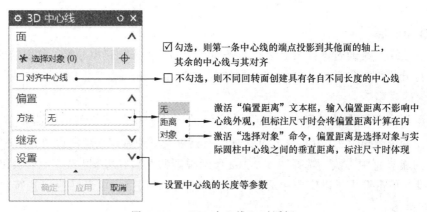

图 5.7-11 "3D 中心线"对话框

（3）创建中心线　选择图 5.7-12a 所示视图左、右两侧的倒角，将对话框"面"区域的"对齐中心线"复选框的勾选去除，单击【确定】按钮，完成创建。

在创建过程中也可勾选"设置"区域中的【单独设置延伸】复选框，然后通过箭头进行中心线的调整，结果如图 5.7-12b 所示。

5. 螺栓圆中心线

"螺栓圆中心线"是创建通过点或圆弧的完整或不完整螺栓圆符号，在创建时应注意按照逆时针方向选取通过点，其创建过程如下。

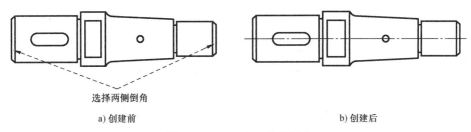

选择两侧倒角

a) 创建前　　　　　　　　　　　　　　　　b) 创建后

图 5.7-12　3D 中心线的创建

（1）打开模型文件并创建视图　根据路径 "\ug\ch5\5.7\6-螺栓圆中心线 .prt" 打开配套资源中的模型。

（2）激活命令　在功能区 "注释" 命令组的 "中心线" 下拉菜单上选择⟡【螺栓圆中心线】命令，系统弹出 "螺栓圆中心线" 对话框，对话框及其中选项的说明如图 5.7-13 所示。

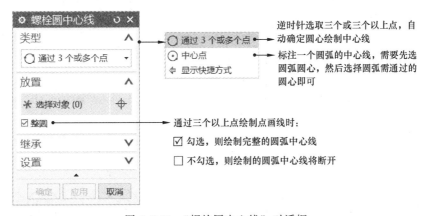

图 5.7-13　"螺栓圆中心线" 对话框

（3）创建中心线

1）整圆的螺栓圆中心线。将 "类型" 设置为◯【通过 3 个或多个点】，勾选【整圆】复选框，逆时针依次选择图 5.7-14a 所示视图中的圆弧 1~4，单击【确定】按钮，结果如图 5.7-14b 所示。

2）非整圆的螺栓圆中心线。将 "类型" 设置为◯【通过 3 个或多个点】，不勾选 "整圆" 复选框，逆时针依次选择图 5.7-14a 所示视图中的圆弧 1~4，单击【确定】按钮，结果如图 5.7 14c 所示。

3）"中心点" 螺栓圆中心线。将 "类型" 设置为⊙【中心点】，先选择圆弧 5，然后选取圆弧 1，单击【确定】按钮，生成一个圆弧的中心线标记，依次完成其余三个圆弧，结果如图 5.7-14d 所示。

6. 圆形中心线

"圆形中心线" 与 "螺栓圆中心线" 类似，其创建的中心线只是通过所选的点，并不会在所选点的位置产生指向创建圆弧圆心的中心线，在创建时同样应注意按照逆时针方向来选取通过点，圆形中心线的创建图例如图 5.7-15 所示。

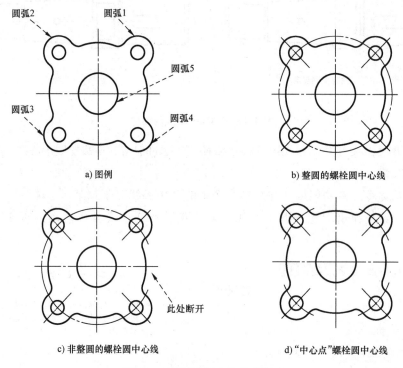

a) 图例

b) 整圆的螺栓圆中心线

c) 非整圆的螺栓圆中心线

d)"中心点"螺栓圆中心线

图 5.7-14　螺栓圆中心线的创建

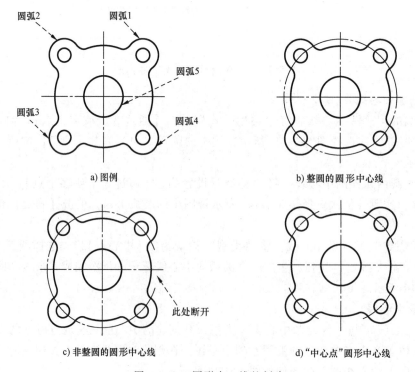

a) 图例

b) 整圆的圆形中心线

c) 非整圆的圆形中心线

d)"中心点"圆形中心线

图 5.7-15　圆形中心线的创建

7. 对称中心线

"对称中心线"用来指明几何体中的对称位置，其创建过程如下。

（1）打开模型文件并创建视图　根据路径"\ug\ch5\5.7\7-对称中心线.prt"打开配套资源中的模型。

（2）激活命令　在功能区"注释"命令组的"中心线"下拉菜单上选择╫-╫【对称中心线】命令，系统弹出"对称中心线"对话框，如图5.7-16所示。

图 5.7-16 "对称中心线"对话框

（3）创建中心线　在"对称中心线"对话框的"类型"下拉列表框中选择╱【起点和终点】选项，在图5.7-17a所示视图上分别选择圆弧的两个中点；单击对话框的【确定】按钮，完成创建，结果如图5.7-17b所示。

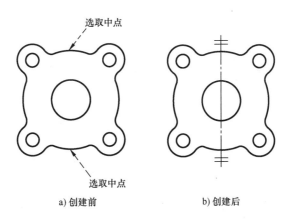

a) 创建前　　　　　　　　　b) 创建后

图 5.7-17 对称中心线的创建

5.8 视图创建练习

综合运用 UG NX 命令与功能，根据图 5.8-1 和图 5.8-2 所示的零件图完成视图创建。

1. 视图创建练习 1

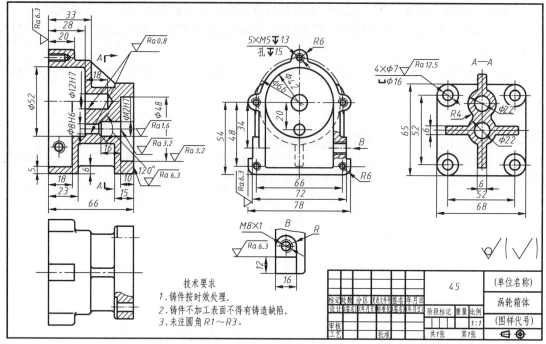

图 5.8-1　涡轮箱体零件图

2. 视图创建练习 2

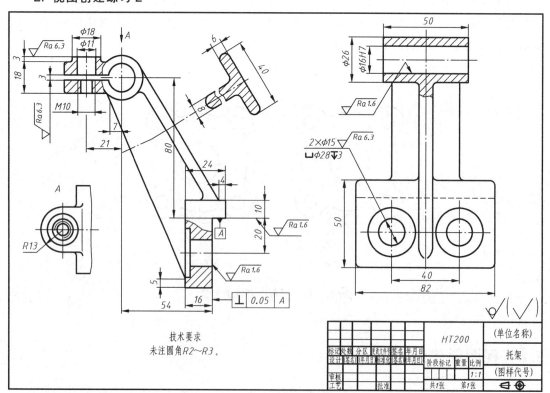

图 5.8-2　托架零件图

第 **6** 章

工程图标注及表格

使用 UG NX 创建工程图，除了生成所需视图之外，还需要应用尺寸标注和注释功能实现图样尺寸的唯一确定、完成表面粗糙度、极限与配合、几何公差的标注等，应用表格功能实现标题栏和明细栏的绘制等。本章将详细介绍工程图样的标注方法及标题栏和明细栏的创建方法。此外，为提高工程图的绘制效率，结合标题栏、明细栏具有规范性和统一性的特点，本章最后将介绍如何实现图样模板的调用。

6.1 常用标注命令

6.1.1 尺寸标注命令组

UG NX 提供了方便快捷的尺寸标注功能，"制图"模块尺寸标注命令分布在"尺寸""制图工具-GC 工具箱""尺寸快速格式化工具-GC 工具箱"这三个命令组上，具体命令分别介绍如下。

1. "尺寸"命令组

功能区"尺寸"命令组上包含尺寸标注常用命令，如图 6.1-1 所示。激活某一命令，系统将会弹出其对话框，可以根据需求选择相应命令进行标注，其标注方法与草图尺寸约束类似，详见表 2.4-2，此处不再赘述。

2. "制图工具-GC 工具箱"命令组

功能区"制图工具-GC 工具箱"命令组上有部分命令属于尺寸命令，如图 6.1-2 所示。

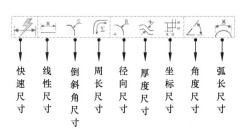

图 6.1-1 "尺寸"命令组

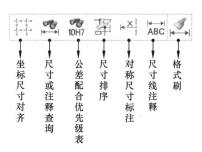

图 6.1-2 "制图工具-GC 工具箱"
命令组的尺寸命令

　　"制图工具-GC 工具箱"命令组上的尺寸命令是 UG NX 针对我国尺寸标注规则增加的尺寸修改功能，相关命令与图 6.1-1 所示的尺寸标注命令配合使用，后续将通过实例从多角度介绍，此处不再赘述。

3."尺寸快速格式化工具-GC 工具箱"命令组

　　功能区"尺寸快速格式化工具-GC 工具箱"命令组主要针对我国尺寸标注的公差等级和径向尺寸标注给予补充，命令组如图 6.1-3 所示。

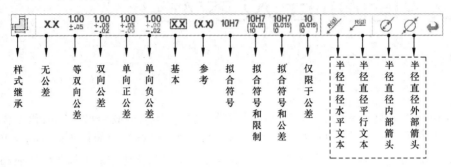

图 6.1-3 "尺寸快速格式化工具-GC 工具箱"命令组

　　"尺寸快速格式化工具-GC 工具箱"命令组中的各命令不具备单独的标注功能，在标注前激活某一命令，后续尺寸标注将具有其特性，不同命令所具有的特性分别如下。

　　"样式继承"：选择该命令，以后标注的尺寸样式将会继承目标尺寸样式。

　　XX "无公差"：默认尺寸样式。

　　1.00±.05 "等双向公差"：标注对称公差尺寸。

　　1.00 "双向公差"：标注非对称公差尺寸。

　　1.00 "单向正公差"：标注下极限偏差为 0 的尺寸，通常用于基孔制尺寸标注。

　　1.00 "单向负公差"：标注上极限偏差为 0 的尺寸，通常用于基轴制尺寸标注。

　　XX "基本"：尺寸数值外加矩形框。

　　(XX) "参考"：尺寸数值外加括号，表示参考尺寸。

　　10H7 "拟合符号"：基本尺寸+公差带代号的标注样式。

　　10H7(10.01)(10) "拟合符号和限制"：基本尺寸+公差带代号+极限尺寸的标注样式。

　　10H7(0.015) "拟合符号和公差"：基本尺寸+公差带代号+尺寸偏差的标注样式。

　　10(0.015) "仅限于公差"：基本尺寸+尺寸偏差的标注样式。

　　R(∅) "半径直径水平文本"：标注径向尺寸，尺寸放置为水平方向[⊖]。

　　R(∅) "半径直径平行文本"：标注径向尺寸，尺寸放置方向与尺寸线一致[⊖]。

　　∅ "半径直径内部箭头"：标注径向尺寸，尺寸箭头放置在标注要素内部。

　　∅ "半径直径外部箭头"：标注径向尺寸，尺寸箭头放置在标注要素外部。

　　"尺寸快速格式化工具-GC 工具箱"命令组命令操作方法：在尺寸标注前，首先在"尺

　　⊖　该命令与图标不一致的情况属于 UG NX 12.0 的软件设计错误。

寸快速格式化-GC工具箱"命令组上单击某个样式的图标使其处于激活状态，即设置此类型为后续尺寸标注样式；然后选取图6.1-1所示"尺寸"命令组上的标注命令进行标注，则尺寸的标注样式将与被激活的样式一致，标注结束后，再次单击图6.1-3上该样式的图标取消其激活状态。极限与配合的相关命令在后续尺寸标注中介绍，此处不再赘述。图6.1-3虚线框内四个与径向尺寸相关命令的标注样式及组合样式见表6.1-1。

表6.1-1 径向尺寸标注图例

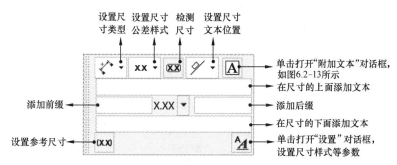

尺寸在标注过程中或标注后均可进行修改。在标注的尺寸上单击鼠标右键，在弹出的快捷菜单上选择 🔧【编辑】命令或在尺寸标注过程中鼠标稍稍停顿，系统都会弹出图6.1-4所示的"尺寸编辑"动态框，可以根据需求按照提示进行编辑。

图 6.1-4 "尺寸编辑"动态框

尺寸类型和公差样式可以通过"尺寸编辑"动态框进行相关设置，尺寸的附加文本可以通过界面的前、后、上、下四个方位添加，相关操作详见后续标注实例。单击动态框右上角的 Ⓐ【编辑附加文本】按钮，系统弹出"附加文本"对话框，其对话框界面如图6.2-13所示。

6.1.2 注释标注命令组

完成一张完整的工程图样，除标注尺寸外，还需进行粗糙度、几何公差和文本注释等的标注，这些标注可利用图6.1-5所示"注释"命令组中的命令来完成。其中，"注释"命令在视图创建、尺寸标注和技术要求撰写等多种场合应用，故本节在尺寸标注实例讲解前先详细介绍"注释"命令选项含义，"注释"命令组的其他常用命令介绍及实例见6.5节的介绍。

图 6.1-5 "注释"命令组

在功能区"注释"命令组上选择 $\boxed{A}$【注释】命令，打开"注释"对话框，如图6.1-6所示。

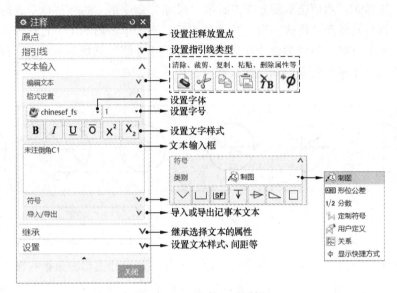

图6.1-6 "注释"对话框

"注释"对话框中部分按钮及选项说明如下。

（1）"原点"区域 选择注释文本的放置位置。

（2）"指引线"区域 定义指引线的类型和样式，展开该区域如图6.1-7所示。

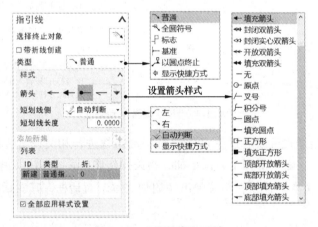

图6.1-7 "指引线"区域

"类型"下拉列表框：确定指引线类型，各选项的图例如图6.1-8所示。

"样式"区域："箭头"设置指引线末端样式，最常用的情况是将装配图零件指引线选择为 ●── "填充圆点"；"短划线侧"设置文本横线在类型符号的左或右侧；"短划线长度"是通过文本框设置文本横线的长度。

（3）"文本输入"区域的"符号"区域 提供了"制图"、"形位公差"（几何公差）[⊖]、"分数"、"定制符号"、"用户定义"和"关系"六个类型的选项。选择不同类型，"符号"

[⊖] GB/T 1182—2008将形状和位置公差（形位公差）改为几何公差，UG NX 12.0采用的仍是旧标准的说法。

图 6.1-8　"指引线"图例

区域呈现相关标注图标，单击某个图标即可添加相应的符号代码到文本框中。

　　📐 "制图"：提供了深度、斜度、锥度等常用的制图标注符号，如图 6.1-9 所示。

　　🄰🄱🄲 "形位公差"：提供了几何公差图标和基准符号，如图 6.1-10 所示。可以通过"标准"下拉列表框切换不同标准以显示不同的符号图标，单击"验证框语法"按钮可以检查标注的几何公差的语法错误。

图 6.1-9　制图符号

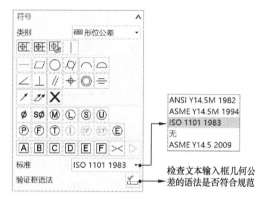

图 6.1-10　几何公差符号

　　1/2 "分数"：在"上部文本"和"下部文本"文本框输入数值，在"分数类型"选择书写方式，单击"插入分数"按钮实现分数插入，如图 6.1-11 所示。

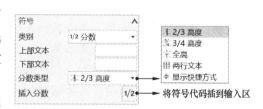

图 6.1-11　分数符号

　　📐 "定制符号"：选择此选项后系统会弹出"定制符号库"文件夹，可以根据需求在列表框中选择符号并插入。

　　📐 "用户定义"：提供了显示部件、当前目录和插入对象属性三个选项，确定某一选项后在弹出的列表框中选择符号，单击 📐 "插入符号"按钮实现将符号代码添加到文本框。

　　（4）"设置"区域　主要设置文本的样式、字体的倾斜角度和粗细、文本的对齐方式，展开该区域如图 6.1-12 所示。其中，单击"设置"按钮，系统弹出"样式"对话框，可以在其中设置文字的字体、字符大小、字体粗细、间隙因子、宽高比等。

　　下面以图 6.1-13 为例讲解创建注释文本的操作步骤。

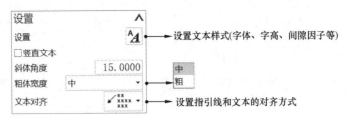

图 6.1-12　"设置"区域

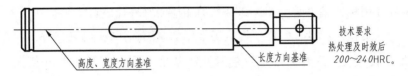

图 6.1-13　创建注释文本

（1）打开模型文件并创建视图　根据路径"\ug\ch6\6.1\注释文本.prt"打开配套资源中的模型。

（2）添加注释　在功能区"注释"命令组上选择 A【注释】命令，系统弹出图 6.1-6 所示"注释"对话框；在对话框的"文本输入"区域单击 🗑【清除】按钮将文本输入框现有文字清除；然后修改字体为"A Fangsong"，字号为"0.5"，在"文本输入框"输入文字"高度、宽度方向基准"。

（3）选择指引线并生成注释　在"注释"对话框的"指引线"区域设置类型为 ↘【普通】，激活 ↘ "选择终止对象"按钮，在图 6.1-13 所示的中心线上单击鼠标左键后移动鼠标，此时会出现指引线的预览，选择合适位置后单击鼠标左键即可生成注释。

其余注释文本的创建与步骤（2）（3）相同，此处不再赘述。添加完成后，单击对话框的【关闭】按钮，或单击鼠标中键，完成操作。

说明：如果直接在图样上单击鼠标左键，将会创建不带指引线的注释文本。可以通过编辑注释的方式给注释文本添加几条必要的指引线。

生成的注释文本，可通过如下两种方法进行编辑。

方法一：在图样中直接双击要编辑的注释文本，打开"注释"对话框。

方法二：在图样中要编辑的注释文本上单击鼠标右键，在弹出的快捷菜单上选择 ✏【编辑】命令，打开"注释"对话框。

打开对话框后，可以根据需求进行编辑。后续表面粗糙度、基准符号、几何公差等标注的编辑方法同理，将不再赘述。

6.2　常见结构尺寸标注

一般的线性尺寸、径向尺寸、角度尺寸都可以通过图 6.1-1 所示"尺寸"命令组中的命令标注，本节将以圆弧尺寸标注为例讲解常规尺寸的标注方法。然后，通过实例介绍一些特殊结构尺寸注法，如倒角尺寸如何修

6.2　微课视频

改为简化标注、斜度和锥度的标注、相同结构的标注、沉头孔的标注、简化对称结构的标注和小结构的标注等。

6.2.1 圆弧结构尺寸标注

在工程图样中，线性尺寸、角度尺寸、厚度尺寸等均可直接标注，本节以图 6.2-1 所示圆弧结构为例介绍如何应用尺寸标注命令标注。

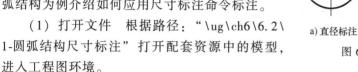

a) 直径标注　　b) 半径标注　　c) 弧长标注

图 6.2-1　圆弧结构尺寸标注

（1）打开文件　根据路径："\ug\ch6\6.2\1-圆弧结构尺寸标注"打开配套资源中的模型，进入工程图环境。

（2）激活"径向尺寸"命令　在功能区"尺寸"命令组上选择 【径向尺寸】命令，系统弹出"径向尺寸"对话框，如图 6.2-2 所示。

（3）标注直径　在对话框"测量"区域的"方法"下拉列表框中选择 【直径】选项，选择图形区中的整圆，图形区出现尺寸预览界面，选择合适位置后单击鼠标左键，完成整圆的标注。

（4）标注半径　在对话框"测量"区域的"方法"下拉列表框中选择 【径向】选项，选择图形区中小于半圆的圆弧，图形区出现尺寸预览界面，选择合适位置后单击鼠标左键，完成标注。

（5）激活"弧长尺寸"命令　在功能区"尺寸"命令组上选择 【弧长尺寸】命令，系统弹出"弧长尺寸"对话框，如图 6.2-3 所示，选择图形区中圆弧，图形区出现尺寸预览界面，选择合适位置后单击鼠标左键，完成标注。

图 6.2-2　"径向尺寸"对话框

图 6.2-3　"弧长尺寸"对话框

机械制图国家标准规定，整圆和大于半圆的圆弧需要标注直径符号"ϕ"，小于等于半圆的圆弧标注半径符号"R"，图 6.2-4 所示大圆弧可按如下方法进行标注。

（1）激活"径向尺寸"命令　在功能区"尺寸"命令组上选择 【径向尺寸】命令，

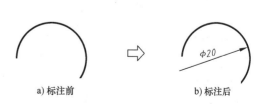

a) 标注前　　　　　　　b) 标注后

图 6.2-4　大圆弧直径标注

系统弹出"径向尺寸"对话框，如图 6.2-2
所示。

（2）标注直径　在对话框"测量"区域的
"方法"下拉列表框中选择 【直径】选项，选
择图形区中大圆弧，图形区出现尺寸预览界面，
单击对话框或快速编辑动态框上 【设置】按
钮，打开"径向尺寸设置"对话框；在对话框左
侧列表框中选择【箭头】选项，在右侧将"第 2
侧尺寸"区域的【显示箭头】复选框的勾选去
除，如图 6.2-5 所示。同理，选择左侧列表框中
的【延伸线】选项，将右侧"第 2 侧尺寸"区

图 6.2-5　"径向尺寸设置"对话框

域的【显示延伸线】复选框的勾选去除，单击【关闭】按钮，选择合适位置后单击鼠标左
键，完成大圆弧的直径标注，结果如图 6.2-4b 所示。

6.2.2　倒角结构尺寸标注

在工程图中标注尺寸时，倒角尺寸有多种标注方式，图 6.2-6 所示为两种常见的标注方
式，方式一用"尺寸"命令组的标注命令直接标注即可，方式二需修改相关参数实现，具
体标注过程如下。

（1）打开文件并创建视图　根据路径"\ug\ch6\6.2\2-倒角尺寸标注 . prt"打开配套资
源中的模型，进入工程图环境。

（2）激活命令　在功能区"尺寸"命令组上选择 【倒斜角尺寸】命令，系统弹出
"倒斜角尺寸"对话框，如图 6.2-7 所示。

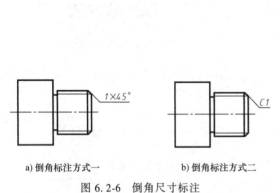

a) 倒角标注方式一　　　　b) 倒角标注方式二

图 6.2-6　倒角尺寸标注

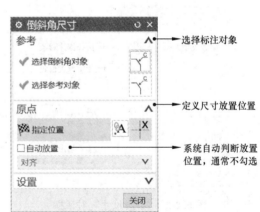

图 6.2-7　"倒斜角尺寸"对话框

（3）选择标注对象　选择图 6.2-6 所示圆柱的斜角线，系统显示图 6.2-8 所示"1×45°"
的尺寸预览界面，这就是倒角尺寸的标注方式一，选择合适位置后单击鼠标左键，结果如图
6.2-6a 所示。

（4）打开"文本设置"对话框　在标注的尺寸上单击鼠标右键，在弹出的快捷菜单上
选择 【编辑】命令，或者在步骤（3）的尺寸标注过程中单击对话框或快速编辑动态框

上的 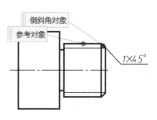 【设置】按钮，打开"文本设置"对话框，如图 6.2-9
所示。

（5）设置样式　在对话框左侧列表框中选择【前缀/后缀】
选项，在右侧将"倒斜角尺寸"区域的"位置"设置为 C5×5
【之前】，在"文本"文本框中输入大写字母"C"，如图 6.2-9a
所示。然后在对话框左侧列表框中选择【倒斜角】选项，在右
侧将"倒斜角格式"区域的"样式"设置为【符号】，将"指
引线格式"区域的"样式"设置为 □ 【指引线与倒斜角平行】，如图 6.2-9b 所示，设置完
成后，单击【关闭】按钮。

（6）创建倒角尺寸　在图样上合适位置单击鼠标左键，结果如图 6.2-6b 所示。

图 6.2-8　"倒斜角"预览界面

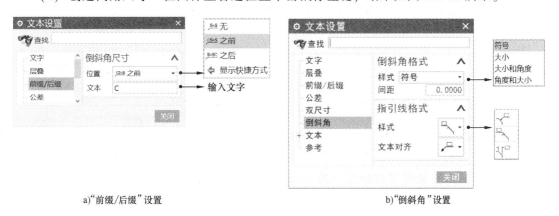

a)"前缀/后缀"设置

b)"倒斜角"设置

图 6.2-9　"文本设置"对话框

6.2.3　斜度和锥度结构尺寸标注

斜度是指一直线或平面相对另一直线或平面的倾斜程度，如图 6.2-10 所示。锥度是正
圆锥底圆直径与其高度之比或正圆台两底圆半径之差与其高度之比，如图 6.2-11 所示。下
面以图 6.2-10 所示斜度的标注为例介绍斜度的标注方法和步骤。

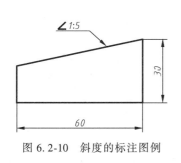

图 6.2-10　斜度的标注图例

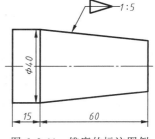

图 6.2-11　锥度的标注图例

（1）打开文件并创建视图　根据路径"\ug\ch6\6.2\3-斜度尺寸标注.prt"打开配套资
源中的模型，进入工程图环境。

（2）激活"注释"命令　在功能区"注释"命令组上选择 A 【注释】命令，打开

"注释"对话框，如图6.1-6所示。

（3）设置对话框　根据标注需求设置对话框。

1）设置指引线样式。将对话框"指引线"区域的"类型"设置为 ↘【普通】，"箭头"设置为 ◀━【填充箭头】，"短划线侧"设置为 ↘【右】。

2）设置符号类别。将"符号"区域的"类别"设置为 ⟋【制图】。

3）设置引线位置。将"设置"区域的"文本对齐"设置为 ⠿【在底部下面】。

4）输入文本。单击"文本输入"区域的 🖉【清除】按钮，删除文本输入框内容；在"符号"区域选择 ⟋【插入左侧节距】符号，再输入"1：5"字样。

（4）指引标注　将鼠标移至图6.2-10所示斜线上，当其出现预选色后按下鼠标左键并拖动，则从鼠标选择点开始出现带箭头的指引线，选择合适位置后单击鼠标左键，结果如6.2-10所示。

说明：标注锥度时，只是与斜度标注选择的符号样式不同而已，其他设置的方法相同，此处不再赘述。

6.2.4　相同孔结构尺寸标注

在实际机件中，有时一个平面会分布多个直径相同的孔，如图6.2-12所示，下面就以这种情况为例介绍尺寸相同的重复要素的标注方法。标注过程中应注意三处与系统默认尺寸标注的不同点，分别是：①尺寸标注有前缀，例如"4×"；②尺寸水平放置；③只有一个尺寸线和箭头。应用两种方法进行图示尺寸的标注，具体步骤如下。

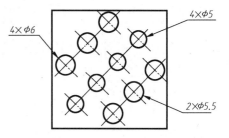

图6.2-12　相同孔结构的标注

1. 应用 ⟍【"径向尺寸"】命令的方法

（1）打开文件　根据路径"\ug\ch6\6.1\4-相同结构尺寸标注.prt"打开配套资源中的模型，进入工程图环境。

（2）激活命令并选择标注对象　在功能区"尺寸"命令组上选择 ⟍【径向尺寸】命令，打开"径向尺寸"对话框。将"测量"区域中"方法"设置为 ◁【直径】。选择图6.2-12所示的直径为6的圆，图形区出现尺寸"φ6"的预览。

（3）设置前缀"4×"　图形区出现预览后停滞鼠标，系统弹出"尺寸编辑"动态框，单击 🅰【编辑附加文本】按钮，系统弹出"附加文本"对话框，如图6.2-13所示。"附加文本"对话框与"注释"对话框非常相似，因此设置方法也几乎相同。在"控制"区域将"文本位置"设置为 ⇦【之前】，在"文本输入框"内输入"4"；在"符号"区域将"类别"设置为 ⟋【制图】；在"符号"区域选择 ✕ 符号；将字体设置为与尺寸标注相同的字体，默认为"Blockfont"，如图6.2-13所示，单击【关闭】按钮，回到标注界面。

说明：文本位置有四种，可以分别为尺寸添加前、后、上和下四个方位的注释文本。

（4）激活"文本设置"对话框　单击"径向尺寸"对话框上 ⛏【设置】按钮，系统弹出"文本设置"对话框。

（5）设置文本水平放置　在对话框左侧列表框中选择"文本"选项中的【方向和位置】子选项，在"方位"下拉列表框中选择 ⌐ 【水平文本】选项，在"位置"下拉列表框中选择 ⌐ 【文本在短划线之上】选项，如图6.2-14所示。选择合适位置放置尺寸。

（6）修改单侧箭头　在图形区选择上步放置的 φ6 尺寸，单击快捷菜单上的 ᴬ A 【设置】按钮，在打开的"设置"对话框左侧列表框中选择【箭头】选项，在右侧将"第2侧尺寸"区域的【显示箭头】复选框的勾选去除，设置完成后单击【关闭】按钮。结果如图6.2-12所示。其他尺寸标注方法相同，不再赘述。

2. 应用 ⅂ "径向尺寸" 和 ⊢─⊣/ABC "尺寸线注释" 命令的方法

对标注的尺寸数字添加注释也可应用 ⊢─⊣/ABC "尺寸线注释" 命令完成。

（1）标注尺寸　在功能区"尺寸"命令组上选择 ⅂ 【径向尺寸】命令，打开"径向尺寸"对话框。将"测量"区域中"方法"设置为 ◁ 【直径】，标注图6.2-15所示的直径尺寸。

（2）添加前缀　在功能区"制图工具-GC工具箱"命令组选择 ⊢─⊣/ABC 【尺寸线注释】命令，系统弹出"尺寸线下注释"对话框，如图6.2-16所示。在"前面"文本框内输入"4"，在"符号"区域内选择 ✕ 符号，单击【应用】按钮，观察是否满足需求，不满足则继续修改，单击【确定】按钮，完成注释，结果如图6.2-12所示。

说明：应用"尺寸线下注释"对话框可以填加前面、后面、上面和下面四个方位的注释文本和符号，方法同上，不再赘述。

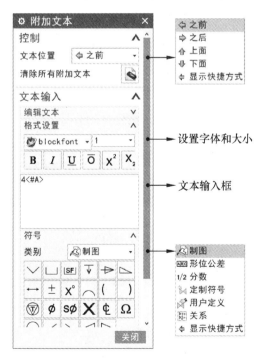

图6.2-13　"附加文本"对话框

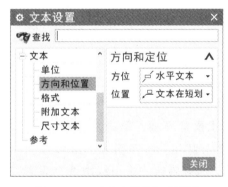

图6.2-14　"文本设置"对话框

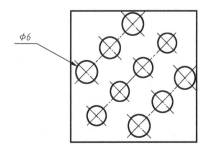

图6.2-15　直径尺寸

6.2.5　沉头孔结构尺寸标注

在机件中，经常会有各类孔结构。本小节以图 6.2-17 所示均布沉头孔为例介绍孔结构的尺寸标注方法，其他类型孔的尺寸标注方法类似，请在使用中自行体验。

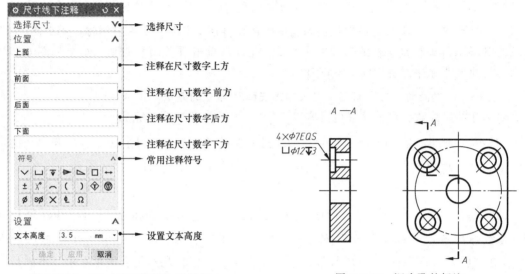

图 6.2-16　"尺寸线下注释"对话框

图 6.2-17　沉头孔的标注

（1）打开文件　根据路径 "\ug\ch6\6.2\5-沉头孔尺寸标注 .prt" 打开配套资源中的模型，进入工程图环境。

（2）激活命令　在功能区"尺寸"命令组上选择 ⌐ᷛ 【径向尺寸】命令，系统弹出"径向尺寸"对话框，在对话框"测量"区域的"方法"下拉列表框中选择 🖨 【孔标注】选项。

（3）选择标注对象　将鼠标移至沉头孔的投影上，当孔的轮廓出现预选色后单击鼠标左键，图形区出现尺寸标注预览界面，单击对话框上 ᴬ𝐀 【设置】按钮，打开图 6.2-18 所示对话框。将右侧的"指引线附着"设置为 ⚹ 【在顶部下面，延伸至最长】，勾选【阵列特征数】复选框，将"通孔文本"后文本框内文字替换为"EQS"，单击【关闭】按钮，返回标注界面。

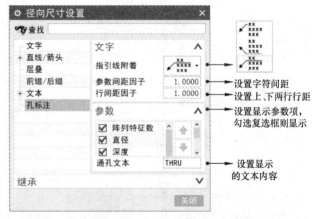

图 6.2-18　"径向尺寸设置"对话框

（4）标注尺寸　选择合适位置，单击鼠标左键，结果如图 6.2-17 所示。

6.2.6　简化对称结构尺寸标注

在机械制图中，对称结构的简化前和简化后的图例如图 6.2-19 所示，但尺寸标注需为整体尺寸。对称图形的简化视图详见 5.5.3 小节，对称结构尺寸标注的过程如下。

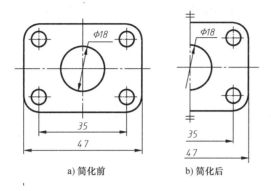

a) 简化前　　　　　　　　b) 简化后

图 6.2-19　简化对称结构尺寸标注

（1）打开文件　根据路径"\ ug \ ch6 \ 6.2 \ 6-简化对称尺寸标注 . prt"打开配套资源中的模型，进入工程图环境。

（2）标注直径尺寸　在功能区"尺寸"命令组上选择 ⚊【径向尺寸】命令，系统弹出"径向尺寸"对话框，将"测量"区域中"方法"设置为 ⚊【直径】，选择中心圆弧，标注其直径尺寸 φ18，结果如图 6.2-20 所示。

（3）标注线性尺寸　在功能区的"尺寸"命令组上选择 ⚊【线性尺寸】命令，系统弹出"线性尺寸"对话框，如图 6.2-21 所示。在测量区域中，将"方法"设置为 ⚊【水平】；在"尺寸集"区域中，将"方法"设置为 ⚊【基线】，选择图 6.2-22 所示的"对称中心线"和"圆心"标注水平尺寸"35"，再选择"直线"标注水平尺寸"47"，结果如图 6.2-22 所示。

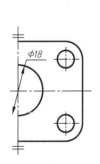

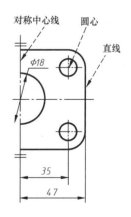

图 6.2-20　直径标注尺寸　　图 6.2-21　"线性尺寸"对话框　　图 6.2-22　线性尺寸标注

（4）修改尺寸箭头　对称结构的尺寸只标注一半时，尺寸线应超出对称中心线且省略另一侧箭头，所以需要对现有尺寸进行修改。

1）打开"设置"对话框。将鼠标放到水平尺寸"47"的尺寸线上，单击鼠标左键，单击 ⚊【设置】按钮，系统弹出"设置"对话框。

2）去除箭头线。在对话框左侧列表框中选择【箭头线】选项，将右侧"第 1 侧箭头线"区域的【显示箭头线】前复选框的勾选去除，如图 6.2-23 所示。

3）去除延伸线。在对话框左侧列表框中选择【延伸线】选项，将右侧"第 1 侧"区域中【显示延伸线】前复选框的勾选去除，如图 6.2-24 所示，单击【关闭】按钮，完成修改。

图 6.2-23　去除第 1 侧箭头线

图 6.2-24　去除第 1 侧延伸线

重复以上步骤完成剩余尺寸的修改，最后结果如图 6.2-19b 所示。

6.2.7　小结构尺寸标注

在工程图中标注尺寸时，小结构需要按照图 6.2-25 所示图例进行尺寸标注，其创建过程如下。

（1）打开文件　根据路径"\ug\ch6\6.2\7-小结构尺寸标注.prt"打开配套资源中的模型，进入工程图环境。

（2）标注尺寸　在功能区"尺寸"命令组上选择 ⊢×⊣【线性尺寸】命令，系统弹出"线性尺寸"对话框，如图 6.2-21 所示。将"尺寸集"区域中"方法"设置为 ⊓⊓【链】，将"测量"区域中"方法"设置为 ⊢×⊣【水平】，选择图 6.2-26a 所示的水平直线，出现尺寸预览"2"后单击鼠标左键放置尺寸。然后依次向右选择需要标注尺寸的位置点，结果如图 6.2-26b 所示，关闭对话框，完成操作。

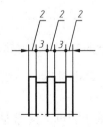

图 6.2-25　小结构尺寸标注

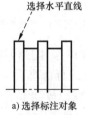

a) 选择标注对象

b) 水平小结构尺寸标注结果

图 6.2-26　链式尺寸标注

（3）修改尺寸箭头样式　将鼠标移到尺寸上，当其出现预选色时单击鼠标左键，在弹出的菜单上单击 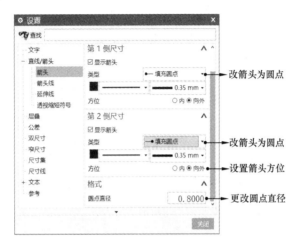【设置】按钮，系统弹出"设置"对话框，在左侧列表框中选择"直线/箭头"中的"箭头"选项，对话框如图 6.2-27 所示。设置右侧"第 1 侧尺寸"和"第 2 侧尺寸"区域中的"类型"为●—【填充圆点】，设置"格式"区域中"圆点直径"为"0.8"，结果如图 6.2-28a 所示。

图 6.2-27　"设置"对话框

a) 箭头改圆点结果　　　　　　b) 修改外侧箭头类型

图 6.2-28　修改尺寸箭头类型

（4）修改外侧箭头类型　将鼠标移至最左侧尺寸数值"2"上，当其出现预选色后单击鼠标左键，在弹出的菜单上单击【设置】按钮打开其对话框，在左侧区域选择"直线/箭头"中的"箭头"选项，将"第 1 侧尺寸"区域中"类型"更改为←【填充箭头】，将"方位"设置为"向外"，单击【关闭】按钮完成修改。同理，选择最右侧尺寸，将"设置"对话框中的"第 2 侧尺寸区域"中"类型"更改为←【填充箭头】，将"方向"设置为"向外"，单击【关闭】按钮，结果如图 6.2-28b 所示。

（5）设置窄尺寸　选择图 6.2-28b 所示所有数值为"2"的尺寸，在弹出的菜单中单击 【设置】按钮，系统弹出"设置"对话框；选择"设置"对话框左侧列表框的【窄尺寸】选项，设置右侧"格式"区域中"样式"为【短划线上方】，"文本方位"为【水平】，"指引线角度"文本框输入"75"，单击【关闭】按钮，结果如图 6.2-29 所示。

说明："文本偏置"设置尺寸数值偏离尺寸线的距离，"指引线角度"设置尺寸指引线与水平方向的夹角。

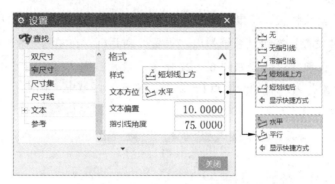

图 6.2-29 "设置"对话框

6.3 技术要求的标注方法

6.3 微课视频

创建工程图的过程中，除完成上述尺寸标注后，还需标注零件应达到的一些质量要求，一般称技术要求，本节就将通过实例介绍其中的表面结构（粗糙度）、尺寸公差与配合、几何公差的标注方法。

6.3.1 表面粗糙度的标注

表面粗糙度是指零件表面具有较小间距的峰谷所组成的微观几何形状特性，是机械图样中非常重要的技术参数。在功能区"注释"命令组上选择√【表面粗糙度符号】命令，系统弹出"表面粗糙度"对话框，如图 6.3-1 所示。

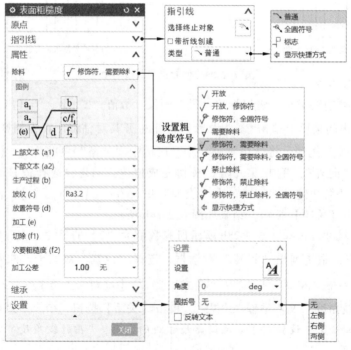

图 6.3-1 "表面粗糙度"对话框

"表面粗糙度"对话框中的常用选项说明如下。

（1）"原点"区域 设置表面粗糙度的放置点、对齐方式和放置视图。

（2）"指引线"区域 设置指引线的样式和指引点。

"带折线创建"复选框：勾选则可创建折线指引线。

"类型"下拉列表框：定义指引线的类型，三种类型的标注结果如图 6.3-2 所示。

图 6.3-2 指引线类型图例

（3）"设置"区域 设置粗糙度符号的文本样式、旋转角度、圆括号位置及文本是否反转等参数。

"角度"：定义粗糙度符号的放置角度。

"圆括号"：通过下拉列表框定义粗糙度符号是否包含圆括号，可以有四种不同的标注效果，如图 6.3-3 所示。

反转文本：设置粗糙度符号的文本是否翻转。

图 6.3-3 圆括号类型图例

下面以图 6.3-4 所示方位为例介绍表面粗糙度的标注。

（1）打开模型文件并创建视图 根据路径"\ug\ch6\6.3\1-粗糙度符号 .prt"打开配套资源中的模型。

（2）激活命令并设置数值 在功能区"注释"命令组上选择 √【表面粗糙度符号】命令，系统弹出图 6.3-1 所示对话框，在对话框"属性"区域的"波纹"文本框内输入"Ra 3.2"。

（3）标注直线 1 粗糙度 展开对话框中"指引线"区域，在"类型"下拉列表框中选择 ┌

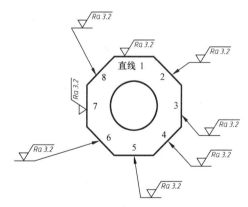

图 6.3-4 表面粗糙度图例

【标志】选项，激活"选择终止对象"命令，然后选取图 6.3-4 所示直线 1，选择合适位置后单击鼠标左键，完成标注。

说明：选择 ┌ "标志"选项是为了确保粗糙度符号 √ 与标注直线是点接触的。

（4）标注直线 2 粗糙度 在"指引线"区域的"类型"下拉列表框中选择 ﹨【普通】

选项，激活"选择终止对象"命令，选择图6.3-4所示直线2并拖动鼠标，出现带箭头指引线，选择合适位置后单击鼠标左键，完成标注。

同理，直线3~直线6、直线8的粗糙度标注方法与步骤（4）相同。

（5）标注直线7粗糙度 在"指引线"区域的"类型"下拉列表框中选择 ⌐【标志】选项，激活"选择终止对象"命令；展开对话框中"设置"区域，将"角度"设置为"90°"，选择直线7并在合适位置放置符号，最后结果如图6.3-4所示。

6.3.2 极限与配合的标注

1. 标注公差带代号

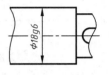

图6.3-5 标注公差带代号

公差带代号的标注方法有多种，以图6.3-5所示"φ18g6"为例介绍常用的两种标注方法。

（1）设置"尺寸编辑"动态框的方法

1）激活命令并选择标注对象。在功能区"尺寸"命令组上选择 ⚡【快速尺寸】命令，系统弹出"快速尺寸"对话框，如图6.3-6所示；将对话框中"测量"区域的"方法"设置为 ▯【圆柱式】；选择图6.3-5中圆柱的两条轮廓线，系统自动显示出"φ18"的动态尺寸，鼠标稍稍停滞后，系统弹出"尺寸编辑"动态框。

2）设置对话框。按照图6.3-7所示动态框界面设置，先将尺寸公差设置为【H7 限制和拟合】，然后在下拉列表框中选择【轴】，接着选择基本偏差代号【g】和公差等级代号【6】；设置完成后，选择合适位置单击鼠标左键，结果如图6.3-5所示。

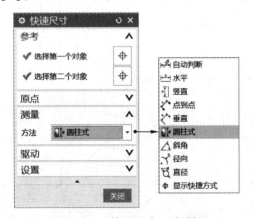

图6.3-6 "快速尺寸"对话框

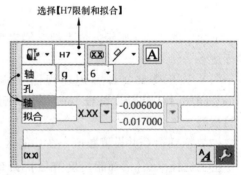

图6.3-7 "尺寸编辑"动态框

（2）设置"公差配合优先级表"对话框的方法

1）激活命令并标注。在功能区"尺寸"命令组上选择 ⚡【快速尺寸】命令，系统弹出"快速尺寸"对话框；将对话框中"测量"区域的"方法"设置为 ▯【圆柱式】，选择图6.3-5所示圆柱的两条轮廓线后选择合适位置放置尺寸，结果如图6.3-8a所示。

2）设置公差代号。在功能区的"制图工具-GC 工具箱"命令组上选择 ⚙【公差配合优先级表】命令，系统弹出其对话框，在对话框上选择"公差配合表类型"为【基轴制】并在下方选择【! g6】，如图6.3-8b所示。

3）修改尺寸。选择图6.3-38a所示尺寸，单击【确定】按钮完成修改，结果如图6.3-8c所示。

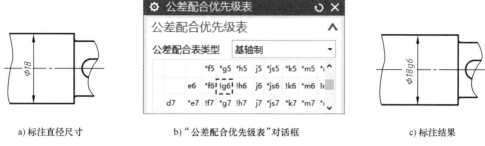

a）标注直径尺寸 b）"公差配合优先级表"对话框 c）标注结果

图6.3-8 设置"公差配合优先级表"对话框标注公差带代号

2. 标注极限偏差数值

公差也可以用上、下极限偏差数值来标注，如图6.3-9所示的"$\phi18^{-0.006}_{-0.017}$"，常用的标注方法介绍如下。

（1）激活命令 在功能区"尺寸"命令组上选择 ⚡【快速尺寸】命令，系统弹出"快速尺寸"对话框，将对话框中"测量"区域的"方法"设置为 🔘【圆柱式】。

（2）标注尺寸 选择图6.3-9所示圆柱的两条轮廓线，系统显示出"$\phi18$"的动态尺寸，鼠标稍稍停滞后，系统弹出"尺寸编辑"动态框；按照图6.3-10所示界面设置动态框，首先将尺寸公差设置为【$^{+.05}_{-.02}$ 双向公差】，然后在上、下极限偏差文本框输入极限偏差数值并设置精度为"3"；设置完成后选择合适位置，单击鼠标左键，结果如图6.3-9所示。

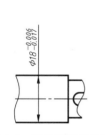

图6.3-9 标注极限偏差数值

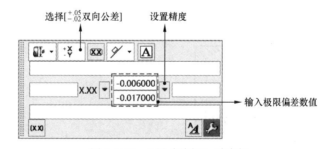

选择[$^{+.05}_{-.02}$双向公差] 设置精度

输入极限偏差数值

图6.3-10 "尺寸编辑"动态框

说明：极限偏差还可以通过"快速尺寸格式化工具-GC工具箱"中相关命令进行标注，其标注方法与下面内容类似。

3. 同时标注公差带代号和极限偏差数值

以上分别介绍了单独标注公差带代号和极限偏差数值的方法，公差也可以采用图6.3-11所示的公差带代号和极限偏差数值同时标注的方式，其创建方法介绍如下。

（1）选择标注格式 在功能区的"快速尺寸格式化工具-GC工具箱"上选择 ⬜【拟合符号和公差】命令，让其处于高亮激活状态。

（2）激活命令 在功能区"尺寸"命令组上选择 ⚡【快速尺寸】命令，系统弹出"快速尺寸"对话框，将对话框中"测量"区域的"方法"设置为 🔘【圆柱式】，选择需要标注的圆柱轮廓线，出现尺寸预览，如图 6.3-12 所示。

（3）设置对话框并标注　稍稍停顿鼠标，系统弹出"尺寸设置"对话框，将"类型"设置为【轴】选项，接着选择基本偏差代号【g】和公差等级代号【6】，设置完成后在图样上选择合适位置并单击鼠标左键，结果如图 6.3-9 所示。

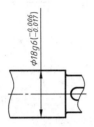

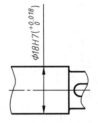

图 6.3-11　同时标注公差带代号和极限偏差数值　　　　图 6.3-12　尺寸预览

说明：如果需要继续标注类似尺寸，重复步骤（2）(3) 即可。如果完成此类尺寸标注，一定再次单击"快速尺寸格式化工具-GC 工具箱"中【拟合符号和公差】图标，解除其激活状态。

4. 标注配合代号

在装配图中，轴、孔配合后需要标注其配合代号。以图 6.3-13 所示的 $\phi18\dfrac{H7}{g6}$ 为例，其标注步骤如下。

（1）激活命令并标注尺寸　在功能区"尺寸"命令组上选择【快速尺寸】命令，系统弹出"快速尺寸"对话框；将"测量"区域的"方法"设置为【圆柱式】，选择图 6.3-13 所示圆柱的两条轮廓线后选择合适位置放置尺寸，结果如图 6.3-14 所示。

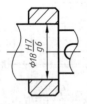

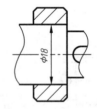

图 6.3-13　标注配合代号　　　　　　　　　　图 6.3-14　标注直径尺寸

（2）选择配合方式　在功能区的"制图工具-GC 工具箱"命令组上选择【公差配合优先级表】命令打开其对话框，如图 6.3-15 所示。选择"公差配合表类型"为【基孔制配合】并在下方选择【! H7/g6】。

（3）修改尺寸　选择图 6.3-14 所示直径尺寸，结果如图 6.3-13 所示。

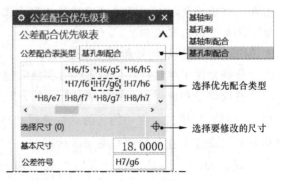

图 6.3-15　"公差配合优先级表"对话框

6.3.3 几何公差的标注

加工后的零件不仅有尺寸误差，构成零件几何特征的点、线、面的实际形状或相对位置与理想几何体规定的形状和相对位置还不可避免地存在差异，这种形状上的差异就是形状误差，而相对位置的差异就是位置误差，统称为几何公差。几何公差都是相对一定基准的可变动量，因此在创建标注时，需要先在基准处添加基准符号，再标注几何特征符号和公差数值等。

1. 添加基准符号

绘制工程图时，添加基准符号的过程如下。

（1）打开模型文件并创建视图　根据路径 "\ug\ch6\6.3\2-基准特征符号 .prt" 打开配套资源中的模型。

（2）激活命令　在功能区"注释"命令组上选择 ⌶【基准特征符号】命令打开图 6.3-16 所示对话框。

（3）添加基准 A　在"基准标识符"区域的"字母"文本框中输入"A"，其余采用默认设置；在图 6.3-17a 所示的位置 1 处单击鼠标左键后拖动鼠标，到达放置位置后再次单击鼠标左键，创建基准符号 A。

（4）添加基准 B　在"基准标识符"区域的"字母"文本框中输入"B"，其余采用默认设置；在图 6.3-17a 所示的位置 2 处单击鼠标左键后拖动鼠标，到达选定位置后单击鼠标左键，结果如图 6.3-17b 所示。

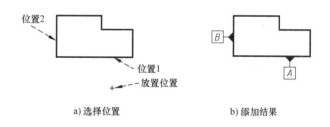

a) 选择位置　　　　　　b) 添加结果

图 6.3-16　"基准特征符号"对话框　　　　　图 6.3-17　添加基准符号

2. 几何公差符号的标注

在功能区"注释"命令组上选择 ⌐▭┐【特征控制框】命令，系统弹出图 6.3-18 所示对话框。

"特征控制框"对话框中"框样式"下拉列表框包括"单框""复合框"两种类型，说明如下。

⊞"单框"：如果在同一个元素上标注多个几何公差，则应选择【单框】类型并多次添加，添加时系统会自动吸附到已经创建的几何公差框上，结果如图 6.3-19 所示。

⊟"复合框"：如果多行几何公差的特征类型相同，只是公差数值或基准不同，在"框样式"下拉列表框中选择【复合框】类型，此时会激活"添加新框"区域，单击 ⊞【添加新框】按钮，可在"列表框"区域添加新框名称，选择不同名称可分别进行参数定义，"复合框"图例如图 6.3-20 所示。

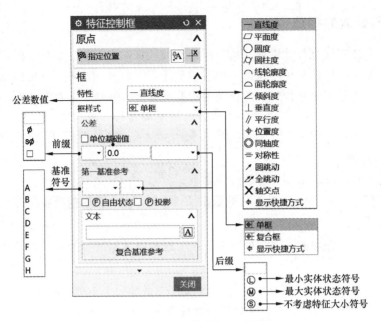

图 6.3-18　"特征控制框"对话框

下面以图 6.3-21 所示情况为例介绍几何公差的标注过程。

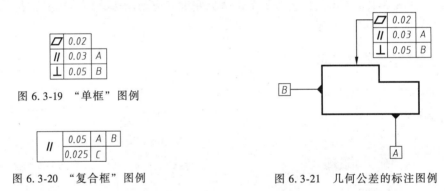

图 6.3-19　"单框"图例

图 6.3-20　"复合框"图例　　　　　图 6.3-21　几何公差的标注图例

（1）打开模型文件并创建视图　根据路径"\ug\ch6\6.3\3-几何公差符号.prt"打开配套资源中的模型。

（2）激活命令　在功能区"注释"命令组上选择 ▭【特征控制框】命令，系统弹出"特征控制框"对话框。

（3）定义平面度公差　在"特性"下拉列表框中选择 ▱【平面度】选项，在"框样式"下拉列表框中选择▣【单框】选项，在"公差"区域的文本框输入"0.02"的公差数值，其余采用默认设置。

（4）放置公差框　在图 6.3-22a 所示的边线位置 1 处单击鼠标左键，拖动鼠标到放置位置后单击鼠标左键放置几何公差框，结果如图 6.3-22b 所示。

（5）定义平行度公差　在"特性"下拉列表框中选择 ∥【平行度】选项，在"框样式"下拉列表框中选择▣【单框】选项，在"公差"区域的文本框输入"0.03"的公差数值，在"第一基准参考"区域的下拉列表框中选择"A"，其余采用默认设置。

（6）放置公差框 确认"特征控制框"对话框中的 🏴【指定位置】区域被激活，移动鼠标到图 6.3-22c 所示的位置，系统会自动捕捉放置位置，符合需求则单击鼠标左键确认。

⊥"垂直度"的创建重复步骤（5）（6）即可，结果如图 6.3-21 所示。

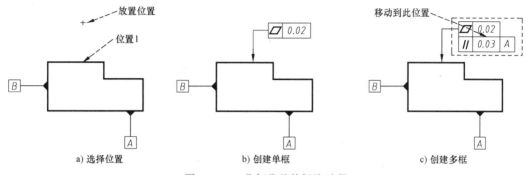

a) 选择位置　　　　　　　b) 创建单框　　　　　　　c) 创建多框

图 6.3-22　几何公差的标注过程

6.4　尺寸编辑及技术要求的补充

尺寸标注完成后，可能出现交叉的情况，此时就需要对尺寸进行排序；想要快捷地编辑尺寸标注格式使其一致时，可使用格式刷工具；除 6.3 节介绍的技术要求外，一些材料要求与热处理的说明等需要添加在图纸的标题栏或明细栏附近，而这些需要都可以通过"GC 工具箱-制图工具"来满足。

6.4　微课视频

6.4.1　尺寸排序

在机械制图中，链式尺寸应放置到一条直线上，基线尺寸应该避免交叉，为了避免出现图 6.4-1a 所示尺寸凌乱的情况，"GC 工具箱-制图工具"提供了尺寸排序命令。下面以图 6.4-1 为例进行相关操作介绍。

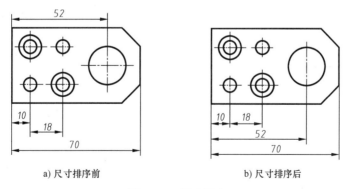

a) 尺寸排序前　　　　　　　b) 尺寸排序后

图 6.4-1　尺寸排序

（1）打开文件并进入工程图环境 根据路径 "\ug\ch6\6.4\1-尺寸排序 .prt" 打开配套

资源中的模型，进入工程图环境。

（2）激活命令　在功能区"GC工具箱-制图工具"命令组上选择  【尺寸排序】命令，系统弹出"尺寸排序"对话框，如图6.4-2所示。

（3）调整链式尺寸　在"基准尺寸"区域中✱"选择尺寸"命令处于激活状态时选择尺寸"10"，系统自动激活"对齐尺寸"区域的✱"选择尺寸"命令，选择尺寸"18"，设置"尺寸间距"为"0"，单击【应用】按钮，结果如图6.4-3所示。

（4）调整基线尺寸　在"基准尺寸"区域中✱"选择尺寸"命令处于激活状态时选择尺寸"10"，系统自动激活"对齐尺寸"区域的✱"选择尺寸"命令，选择尺寸"52"和"70"，设置"尺寸间距"为"8"，单击【确定】按钮，结果如图6.4-1b所示。

图6.4-2　"尺寸排序"对话框

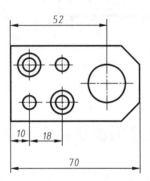

图6.4-3　链式尺寸排序

6.4.2　格式刷

UG NX 12.0中设有"格式刷"工具，利用该命令可以对尺寸、中心线、文本等进行样式匹配，操作步骤如下。

（1）激活命令　在功能区"GC工具箱-制图工具"命令组上选择 【格式刷】命令，系统弹出"格式刷"对话框，如图6.4-4所示。

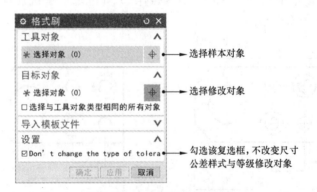

图6.4-4　"格式刷"对话框

（2）不改变公差样式匹配　在"格式刷"对话框中的"设置"区域，勾选【Dont't change the type of tolerance and rank】（不改变尺寸公差样式与等级）复选框。选择图6.4-5a中"φ6±0.1"尺寸为样本对象，选择右侧的三个尺寸，结果如图6.4-5b所示。

（3）改变公差样式匹配　去除"设置"区域中【Dont't change the type of tolerance and rank】复选框的勾选状态。选择图 6.4-5a 中"φ6±0.1"尺寸为样本对象，然后选择右侧的三个尺寸，结果如图 6.4-5c 所示。

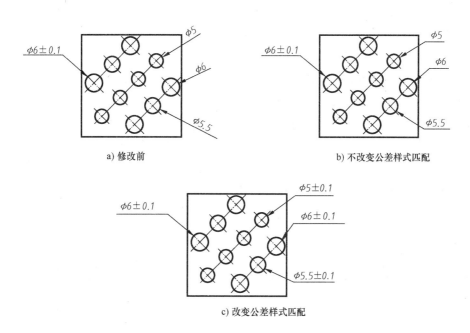

a) 修改前　　　　　　　　　　　　　　　b) 不改变公差样式匹配

c) 改变公差样式匹配

图 6.4-5　"格式刷"匹配

6.4.3　添加技术要求

在工程图中常需要注写技术要求，UG NX 提供了技术要求库，可以方便地从库中提取相关技术要求条目，避免重复工作。在功能区"GC 工具箱-制图工具"命令组上选择 【技术要求库】命令，系统弹出"技术要求"对话框，如图 6.4-6 所示。

"技术要求"对话框的常用选项说明如下。

（1）"原点"区域　用于定义技术要求的标注范围。通过在图形区指定两点来定义撰写的矩形区域，当某条技术要求文本长度超过终止位置时，系统会对文本自动换行。

（2）"文本输入"区域

"从已有文本输入"区域：在此区域单击 按钮，可以从图形区选择已经创建的技术要求，可以在编辑后勾选【替换已有技术要求】复选框，则替换已经存在的技术要求。

图 6.4-6　"技术要求"对话框

"添加索引"复选框：勾选则系统默认第一行文本为"技术要求"，且每行条目前自动标注序号。

"技术要求库"列表框：显示当前配置文件中定义的技术要求分类和条目，双击某个条目即可添加到文本输入框。

（3）"设置"区域　用于定义文本的字体，默认是"chinese_fs"。

从库中添加技术要求的操作步骤介绍如下。

（1）激活命令　在功能区"GC 工具箱-制图工具"命令组上选择 ▦【技术要求库】命令，系统弹出"技术要求"对话框，如图 6.4-6 所示。

（2）选择位置　在图形区选择放置位置和终点位置，文本的书写长度由两点间的横向尺寸决定，如图 6.4-7a 所示。

（3）选择条目　在"技术要求库"列表框中单击"加工件通用技术要求"前的 ✛ 符号，从扩展条目中选择内容并双击，此时相关内容会显示在文本输入框，单击【确定】按钮完成操作，结果如图 6.4-7b 所示。

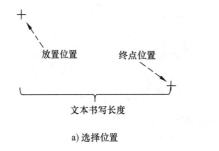

技术要求

1. 零件加工表面上，不应有划痕、擦伤等损伤零件表面的缺陷。
2. 零件进行高频淬火，350～370℃回火，40～45HRC。
3. 锐角倒钝。

a）选择位置　　　　　　　　b）添加的技术要求

图 6.4-7　"技术要求"图例

6.5　标题栏

标题栏可以在"制图"模块的活动草图环境下按照国家标准要求进行绘制，也可以利用插入表格的方法实现。其中，草图绘制的方法与第 2 章介绍过的类似，此处不再赘述。GB/T 10609.1—2008 推荐的标题栏格式如图 6.5-1 所示，下面

6.5　微课视频

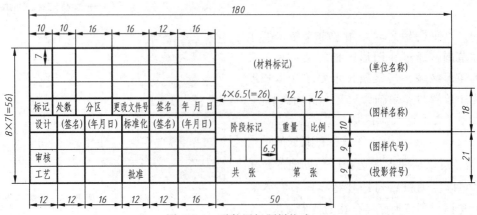

图 6.5-1　零件图标题栏格式

介绍如何利用表格方式绘制这样的标题栏。

6.5.1　绘制标题栏表格

为了便于操作，将图 6.5-1 所示的零件图标题栏分为四个表格区域，分别为图 6.5-2 所示。

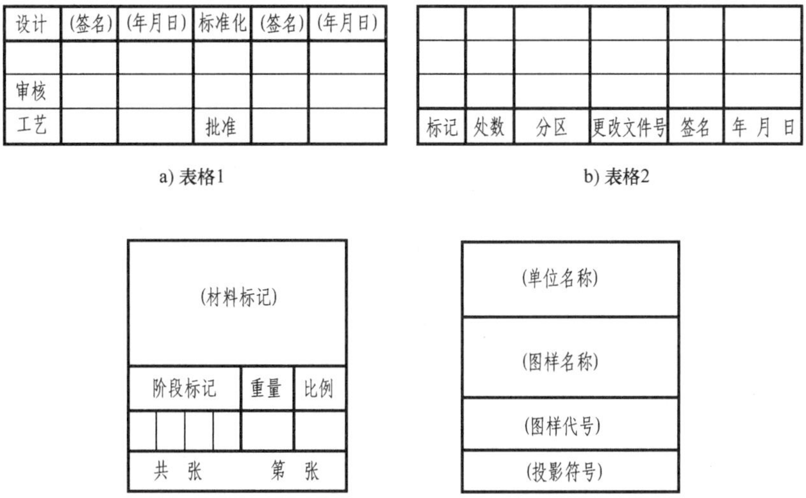

设计
(签名)
(年月日)
标准化
(签名)
(年月日)
审核
工艺
批准
标记
处数
分区
更改文件号
签名
年 月 日
(材料标记)
阶段标记
重量
比例
共 张
第 张
(单位名称)
(图样名称)
(图样代号)
(投影符号)

a) 表格1　b) 表格2　c) 表格3　d) 表格4

图 6.5-2　零件图标题栏分解

1. 绘制表格 1

（1）新建文件并进入工程图环境　选择【新建】命令创建新文件，单击功能区【应用模块】标签打开其选项卡，在“设计”命令组上选择【制图】命令，根据需求设置图幅尺寸等参数后进入工程图环境。

（2）插入表格　在功能区“表”命令组上选择【表格注释】命令，系统弹出“表格注释”对话框，如图 6.5-3 所示；在“表大小”区域设置“列数”为“6”，“行数”为“4”，“列宽”为“12”，然后在图纸中的合适位置单击鼠标左键放置表格，结果如图 6.5-4 所示；单击【关闭】按钮或单击鼠标中键，结束命令。

表格注释
原点
指定位置
表大小
列数
6
行数
4
列宽
12.0000
关闭

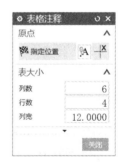

图 6.5-3　“表格注释”对话框

（3）编辑行的高度　将鼠标移至表格左上角，当整体表格出现预选色后单击鼠标右键，在弹出的快捷菜单上依次单击【选择】→【行】；再次单击鼠标右键，在弹出的快捷菜单上选择【调整大小】命令，系统弹出“调整行大小警告”对话框，单击【全是】按钮，在“行高度”文本框中输入“7”，按<Enter>键或单击鼠标中键结束命令。

（4）编辑列的宽度　选择表格第三列并单击鼠标右键，在弹出的快捷菜单上选择【调整大小】命令，系统弹出“列宽”动态输入框，输入“16”，按<Enter>键或单击鼠标中键结束命令。同样方法，设置表格第 6 列列宽也为“16”，结果如图 6.5-5 所示。

（5）编辑文字样式　选择所有表格并单击鼠标右键，在弹出的快捷菜单上选择【设

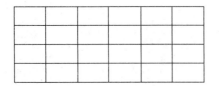

图 6.5-4　表格 1 初始表格

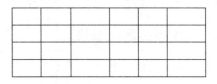

图 6.5-5　调整列宽

置】命令，系统弹出"设置"对话框；在"文本参数"区域将字体设置为【A FangSong】（仿宋体），在"高度"文本框输入"3.5"，其余采用默认参数设置。

（6）编辑文字对齐方式和格线样式　在"设置"对话框左侧列表框中依次单击【公共】→【单元格】，在右侧"格式"区域将"文本对齐"选择为 ☰【中心】选项；在"边界"区域的"侧"下拉列表框中选择 ⊞【中间】选项，选择线的颜色为【黑色】，线宽为【0.18mm】，其余参数保持不变。单击【关闭】按钮，完成样式编辑。

（7）输入表格文字　双击单元格，按照图 6.5-2a 所示格式在弹出的输入框中输入相应的文字，结果如图 6.5-6 所示。

2. 绘制表格 2

（1）插入表格　在功能区"表"命令组上选择 【表格注释】命令，系统弹出"表格注释"对话框，在"表大小"区域设置"列数"为"6"，"行数"为"4"，"列宽"为"10"，在图纸中的合适位置单击鼠标左键放置表格，单击【关闭】按钮或单击鼠标中键，结果如图 6.5-7 所示。

设 计	(签名)	(年月日)	标准化	(签名)	(年月日)
审核					
工艺			批准		

图 6.5-6　输入文字

图 6.5-7　表格 2 初始表格

（2）调整表格

1）调整行高。选择图 6.5-7 的第一行，当出现预选色后按下鼠标左键并拖动鼠标到第四行，这时表格的外框会出现预选色，单击鼠标右键，在弹出的快捷菜单上选择 【调整大小】命令，参照绘制表格 1 的步骤（3），将"行高度"设置为"7"。

2）调整列宽。参照绘制表格 1 的步骤（4），将第 3、4、5、6 列的"列宽"分别设置为"16""16""12""16"。

（3）设置单元格样式　参照绘制表格 1 的步骤（5）~（6），设置表格字体"高度"为"3.5"的【A FangSong】（仿宋体），"文本对齐"为 ☰【中心】，选择 ⊞【中间】的"边界"，并设置线为【黑色】，线宽【0.18mm】的细实线。

（4）输入表格文字　双击单元格，按照图 6.5-2b 所示格式在弹出的输入框中输入相应的文字，结果如图 6.5-8 所示。

标记	处数	分区	更改文件号	签名	年 月 日

图 6.5-8　完成的表格 2

3. 绘制表格 3

（1）插入表格　在功能区"表"命令组上选择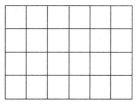

【表格注释】命令，系统弹出"表格注释"对话框，在"表大小"区域设置"列数"为"6"，"行数"为"4"，"列宽"为"6.5"，在图纸中的合适位置单击鼠标左键放置表格，单击【关闭】按钮或单击鼠标中键，结果如图6.5-9所示。

图6.5-9　表格3初始表格

（2）调整表格　参照绘制表格1的步骤（3）~（4），调整表格大小。

1）调整行高。分别选择每行，从上至下依次设置"行高度"为"28""10""9""9"。

2）调整列宽。将第5、6列"列宽"均设置为"12"。

3）合并表格。选择需要合并的单元格，出现预选色后单击鼠标右键，在弹出的快捷菜单上选择【合并单元格】命令，结果如图6.5-10a所示。

（3）设置单元格样式　参照绘制表格1的步骤（5）~（6），设置表格中的字体、格线样式等。

1）设置字体和位置。设置表格字体"高度"为"3.5"的【A FangSong】（仿宋体），"文本对齐"为【中心】，其余保持参数不变。

2）设置线宽。选择图6.5-10a所示中间横向的四个表格并单击鼠标右键，在弹出的快捷菜单上选择【设置】命令，在"设置"对话框中选择【单元格】选项，在"边界"区域的"侧"下拉列表框中选择【中心】选项，设置线宽为【0.18mm】，将中间三条格线改为细实线，结果如图6.5-10b所示。

（4）输入表格文字　双击单元格，按照图6.5-2c所示格式在弹出的输入框中输入相应的文字，结果如图6.5-10c所示。

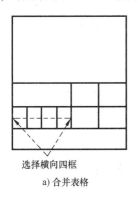

选择横向四框

a）合并表格

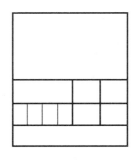

b）修改线宽

c）输入表格文字

图6.5-10　修改表格3

4. 绘制表格 4

（1）插入表格　在功能区"表"命令组上选择【表格注释】命令，系统弹出"表格注释"对话框，在"表大小"区域设置"列数"为"1"，"行数"为"4"，"列宽"为"50"，在图纸中的合适位置单击鼠标左键，单击【关闭】按钮或单击鼠标中键放置表格，结果如图6.5-11所示。

（2）调整行高　参照绘制表格1的步骤（3）~（4），分别选择每行，从上至下依次设置

"行高度"为"17""18""12""9"。

（3）设置单元格样式 参照绘制表格1的步骤（5）~（6），设置表格字体"高度"为"3.5"的【A FangSong】（仿宋体），"文本对齐"为 ☰【中心】，其余参数保持不变。

（4）输入表格文字 双击单元格，按照图6.5-2d所示格式在弹出的输入框中输入相应的文字，结果如图6.5-12所示。

按照以上步骤绘制表格的文件在配套资源中的存储路径为"\ug\ch6\6.5\1-绘制标题栏过程（一）.prt"。

图6.5-11 表格4初始表格

图6.5-12 完成的表格4

5. 调整四个表格的位置

（1）调整表格1和表格2的位置 将鼠标移至图6.5-13所示点1的位置，当表1出现预选色后单击鼠标左键选择整个表格，单击鼠标右键，在弹出的快捷菜单上选择 【编辑】命令，系统弹出图6.5-14所示的"表格注释区域"对话框。单击对话框中 ⤢【指定位置】按钮，选择图6.5-13所示表格2的点2，则两个表格对齐，结果如图6.5-15所示。

（2）调整表格3的位置 参照步骤（1）选中整个表格3后单击鼠标右键，在弹出的快捷菜单上选择 【编辑】命令，系统弹出"表格注释区域"对话框，在其中单击 ⤢

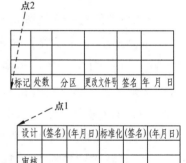

图6.5-13 待调整的表格

【指定位置】按钮，选择图6.5-15所示表格的右上角顶点为放置点，实现表格3位置的调整。

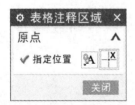

图6.5-14 "表格注释区域"对话框

图6.5-15 调整后表格1和表格2

（3）调整表格4的位置 表格4的调整方法与步骤（2）类似，最后结果如图6.5-16所示。

调整后表格文件在配套资源中的存储路径为"\ug\ch6\6.5\2-绘制标题栏过程（二）.prt"。

							(材料标记)			(单位名称)	
标记	处数	分区	更改文件号	签名	年 月 日					(图样名称)	
设计	(签名)	(年月日)	标准化	(签名)	(年月日)		阶段标记	重量	比例		
审核										(图样代号)	
工艺			批准				共 张		第 张	(投影符号)	

图 6.5-16 调整后的标题栏表格

6.5.2 创建图纸边框

想要在图纸上正确放置标题栏，就需要先将图纸的边框创建出来，下面以 A3 图纸为例进行介绍。

（1）打开文件并进入工程图环境 根据路径 "\ug\ch6\6.5\2-绘制标题栏过程(二).prt" 打开配套资源中的文件。

（2）设置图纸幅面 在部件导航器上选择需要修改的图纸页 📖工作表"Sheet 1" 并单击鼠标右键，在弹出的快捷菜单上选择 🔧【编辑图纸页】命令打开"工作表"对话框，可以根据需求修改图纸页幅面，本例修改为 A3 幅面。

（3）定义图纸边框 依次单击 🖱【菜单】→【工具】→【图纸格式】→【边界和区域】，系统弹出"边界和区域"对话框。根据 GB/T 14689—1993 规定的图幅与边框格式进行对话框的参数设置，如图 6.5-17 所示，结果如图 6.5-18 所示。

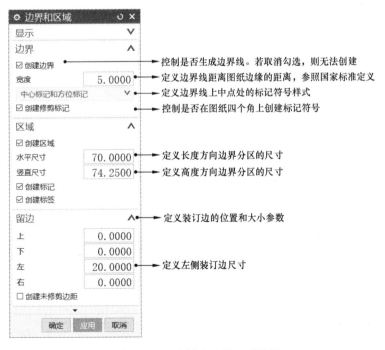

图 6.5-17 "边界和区域"对话框

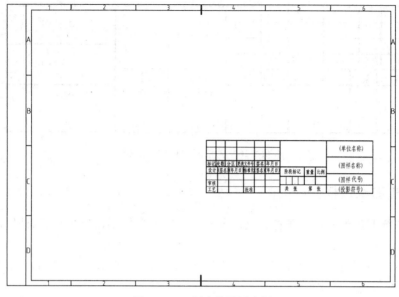

图 6.5-18　创建的图纸边框

6.5.3　定义标题块

将绘制好的标题栏定义成标题块能便于输入相关数据。下面介绍定义标题块的常用方法。

（1）打开文件　根据路径"\ug\ch6\6.5\3-绘制标题栏（三）.prt"打开配套资源中的模型。

（2）定义标题块

1）选择标题块。依次单击 【菜单】→【工具】→【图纸格式】→ 【定义标题块】，系统弹出"定义标题块"对话框，选择 6.5.1 小节创建完成的四个表格，则对话框如图 6.5-19 所示。

2）定义单元格。选择"定义标题栏"对话框中"列表框"区域中的某个标签，展开"单元格属性"区域，根据所选单元格是否需要修改进行"锁定"复选框的勾选。

说明：勾选"锁定"复选框的单元格不能修改，不勾选的单元格在工程图环境下双击表格后可通过"填充标题块"命令进行修改。特别注意，文字加括号的单元格不要锁定。

3）完成修改。按照以上步骤依次锁定已经输入文本的单元格，修改完成后，单击【确定】按钮，四个独立表格将合并为

图 6.5-19　"定义标题块"对话框

一个。

（3）投影图框范围边线　在功能区的"草图"命令组上"草图曲线"下拉菜单中选择 【投影曲线】命令，系统弹出"投影曲线"对话框，选择图 6.5-18 所示图框的右下角内框两条直线进行投影，然后单击 【完成草图】按钮。

（4）调整标题栏的位置　选择标题栏并单击鼠标右键，在弹出的快捷菜单上选择 【原点】命令，系统弹出"原点工具"对话框，如图 6.5-20 所示。在对话框中单击 【点构造器】按钮，选择图 6.5-21 所示的对齐点，单击【确定】按钮，则标题栏与图框对齐，结果如图 6.5-21 所示。

（5）保存模板文件　依次单击【文件】→【保存】→【另存为】，在弹出的对话框中将文件命名为"A3 工程图模板"并选择合适路径后保存。

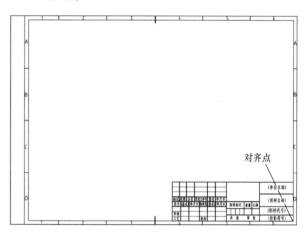

图 6.5-20　"原点工具"对话框　　　　　　图 6.5-21　调整标题栏位置

6.5.4　填充标题块

创建好标题栏后，向单元格填写具体内容的常用方法有如下三种。

方法一：在标题栏单元格上直接双击鼠标左键，打开"填充标题块"对话框进行填写。

方法二：选择标题栏单元格并单击鼠标右键，在弹出的快捷菜单上选择 【填充】命令。

方法三：依次单击 【菜单】→【工具】→【图纸格式】→ 【填充标题块】。

激活命令后，在"填充标题块"对话框中"列表框"区域依次选择不同的标签，在"单元格值"文本框内填写相应内容，直至填充完成，单击【关闭】按钮。

说明：只有在标题块定义完成后，才能激活"填充标题块"对话框。

6.5.5　调用标题栏模板文件

UG NX 提供的工程图模板不符合我国国家标准的要求，新生成的文件可以直接调用做好的标题栏，调用方法介绍如下。

（1）打开文件 打开需要生成工程图的模型文件，并进入"制图"模块。

（2）创建图纸页 在功能区选择 ▦ 【新建图纸页】命令，按需求选择大小符合国家标准规定的图纸，这里创建 A3 图纸。

（3）调入模板 依次单击【文件】→【导入】→【部件】打开"导入部件"对话框，单击【确定】按钮，根据路径"\ug\ch6\6.5\A3 工程图模板"选择模板文件，单击【确定】按钮，系统弹出"点"对话框，单击【确定】按钮，完成调用。

说明：工程图模板文件的调用可以在视图创建前，也可以在视图创建后进行。调用过程中，可以通过"点"对话框设置模板文件的插入位置，通常选用默认值即可。

6.5.6 替换模板

使用"替换模板"命令可以对当前图纸中选定的图纸页进行模板替换，此时模板按照配置文件中的定义读取。模板放置在 UG NX 安装目录"/LOCALIZATION/PRC/simpl_chinese/startup"和"/LOCALIZATION/PRC/english/startup"两个文件夹下，可以根据需求对相应模板进行必要的修改，进行图档的标准化。

以图 6.5-22 所示的将 A4 图纸页替换为 A3 图纸页的情况为例，替换模板的方法介绍如下。

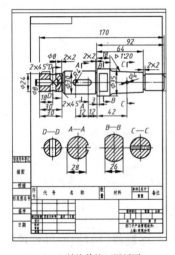

a) 替换前的A4图纸页

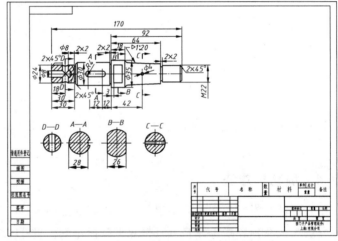

b) 替换后的A3图纸页

图 6.5-22 "替换模板"图例

（1）打开模型文件并进入工程图环境 根据路径"\ug\ch6\6.5\5-替换模板.prt"打开配套资源中的模型。

（2）激活命令 在功能区的"制图工具-GC 工具箱"命令组上选择 ▦ 【替换模板】命令，系统弹出"工程图模板替换"对话框，如图 6.5-23 所示。

（3）选择新模板 在"图纸中的图纸页"区域选择要替换的图纸【Sheet 1（A4-297×210）】，然后在"选择替换模板"区域选择新图纸【A3-||】，单击【确定】按钮，结果如图 6.5-22b 所示。

图 6.5-23 "工程图模板替换"对话框

6.6 明细栏和零件序号

因 UG NX 零件明细栏主要应用"零件明细表"命令生成，因此本节统称"零件明细表"。UG NX 中的"零件明细表"是依据装配导航器的组件产生的，可以设置其随着装配的变化而自动更新，也可以设置为根据需求进行更新。此外，还可以通过创建零件明细表模板而方便地实现明细表的标准化。

6.6 微课视频

6.6.1 插入零件明细表

（1）打开装配文件并进入工程图环境 根据路径"\ug\ch6\6.6\螺栓装配\1-插入零件明细表.prt"打开配套资源中的模型。

（2）插入零件明细表 在功能区"表"命令组上选择 【零件明细表】命令，系统按照装配顺序生成零件明细表，选择合适位置后单击鼠标左键，结果如图 6.6-1 所示。

6.6.2 编辑零件明细表

图 6.6-1 所示的零件明细表是系统默认的格式，一般不能满足制图的实际需求，此时可按如下方式修改由系统自动创建的明细表。

（1）新建零件并进入工程图环境 单击 【新建】命令创建新文件，单击功能区选项条【应用模块】标签打开其选项卡，在"设计"命令组上选择 【制图】模块，根据需求设置图幅尺寸等参数后进入工程图环境。

（2）插入零件明细表 在功能区"表"命令组上选择 【零件明细表】命令，系统自

5	螺母M20	1
4	垫片	1
3	螺栓	1
2	上板	1
1	下板	1
PC NO	PART NAME	QTY

图 6.6-1 自动生成的零件明细表

动生成明细表表头，选择合适位置后单击鼠标左键，结果如图 6.6-2 所示。

PC NO	PART NAME	QTY

图 6.6-2　系统自动生成的明细表表头

（3）插入列　将鼠标移至图 6.6-2 所示零件明细表表头的第一列，当出现预选色后单击鼠标右键，在弹出的快捷菜单上依次单击【选择】→【列】；再次单击鼠标右键，在弹出的快捷菜单上依次单击【插入】→ 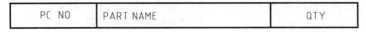【在右侧插入列】，结果如图 6.6-3 所示。类似地，在"QTY"列后插入四列。

PC NO		PART NAME	QTY

图 6.6-3　插入列

（4）编辑文本　双击表头中每一个单元格，然后在弹出的文本框内按照国家标准的规定填写内容，结果如图 6.6-4 所示。

序号	代号	名称	数量	材料	单重	总重	备注

图 6.6-4　编辑文本

（5）编辑文字样式　选择整个表头后单击鼠标右键，在弹出的快捷菜单上选择 【单元格设置】命令，系统弹出"设置"对话框；在"文本参数"区域将字体设置为【A Fang-Song】（仿宋体），在"高度"文本框输入"3.5"，其余采用默认参数设置。

（6）编辑文字对齐方式　在"设置"对话框左侧列表框中依次单击【公共】→【单元格】，在右侧"格式"区域将"文本对齐"选择为 【中心】选项，其余采用默认参数设置，单击【关闭】按钮，完成样式编辑。

（7）编辑列的宽度　将鼠标移至第一列上，当出现预选色后单击鼠标右键，在弹出的快捷菜单上依次单击【选择】→【列】；再次单击鼠标右键，在快捷菜单上选择 【调整大小】命令，系统弹出"列宽"动态输入框，输入"8"并按<Enter>键或单击鼠标中键。重复以上操作，依次定义第二列起各列的"列宽"为"40""44""8""38""10""12""20"，结果如图 6.6-5 所示。

序号	代号	名称	数量	材料	单重	总重	备注

图 6.6-5　编辑列的宽度

（8）编辑行的高度　将鼠标移至表格左上角，当表格整体出现预选色后单击鼠标右键，在弹出的快捷菜单上依次单击【选择】→【行】；再次单击鼠标右键，在弹出的快捷菜单上选择 【调整大小】命令，系统弹出"调整行大小警告"对话框，单击【是】按钮，在"行高度"动态输入框中输入"7"，按<Enter>键或单击鼠标中键。

（9）另存为模板　选中零件明细表并单击鼠标右键，在弹出的快捷菜单上选择【另存为模板】命令，系统弹出"另存为模板"对话框，将模板命名为"零件图明细表模板"后单击【确定】按钮，完成模板的保存，系统自动将模板命名为"零件明细表模板_metric"。

（10）设置默认的零件明细表　默认明细表需要通过设置环境变量来完成，操作步骤如下。

1）定义用户默认设置。依次单击【文件】→ 【实用工具】→ 【用户默认设置】，系统弹出"用户默认设置"对话框。在对话框左侧的列表框中依次单击【制图】→【常规/设置】，在右侧打开【标准】选项卡后选择【定制标准】命令，系统弹出"定制制图标准"对话框。

2）定义制图标准。在对话框左侧的列表框中依次单击【表】→【零件明细表】，打开图 6.6-6 所示对话框。在"格式"区域的"默认零件明细表：原生模式"文本框中填写"零件明细表模板_ metric"。

3）保存设置并退出。单击对话框右下角的【另存为】按钮，通过弹出的对话框为新标准命名；单击【确定】按钮返回"零件明细表设置"对话框，单击【关闭】按钮退回上一级对话框，单击【确定】按钮退出设置；系统弹出"重新启动 UG NX 自定义模板才能生效"对话框，关闭 UG NX 并重新启动，完成新零件明细表的设置。

图 6.6-6　"定制制图标准"对话框

6.6.3　自动添加零件编号

为零件添加序号，最常用的是"自动符号标注"命令，可以根据零件明细表中的显示内容对图样中的一个或多个视图添加零件编号。下面就在生成零件明细表的基础上，介绍生成"自动符号标注"的操作步骤。

（1）打开装配文件并进入工程图环境　根据路径"\ug\ch6\6.6\螺栓装配\2-自动符号标注 . prt"打开配套资源中的模型。

（2）生成零件自动编号　在功能区"表"命令组上选择 【自动符号标注】命令，系统弹出"零件明细表自动符号标注"对话框的选择明细表界面，如图 6.6-7a 所示；选择图

6.6-1 所示的零件明细表并单击【确定】按钮，弹出选择标注视图界面的对话框，如图 6.6-7b 所示；选择要放置零件编号的主视图并单击【确定】按钮，生成的编号如图 6.6-8 所示。

a) 选择明细表

b) 选择标注视图

图 6.6-7　"零件明细表自动符号标注" 对话框

零件序号也可以手动生成，其创建方法见 6.6.6 小节的介绍。自动生成的序号不符合我国国家标准要求，可以通过下面两小节介绍的自动排序和手动排序的方法进行修改，使其满足我国国家标准规定的顺时针或逆时针的排序要求。

6.6.4　装配序号排序

通过"装配序号排序"命令将装配图纸中的装配序号按照顺时针或逆时针的顺序进行排列时，需要指定一个初始的装配序号，然后系统将自动按照指定的距离值进行排序，操作步骤如下。

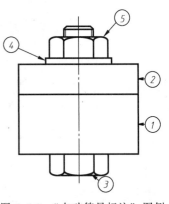

图 6.6-8　"自动符号标注" 图例

（1）打开装配文件并进入工程图环境　根据路径 "\ug\ch6\6.6\螺栓装配\3-自动符号标注-结果 . prt" 打开配套资源中的模型。

（2）激活命令　在功能区 "制图工具-GC 工具箱" 命令组上选择 【装配序号排序】命令，系统弹出 "装配序号排序" 对话框，如图 6.6-9 所示。

（3）重新排序　在对话框中的 "初始装配序号" 命令为激活状态时，选择图 6.6-8 所示垫片 4 为初始装配序号，其余参数不变，单击【确定】按钮，则五个零件序号按照顺时针方向重新排列，结果如图 6.6-10 所示。

6.6.5　编辑零件明细表

将装配图中的标识符号按照顺时针或逆时针排列后，还需使序号与零件明细表中的零件序号相对应。以 6.6.3 小节 "自动符号标注" 的结果为例，应用 "编辑零件明细表" 命令进行调整的操作步骤介绍如下。

（1）打开装配文件并进入工程图环境　根据路径 "\ug\ch6\6.6\螺栓装配\3 自动符号标注-结果 . prt" 打开配套资源中的模型。

说明：此时图样上创建的标识符号从逆时针看，其顺序是 3→1→2→5→4。

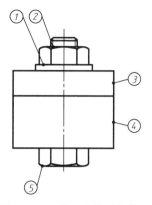

图 6.6-9　"装配序号排序"对话框　　　　图 6.6-10　装配序号重新排列

（2）激活命令　在功能区"制图工具-GC 工具箱"命令组上选择 【编辑零件明细表】命令，系统弹出"编辑零件明细表"对话框，选择图 6.6-1 所示自动生成的明细表，结果如图 6.6-11 所示。

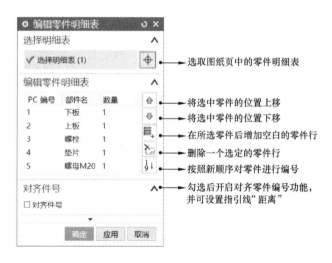

图 6.6-11　"编辑零件明细表"对话框

（3）修改明细表编号　根据装配图零件编号的需求，进行序号修改，修改方法主要有如下两种。

1）直接修改编号。单击"编辑零件明细表"对话框"PC 编号"列的序号，激活后将新序号填写在文本框内。

2）通过上、下键调整。单击 【向上】前移，单击 【向下】后移，然后单击对话框右侧的 【更新件号】按钮，使零件序号从上往下依次重新排序。

（4）对齐序号　勾选对话框中的【对齐件号】复选框，并设置"距离"为"10"，单击【确定】按钮，重新生成的明细表如图 6.6-12 所示，重新生成的零件序号如图 6.6-13 所示。

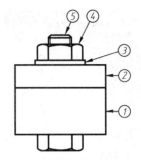

5	螺栓	1
4	螺母 M20	1
3	垫片	1
2	上板	1
1	下板	1
PC NO	PART NAME	QTY

图 6.6-12　重新生成的明细表

图 6.6-13　重新生成的零件序号

（5）调整零件序号位置　在视图上双击零件序号将其激活，在零件任意位置单击鼠标左键即可调整序号指引线起点位置；将箭头类型←"填充箭头"改为●—"填充黑点"；依次修改所有指引线并对齐，结果如图 6.6-14 所示。

说明：建议在手动排序前先利用 6.6.4 小节介绍的"装配序号排序"命令完成自动排序，这样会简化一些操作。

6.6.6　符号标注

标识符号是一种由规则图形和文本组成的符号，既可以与制图对象关联，也可以作为独立的符号放置在图样上。零件序号可以用前面介绍的"自动符号标注"命令完成，也

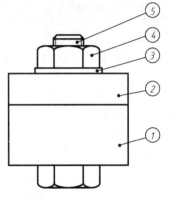

图 6.6-14　调整位置后的
零件序号图

可以应用"注释"命令组上⑦"符号标注"命令完成。激活该命令，系统弹出"符号标注"对话框，如图 6.6-15 所示。

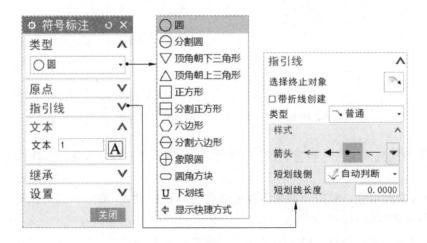

图 6.6-15　"符号标注"对话框

"符号标注"对话框中的常用按钮及选项说明如下。

（1）"类型"区域　通过下拉列表框选择不同形状的符号样式，默认方式是○"圆"。

（2）"原点"区域　定义指引线的放置位置。

（3）"指引线"区域　设置指引线样式。

（4）"文本"区域　输入标识符号内显示的文本，单击 $\boxed{A}$【文本输入】按钮，打开其对话框。

（5）"设置"区域　通过"大小"文本框定义标识符号的尺寸，通过 ^A_A"设置"命令定义文本样式。

下面以图6.6-16所示装配图零件序号的创建为例介绍"符号标注"命令，其他符号根据需求按类似方法标注即可。

（1）打开模型文件并创建视图　根据路径"\ug\ch6\6.6\螺栓装配\4-符号标注.prt"打开配套资源中的模型。

（2）激活命令　在功能区"注释"命令组上选择 ⑦【符号标注】命令，系统弹出"符号标注"对话框。

（3）设置符号标注样式　在"类型"下拉列表框中选择默认的 ○【圆】，在"指引线"区域的"类型"下拉列表框中选择 ▔◣【普通】，在"样式"区域将"箭头"更改为 ●━【填充黑点】，将"短划线长度"设置为"0"；在"文本"区域的文本框内输入"1"，后面的零件序号依次递增即可；在"设置"区域的"大小"文本框内输入"8"。

（4）放置标识符号　在图6.6-17a所示的位置1附近单击鼠标左键并拖动鼠标，出现指引线后松开鼠标，在合适位置（如位置2处）单击鼠标左键创建指引线。

（5）继续放置标识符号　在"文本"区域文本框内输入"2"，在第二个零件上单击鼠标左键并拖动鼠标，出现指引线后松开鼠标；移动鼠标到第一个标识符号上，出现关联符号后移动鼠标到其正下方，单击鼠标左键创建与第一个标识符号长对正的符号标注。

重复上面操作步骤完成其余标识符号的创建，单击对话框的【关闭】按钮，完成操作，结果如图6.6-17b所示。

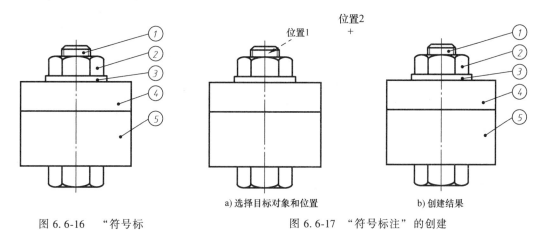

图6.6-16　"符号标注"图例

图6.6-17　"符号标注"的创建

a) 选择目标对象和位置　　b) 创建结果

标识符号修改的常用方法有如下两种。

方法一：在图样中直接双击要编辑的标识符号，打开"符号标注"对话框。

方法二：在图样中右击要编辑的标识符号，在弹出的快捷菜单上选择 ✍【编辑】命令，打开"符号标注"对话框。

打开对话框后，可以根据需求重新设置相关参数，实现标识符号的修改。

6.7 工程图样标注练习

综合运用 UG NX 命令与功能，根据给出的零件图和装配图生成工程图样，包括尺寸标注、几何公差、标题栏和零件序号等标注。

1. 标注练习1

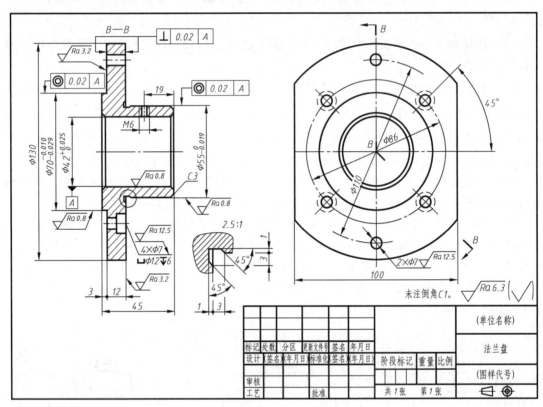

图 6.7-1 法兰盘零件图

2. 标注练习2

根据图 4.8-2 所示蝴蝶阀装配图完成练习。

第 **7** 章

综合实例

本章共有三个工程实例,第一个实例以行星齿轮机构为例,着重训练齿轮的创建和啮合的实现;第二个实例以常见的轴类零件为例,着重训练从三维模型建立到标准的零件工程图创建的过程;第三个实例以平口钳为例,着重训练从生成装配到完成装配工程图的过程。这三个实例综合了本书前面章节中的大部分内容,每个实例力求清晰详细,初学者完全可以按照实例步骤进行学习并体会相关操作技巧。希望通过本章三个实例的学习和训练,能够整体回顾教材内容,做到举一反三,获得解决问题的能力。

7.1 实例1——齿轮创建及行星齿轮机构装配

行星齿轮机构因类似于太阳系而得名。它的中心位置安装太阳轮,太阳轮的周围有几个围绕它旋转的行星轮,行星轮之间有一个共用的行星架,行星轮的外面会有一个大齿圈。

本实例以简化行星齿轮结构为例实现综合训练。其中,齿轮模数为1.5mm,太阳轮齿数为47,行星轮齿数为19,齿圈齿数为85。

7.1 微课视频

7.1.1 创建齿轮

1. 创建太阳轮

(1) 新建文件 按照路径 "\ug\ch7\7.1\行星齿轮机构.prt" 进行新文件的存储。

(2) 创建太阳轮轮齿 应用 "GC工具箱" 创建标准齿轮,步骤如下。

1) 激活命令。在功能区 "齿轮建模-GC工具箱" 命令组上选择 【柱齿轮建模】 命令,系统弹出 "渐开线圆柱齿轮建模" 对话框,选择齿轮操作方式为 "创建齿轮",单击【确定】按钮,系统弹出 "渐开线圆柱齿轮类型" 对话框,如图7.1-1所示。

2) 设置太阳轮类型。在对话框中选择 【直齿轮】 和 【外啮合齿轮】 选项,单击【确定】按钮,系统弹出 "渐开线圆柱齿轮参数" 对话框,如图7.1-2所示。

3) 设置太阳轮参数。在对话框中打开 【标准齿轮】 选项卡,设置 "名称" 为 "太阳轮","模数" 为 "1.5","牙数" 为 "47","齿宽" 为 "20","压力角" 为 "20",单击【确定】按钮,系统弹出 "矢量" 对话框;选择ZC轴为齿轮轴矢量,单击【确定】按钮,系统弹出 "点" 对话框;指定坐标原点为齿轮轴通过点,单击【确定】按钮完成操作,生成的太阳轮如图7.1-3所示。

图 7.1-1 选择太阳轮类型

图 7.1-2 设置太阳轮参数

图 7.1-3 太阳轮初始模型

说明： 为避免添加其他特征后齿轮生成的工程图无法简化，所以本实例先生成齿轮工程图并按我国标准进行图形简化。

（3）进入"制图"模块并创建图纸　在功能区选项条单击【应用模块】标签打开其选项卡，在"设计"命令组选择 ✎【制图】命令，进入工程图环境。在功能区"视图"命令组上选择 ▢【新建图纸页】命令，创建 A4 图纸。

（4）创建视图　在功能区"视图"命令组上选择 ▦【基本视图】命令，生成左视图。在"视图"命令组上选择 ▦【剖视图】命令，选择齿轮圆心为剖切点，按照"高平齐"原则生成全剖的主视图，结果如图 7.1-4 所示。

（5）简化视图　在功能区"制图工具-GC 工具箱"命令组上选择 ⚙【齿轮简化】命令，系统弹出"齿轮简化"对话框，如图 5.6-6 所示。按照提示行对图 7.1-4 所示的两个视图进行简化，结果如图 7.1-5 所示。

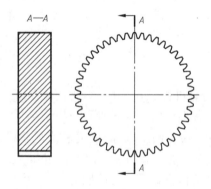

图 7.1-4 太阳轮视图

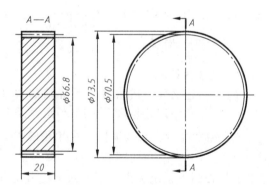

图 7.1-5 太阳轮简化视图

（6）添加细节特征　在功能区选项条单击【应用模块】标签打开其选项卡，在"设计"命令组上选择 ▤【建模】命令，进入建模环境，根据图 7.1-6 所示尺寸创建太阳轮的其他结构特征。

1）添加凸台。在功能区"设计特征"下拉菜单上选择 ▣【圆柱】命令，系统弹出"圆柱"对话框。选择齿轮左侧面为放置面，圆柱的圆心与齿轮中心点重合，设置"直径"为

"32"，"高度"为"10"，"布尔"运算为【合并】，单击【确定】按钮，完成创建。

2）创建倒角。在功能区"特征"命令组上选择 【倒角】命令，选择 $\phi32$ 的圆柱创建 $2\times45°$ 的倒角。

3）绘制草图。在功能区"直接草图"命令组上选择 【草图】命令，选择 $\phi32$ 圆柱的顶面为草绘平面，按照图 7.1-6 所示尺寸绘制草图曲线。

4）拉伸求差。在功能区"设计特征"下拉菜单上选择 【拉伸】命令，选择绘制的草图为拉伸曲线，"布尔"运算设置为【减去】，"距离"设置为【贯通】，单击【确定】按钮，完成创建。

2. 创建齿圈

（1）创建内啮合齿轮 在功能区"齿轮建模-GC工具箱"命令组上选择 【柱齿轮建模】命令后，齿圈的创建步骤与太阳轮的创建步骤基本相同，具体不再赘述，以下列出二者区别。

1）类型不同。齿圈是内啮合齿轮，所以在"渐开线圆柱齿轮类型"对话框选择【内啮合齿轮】选项。

2）参数不同。在"渐开线圆柱齿轮

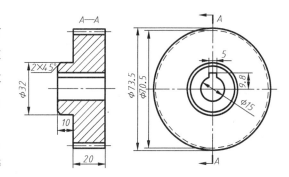

图 7.1-6 添加细节特征

参数"对话框的"标准齿轮"选项卡中设置"名称"为"定齿轮"，"模数"为"1.5"，"牙数"为"85"，"齿宽"为"20"，"压力角"为"20"，"内啮合齿轮外圆直径"为"180"，"插齿刀齿数"为"30"，"插齿刀变位系数"为"0"，如图 7.1-7 所示。

齿圈矢量仍然是ZC轴，坐标系原点是轴线通过点。

（2）添加细节特征 在功能区"特征"命令组上选择 【孔】命令，创建一个到齿圈圆心"距离"为"78"、"直径"为"10.2"的通孔；通过 "阵列特征"命令，在 $\phi156$ 的圆上创建均布的六个孔，结果如图 7.1-8 所示。

图 7.1-7 设置齿圈参数

图 7.1-8 太阳轮和齿圈初始模型

3. 创建行星轮

（1）创建齿轮 在功能区"齿轮建模-GC 工具箱"命令组上选择 【柱齿轮建模】命令后，行星轮的创建步骤与太阳轮的创建步骤基本相同，具体不再赘述，以下列出二者区别。

1）参数不同。在"渐开线圆柱齿轮参数"对话框的"标准齿轮"选项卡中设置"名称"为"行星齿轮"，"模数"为"1.5"，"牙数"为"19"，"齿宽"为"20"，"压力角"为"20°"，如图 7.1-9 所示。

2）创建位置不同。行星轮需要与太阳轮、齿圈进行啮合，因此可以将行星轮轴线通过"点"对话框设置在图形区任意位置，结果如图 7.1-10 所示。

图 7.1-9 设置行星轮参数

图 7.1-10 太阳轮和齿圈、行星轮初始模型

（2）打孔 在功能区的"特征"命令组上选择【孔】命令，选择行星轮中心为定位点，形状设置为【简单孔】，设置"直径"为"10"的通孔。

7.1.2 创建齿轮啮合

至此创建的都是单独的齿轮，不具有运动功能，继续应用"GC 工具箱"完成齿轮啮合的操作步骤如下。

（1）激活命令 在功能区"齿轮建模-GC 工具箱"命令组上选择 【柱齿轮建模】命令，系统弹出"渐开线圆柱齿轮建模"对话框；设置"齿轮操作方式"为【齿轮啮合】，如图 7.1-11 所示，单击【确定】按钮，系统弹出"选择齿轮啮合"对话框，如图 7.1-12 所示。

（2）设置齿轮啮合关系 在对话框"所有存在齿轮"列表框中选择【太阳轮】，单击下方的【设置主动齿轮】按钮；再选择【行星齿轮】，单击【设置从动齿轮】按钮，则"齿轮啮合关系表"列出齿轮关系，如图 7.1-13 所示。单击【中心连线向量】按钮，系统弹出"矢量"对话框，选择 XC 轴正方向作为齿轮的啮合方向参考，单击【确定】按钮，完成啮合。再按照这种方法，设置"定齿轮"为主动齿轮，"行星齿轮"为从动齿轮，结果如图 7.1-14 所示。

说明：此行星轮系中，"太阳轮"和"定齿轮"是主动齿轮，"行星齿轮"是从动齿轮。

图 7.1-11 "渐开线圆   图 7.1-12 "选择齿轮   图 7.1-13 添加的齿   图 7.1-14 行星轮系
柱齿轮建模"对话框   啮合"对话框   轮啮合关系

（3）增加行星轮 添加行星轮的方法与 7.1.1 小节创建行星轮的方法相同，共添加两个行星轮。

（4）均布行星轮 按照步骤（1）（2）的方法设置新增行星轮的啮合关系，只是需要设置"中心连线向量"的矢量类型为【与 XC 成一角度】，如图 7.1-15 所示依此设置"角度"为"120°""240°"即可，完成结果如图 7.1-16 所示。完成操作后，保存文件并关闭当前窗口。

图 7.1-15 设置齿轮中心   图 7.1-16 添加行星轮
连线矢量

7.1.3 创建行星轴

行星轴装配用"自底向上"的方法进行，步骤如下。

（1）新建文件 设置文件名为"行星轴"并保存到"\ug\ch7\7.1"文件夹中。

（2）创建模型 在功能区"特征"下拉菜单上选择 【圆柱】命令，创建"直径"为"10"、"高度"为"22"的圆柱；然后选择其上表面，继续创建"直径"为"8"、"高度"为"5"的圆柱并求和，结果如图 7.1-17 所示。

（3）保存文件 保存文件并关闭当前窗口。

7.1.4 创建装配文件并生成装配

（1）新建装配文件　依次单击【文件】→ 【新建】，系统弹出"新建"对话框，在"名称"区域选择【装配】选项，设置存储路径为"\ug\ch7\7.1"，单击【确定】按钮，系统弹出"添加组件"对话框。

（2）调入行星轮部件　单击"添加组件"对话框中的 【打开】按钮，按路径"\ug\ch7\7.1\"选择"行星齿轮机构"部件，单击【确定】按钮，返回对话框。在"位置"区域"装配位置"下拉列表框中选择【绝对坐标系-工作部件】，设置"引用集"为【模型】，单击【应用】按钮，实现第一个零件的调入和固定约束的自动添加。

图 7.1-17　行星轴

（3）装配行星轴　单击"添加组件"对话框中的 【打开】按钮，按路径"\ug\ch7\7.1\"选择"行星轴"，单击【确定】按钮，返回对话框。将"放置"区域的"类型"设置为 【约束】，在"约束类型"对话框中选择 【同心】；选择图 7.1-17 所示行星轴 $\phi10$ 的底圆轮廓和行星轮中心孔圆轮廓，结果如图 7.1-18 所示。

说明：如果方向不符合需求，单击"放置区域"的 【反向】按钮进行方向调整。

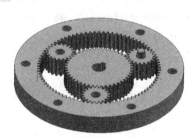

（4）阵列行星轴　在功能区"装配"命令组上选择 【阵列】命令，系统弹出"阵列组件"对话框，如图 7.1-19 所示。在图形区选择行星轴为阵列组件，设置"布局"为 【圆形】，设置 Z 轴为"指定矢量"方向，太阳轮圆心为阵列原点，设置阵列"数量"为"3"，"跨角"为"360°"，单击【确定】按钮，结果如图 7.1-20 所示。

图 7.1-18　装配行星轴

图 7.1-19　"阵列组件"对话框

图 7.1-20　阵列行星轴

7.1.5 创建行星架

为达到综合训练的目的，行星架按照装配方法中"自顶向下"的方法进行创建。

（1）新建组件 在装配环境下，在功能区"装配"命令组上选择 ![] +【新建】命令，系统弹出"新组件文件"对话框，将存储路径设置为当前文件所在的文件夹，将零件命名为"行星架"，单击【确定】按钮，系统弹出"新建组件"对话框；将对话框中的"引用集"改为【模型】，取消"删除原对象"复选框的勾选，单击【确定】按钮。

说明：必须将文件保存到前面保存齿轮的文件夹。

（2）设置工作部件 在装配导航器中选择"行星架"并单击鼠标右键，在弹出的快捷菜单中选择【设置为工作部件】命令，此时装配环境中的所有组件都变为灰显状态。

（3）创建链接曲线 在功能区"常规"命令组上选择 ![]【WAVE 几何链接器】命令，系统弹出"WAVE 几何链接器"对话框，设置"类型"为 ![]【复合曲线】，选择图 7.1-21 所示行星轴阶梯处的小圆，单击【确定】按钮，完成曲线投影。

（4）创建草图平面并绘制草图

1）创建基准平面。在功能区选项条上单击【主页】标签打开其选项卡，在"特征"命令组上选择 ![]【基准平面】命令，选择步骤（3）创建的投影圆，生成基准平面。

2）绘制草图。在功能区"直接草图"命令组上选择 ![]【草图】命令，选择上步生成的基准平面，绘制图 7.1-22 所示草图，退出草图环境。

（5）生成行星架 在功能区"特征"命令组上选择 ![]【拉伸】命令，选择上步生成的草绘曲线，设置初始拉伸高度为"0"，结束距离为"3"，生成行星架。

（6）显示装配结构 在装配导航器上双击最上级装配名称，全部装配组件都显示出来，结果如图 7.1-23 所示。

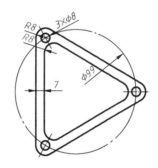

图 7.1-21 创建链接曲线　　图 7.1-22 生成行星架草图　　图 7.1-23 行星齿轮机构装配

说明：本实例是简化的行星齿轮机构，在实际工作中，应根据实际工况进行相关零部件的设计和添加。

7.2 实例2——泵轴建模及工程图出图

本实例通过典型零件介绍从模型到工程图的创建过程。其中，对泵轴用特征建模方式讲解，对工程图进行从整体环境变量到局部细节创建的全流程介绍，希望通过本实例的讲解，使学习者系统地掌握在 UG NX 环境下创建零件工程图样的方法。本实例最终创建的工程图如图 7.2-1 所示。

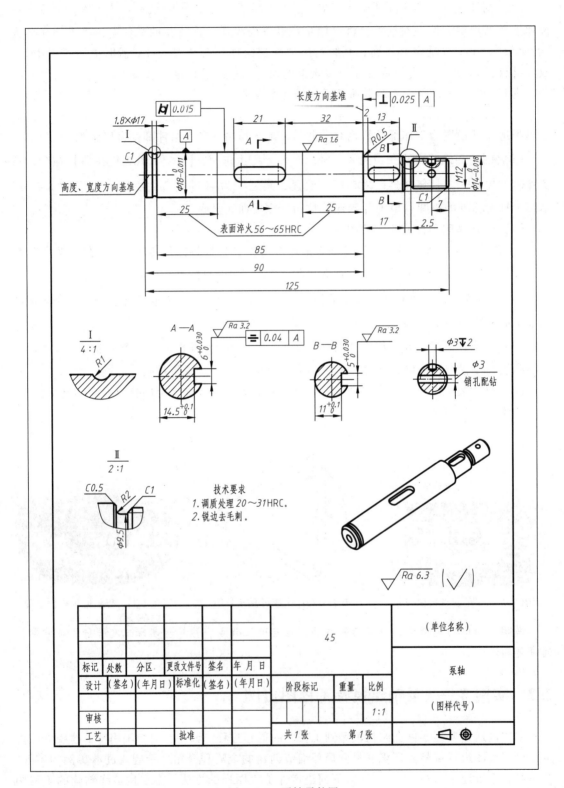

图 7.2-1　泵轴零件图

7.2.1 泵轴的创建

对泵轴进行基于结构特征的模型创建。该泵轴的主要特征是形成阶梯轴的三个轴段，其上还有一些局部特征，模型构建思路见表 7.2-1。

泵轴建模的具体操作步骤如下。

7.2.1 微课视频

表 7.2-1 泵轴的特征建模过程

步骤	图例	步骤	图例	步骤	图例
①创建 φ18 圆柱		④创建槽	槽	⑦倒斜角	斜角
②创建 φ14 圆柱	φ14圆柱	⑤创建键槽	键槽	⑧倒圆角	圆角
③创建 φ12 圆柱	φ12圆柱	⑥创建孔	孔	⑨加螺纹	螺纹

1. 创建泵轴主体结构

（1）创建 φ18 轴段 在功能区"特征"命令组上⬛"更多"下拉菜单中"设计特征"区域选择⬛【圆柱】命令，系统弹出"圆柱"对话框，选择坐标原点为"指定点"，在对话框中设置"直径"为"18"，"长度"为"90"，单击【应用】按钮，创建图 7.2-2a 所示圆柱体素特征。

（2）创建 φ14 轴段 在对话框中设置"直径"为"14"，"长度"为"17"，选择图 7.2-2a 所示 φ18 圆柱右端面圆心为"指定点"，"布尔"设置为【合并】，单击【应用】按钮，结果如图 7.2-2b 所示。

（3）创建 φ12 轴段 按如上方法创建 φ12 的圆柱，结果如图 7.2-2c 所示。

a) φ18轴段　　　　　　　b) φ14轴段　　　　　　　c) φ12轴段

图 7.2-2 创建阶梯轴

2. 创建槽

泵轴上有球形端槽和矩形槽两种槽，创建步骤如下。

(1) 创建球形端槽

1) 激活命令。在功能区"特征"命令组上 ![icon] "更多"下拉菜单中"设计特征"区域选择 ![icon]【槽】命令，系统弹出图7.2-3a所示"槽"对话框，选择【球形端槽】类型，选择 $\phi 18$ 圆柱面为放置面，系统弹出图7.2-3b所示"球形端槽"对话框。

2) 设置参数。在对话框中设置"槽直径"为"17"，"球直径"为"2"，单击【确定】按钮；图形区显示预览，选择 $\phi 18$ 圆柱的底圆边线为"目标边"，选择预览圆盘边线为"刀具边"，如图7.2-4所示；在"创建表达式"对话框中输入"3"，单击【确定】按钮，结果如图7.2-5所示。

a)"槽"对话框　　　b)"球形端槽"对话框

图7.2-3　激活命令

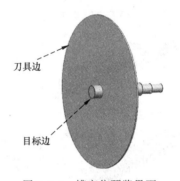

图7.2-4　槽定位预览界面

(2) 创建矩形槽　矩形槽与球形端槽的创建步骤相同，区别只是在"槽"对话框中选择"矩形"，设置"槽直径"为"9.5"，"槽宽"为"2.5"，结果如图7.2-5所示。

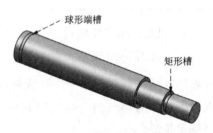

图7.2-5　添加槽结果

3. 创建键槽

应用"草图"命令创建键槽。

(1) 创建基准平面　在功能区"特征"命令组上选择 ![icon]【基准平面】命令，系统弹出"基准平面"对话框，如图7.2-6所示。设置"类型"为【相切】后选择 $\phi 18$ 圆柱面，单击【确定】按钮，创建相切平面，结果如图7.2-6所示。

(2) 绘制草图曲线　在功能区"直接草图"命令组上选择 ![icon]【草图】命令，系统弹出"草图"对话框，选择创建的基准平面为草图平面，绘制图7.2-7所示 $R3$ 的长圆形键槽截面草图，并根据图样要求定位。

(3) 拉伸求差　在功能区"特征"命令组的"设计特征"下拉菜单中选择 ![icon]【拉伸】命令，选择截面草图，在"限制"区域设置开始值"0"，结束值为"3.5"，"布尔"设置为【减去】，其余选项保持默认值，单击【确定】按钮。

(4) 创建 $R2.5$ 键槽　$R2.5$ 键槽的创建方法同 $R3$ 键槽，草图尺寸如图7.2-7所示，设

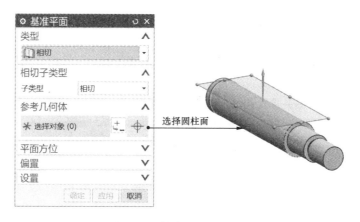

图 7.2-6　创建相切基准平面

置拉伸求差结束值为"3"，结果如图 7.2-8 所示。

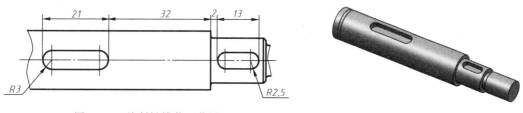

图 7.2-7　绘制键槽截面草图 　　　　　　　　　　图 7.2-8　拉伸生成键槽

4. 创建孔

泵轴上有两个 $\phi3$ 的孔，一个为盲孔，一个为通孔，它们的创建步骤如下。

（1）创建基准平面　在功能区"特征"命令组上选择□【基准平面】命令，系统弹出"基准平面"对话框，设置平面"类型"为【相切】，"相切子类型"为【与平面成一角度】，如图 7.2-9 所示。选择 $\phi12$ 圆柱面为参考对象，$\phi14$ 圆柱上的基准平面为参考平面，"角度"设置为"90"，单击【确定】按钮，结果如图 7.2-10 所示。

图 7.2-9　"基准平面"对话框

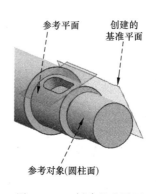

图 7.2-10　创建基准平面

（2）创建 $\phi 3$ 盲孔　在功能区"特征"命令组上选择🔲【孔】命令，系统弹出"孔"对话框，设置"直径"为"3"，"深度"为"8"，"顶锥角"为"118°"；选择图7.2-10所示创建的基准平面，进入草图环境，绘制到右端面距离为"7"的点，完成草图后回到建模环境，单击【应用】按钮，结果如图7.2-11所示。

（3）创建 $\phi 3$ 通孔　 $\phi 3$ 通孔与 $\phi 3$ 盲孔的创建方式相似，孔"深度限制"设置为【贯通体】，结果如图7.2-11所示。

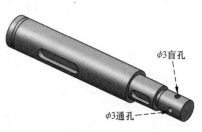

图7.2-11　创建孔

5. 倒斜角和倒圆角

泵轴上有四处斜角和两处圆角，创建步骤分别如下。

（1）创建斜角　在功能区"特征"命令组上选择🔳【倒斜角】命令，系统弹出"倒斜角"对话框，将"偏置"区域的"横截面"设置为【对称】，倒角位置和尺寸如图7.2-12所示，可以先完成 $C1$ 的倒角，单击【应用】按钮后完成 $C0.5$ 的倒角，单击【确定】按钮，完成创建。

（2）创建圆角　在功能区"特征"命令组上选择🔲【边倒圆】命令，系统弹出"边倒圆"对话框，分别选择边线完成 $R0.5$ 和 $R2$ 的圆角，结果如图7.2-13所示。

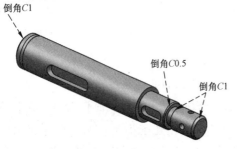

图7.2-12　倒斜角

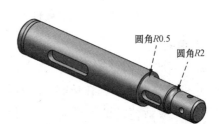

图7.2-13　倒圆角

6. 加螺纹

在功能区"特征"命令组上🔲"更多"下拉菜单中"设计特征"区域选择▐【螺纹刀】命令，系统弹出"螺纹切削"对话框，将"螺纹类型"设置为【详细】，选择 $\phi 12$ 圆柱的端面为螺纹起始面，螺纹方向指向实体内，单击【确定】按钮，完成创建，结果如图7.2-14所示。

图7.2-14　创建螺纹

7.2.2　泵轴工程图的创建

1. 创建图纸页和预设置

（1）打开零件模型　根据路径"\ug\ch7\7.2\1-泵轴模型.prt"打开配套资源中的模型。

7.2.2　微课视频

（2）创建图纸页 在功能选项条上单击【应用模块】标签打开其选项卡，在"设计"命令组上选择 【制图】命令，进入"制图"模块后选择 【新建图纸页】命令打开"工作表"对话框，在"大小"区域选择【定制尺寸】选项，设置图纸"高度"为"297"，"长度"为"210"；"比例"为"1：1"；"单位"为【毫米】，投影为 【第一角投影】，单击【确定】按钮，进入工程图环境。

说明：①A4 图纸竖放，需要选择【定制尺寸】选项后设置图幅；②如果系统弹出"视图创建向导"对话框，则单击【取消】按钮即可。

（3）加载制图标准 依次单击 【菜单】→【工具】→【制图标准】，系统弹出"加载制图标准"对话框，如图 7.2-15 所示。在"标准"下拉列表框中选择【GB】，单击【确定】按钮，完成制图标准的加载。

说明：①"制图标准"命令可以通过查找命令器进行查找；②可以根据需求，对制图标准进行其他类别的定义。

（4）设置制图首选项 依次单击 【菜单】→【首选项】→ 【制图】，系统弹出"制图首选项"对话框，对"公共""视图""尺寸""注释"等所属参数进行设置，以使图样格式规范化。

图 7.2-15 "加载制图标准"对话框

1）"公共"选项下"文字"子选项的参数设置。文本属性直接影响粗糙度、几何公差、尺寸标注等，通常将其汉字设置为"FangSong"，数字采用默认字体"Blockfont"或"Times New Roman"；通常 A4、A3 和 A2 号图纸汉字字高设置为 5mm，数字字高为 3.5mm；A1 和 A0 号图纸汉字字高为 7mm，数字字高为 5mm；汉字宽高比设置为 0.7 或 0.8（长仿宋体）；也可以设置间隙因子等改变字间距等。具体设置方式见 5.1.2 小节制图首选项参数设置。

2）"公共"选项下"直线/箭头"子选项的参数设置。根据国家标准和需求对尺寸标注的箭头、箭头线、延伸线等进行设置，这里设置线宽为"0.25mm"。

3）"公共"选项下"前缀/后缀"子选项的参数设置。根据需求对"半径尺寸"中的文本间隙进行调整；将"倒斜角尺寸"区域的"位置"设置为 C5×5，在"文本"文本框内输入大写字母"C"。

4）"视图"选项的基本参数设置可参考 5.1.1 节中的图 5.1-4。"可见线"采用默认设置，也可以根据需求进行颜色、宽度的设置；"隐藏线"设置为【不可见】；"着色"设置为【线框】模式，轴测图可设置为【完全着色】模式；"光顺边"设置为【不显示光顺边】。

5）"标签"选项的参数设置可参考 5.1.2 节中的图 5.1-7。对"表区域驱动"选项下的"标签"子选项，将"格式"区域的"位置"设置为 【上面】，将"标签"区域的"前缀"文本框中的"SECTION"删除，其余选项保持默认设置；对"详细"选项下的"标签"子选项，将"前缀"的"DETAIL""SCALE"字样删除，只保留字母（图名）和比例即可。

6）"文本"选项的参数设置可参考5.1.2节中的图5.1-9。"尺寸"对话框主要进行"文本"参数设置。

对"方向和位置"子选项，将"位置"设置为【文本在短划线之上】，这样当尺寸的指引线水平时，尺寸数字将自动置于指引线短横线的上方。对"附件文本"和"尺寸文本"子选项，可以使字体为默认的"blockfont"，也可设置为【Times New Roman】；字高按照图幅要求设置。为了让附加文本与尺寸数字更加紧凑，可以设置"文本间隙因子"为"0.1"。

7）"剖面线/区域填充"选项的参数设置可参考5.1.2节中的图5.1-10。主要进行"剖面线""图样""距离""角度"的设定。

其他参数的设置可以在软件的使用自行体验并进行设置。

2. 导入 A4 图纸模板

依次单击【文件】→ ⬜ 【导入】→【部件】打开"导入部件"对话框并单击【确定】按钮，选择路径"\ug\ch7\7.2\2-A4模板.prt"后，单击【确定】按钮，系统弹出"点"对话框，单击【确定】按钮，完成调用。

说明：图框和标题栏可以根据6.5节的介绍自行绘制，也可以通过"新建"命令，选择"主模型部件"完成UG NX自带图框的调用。

3. 创建视图

（1）创建主视图 在功能区"视图"命令组上选择 🖼 【基本视图】命令打开"基本视图"对话框，单击 🔄 【定向视图工具】按钮，系统弹出图7.2-16所示"定向视图工具"对话框，进行相关设置并单击【确定】按钮，在图形区选择放置点并单击鼠标左键，结果如图7.2-17所示。

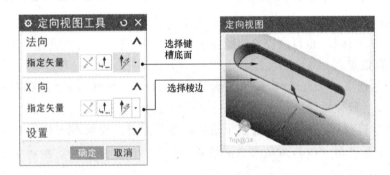

图 7.2-16 "定向视图工具"设置

（2）创建局部剖视图

1）绘制草图曲线。选择图7.2-17所示视图的边界，在弹出的菜单中选择 ⬛ 【活动草图视图】命令；在功能区"草图"命令组上选择 ⚛ 【艺术样条】命令；将"类型"设置为 〰 【通过点】，勾选【封闭】复选框；在图7.2-18a所示位置单击鼠标左键依次绘制四个点，单击【确定】按钮，生成图7.2-18b所示样条曲线，单击 🏁 【完成草图】按钮，返回工程图环境。

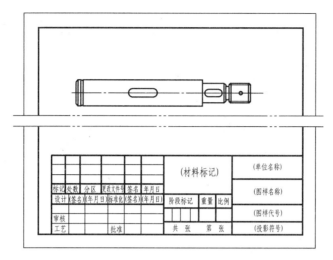

图 7.2-17 泵轴主视图

2) 创建局部剖视图。在功能区"视图"命令组上选择 【局部剖】命令，系统弹出"局部剖"对话框，选取绘制了样条曲线的视图为创建视图；确认上边框条"捕捉方式"命令组上 "圆弧圆心"按钮被激活，选取图 7.2-18b 所示的圆心，确保生成的法向量箭头向外，单击鼠标中键确认；单击对话框上的 【选择曲线】按钮，选择绘制的样条曲线并单击鼠标中键，结果如图 7.2-19 所示。

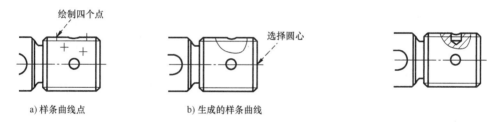

a) 样条曲线点　　　　　　b) 生成的样条曲线

图 7.2-18 绘制样条曲线

图 7.2-19 局部剖结果

（3）创建局部放大图

1) 激活命令。在功能区"视图"命令组上选择 【局部放大图】命令，系统弹出"局部放大图"对话框；在"类型"下拉列表框中选择 【圆形】命令，在"比例"下拉列表框中选择【比率】并在弹出的对话框中输入"4：1/2：1"，在"父项上的标签"区域选择适用类别。

2) 创建视图。在需要放大的区域单击鼠标左键，确定放大区域后，在图形区的合适位置单击鼠标左键放置视图。双击视图名称，系统弹出"设置"对话框，选择【详细】选项下的【标签】子选项，在对话框右侧将"前缀"的"DETAIL"和"SCALE"删除，设置图名、字体和高度，结果如图 7.2-20 所示。

说明：如果在创建视图前已经通过"首选项"设置过局部放大图无前缀，则创建视图时无"DETAIL"和"SCALE"字样，因此无需进行删除操作。

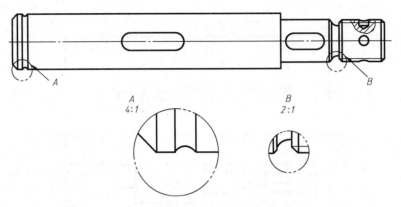

图 7.2-20　局部放大图

（4）创建移出断面图

1）激活命令。在功能区"视图"命令组上选择 【剖视图】命令，系统弹出"剖视图"对话框；在"截面线"区域的"方法"下拉列表框中选择 【简单剖/阶梯剖】，确认上边框条"捕捉方式"命令组中的 "曲线上的点"按钮被激活。选取视图中键槽上一点，在视图的右侧水平放置断面图，结果如图 7.2-21 所示。

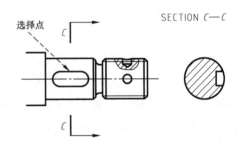

图 7.2-21　断面图初始形状

2）编辑断面图样式。选择生成的断面图边界，在弹出的菜单上选择 【设置】命令，系统弹出"设置"对话框，对"表区域驱动"选项进行参数设置，如图 7.2-22 所示。对"设置"子选项，将对话框右侧"格式"区域"显示背景"复选框的勾选去除；对"标签"子选项，将"前缀"的"SECTION"删除；对"截面线"子选项，对剖面线和剖切符号进行设置。

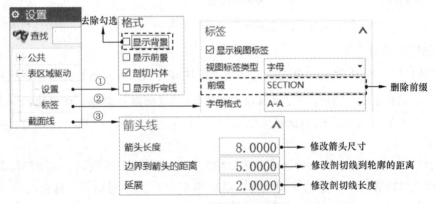

图 7.2-22　剖视图参数设置

完成后的 C—C 断面图如图 7.2-23 所示。

（5）完成其他断面图　按照如上步骤完成其他断面图的绘制和位置分配，最后结果如图 7.2-24 所示。

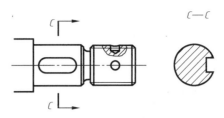

图 7.2-23 断面图修改结果

说明： 断面图的修改也可以通过 "视图相关编辑" 命令修改完成。

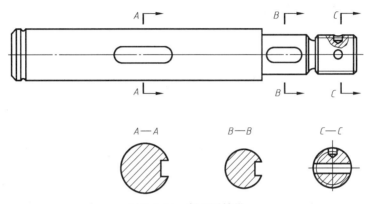

图 7.2-24 断面图结果

（6）标注中心线

1）标注 *A—A* 移出断面图中心线。在功能区 "注释" 命令组上选择 ⊕【中心标记】命令，系统弹出 "中心标记" 对话框；将 "尺寸" 区域的 "缝隙" 改为 "1"，"虚线" 改为 "1"，"延伸" 改为 "2"；选择图 7.2-25a 所示的断面图外圆，单击【确定】按钮，结果如图 7.2-25b 所示。按此方法标注 *B—B* 断面图的中心线。

2）标注 *C—C* 移出断面图中心线。可以删除断面图现有中心线后，按照与 *A—A* 断面图相同的方法重新标记；也可以选择现有中心线后单击鼠标右键，在弹出的快捷菜单中选择 【编辑】命令，然后分别修改 "尺寸" 区域的 "间隔"，"样式" 区域的 "线宽" "颜色"。最后结果如图 7.2-26b 所示。

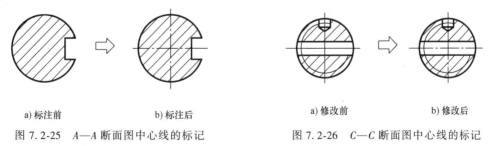

a) 标注前　　　　　　b) 标注后

图 7.2-25 *A—A* 断面图中心线的标记

a) 修改前　　　　　　b) 修改后

图 7.2-26 *C—C* 断面图中心线的标记

4. 创建草图曲线

（1）进入草图环境　选择泵轴主视图的边界，在弹出的菜单上选择【活动草图视图】命令，激活该视图为草图视图。

（2）投影曲线　在功能区"草图"命令组上选择 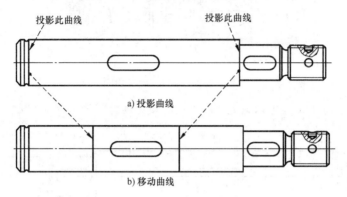【投影曲线】命令，选择图 7.2-27a 所示的两条图线，单击【确定】按钮进行投影，生成两条草图曲线（显示为蓝色）。

投影此曲线　　　　　　　投影此曲线

a）投影曲线

b）移动曲线

图 7.2-27　草图曲线的创建

（3）移动曲线　依次单击 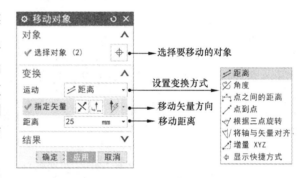【菜单】→【编辑】→【移动对象】，系统弹出"移动对象"对话框，对话框设置如图 7.2-28 所示。分别选择两条草图直线，通过"指定矢量"使两条直线分别向内侧移动 25mm，完成线条移动，结果如图 7.2-27b 所示。

（4）修改曲线　选择曲线，在弹出的菜单中选择【编辑显示】命令，设

图 7.2-28　"移动对象"对话框

置"颜色"为黑色，"宽度"为"0.7mm"，单击【确定】按钮，完成设置。

（5）完成草图　在功能区"草图"命令组上单击【完成草图】按钮，返回工程图环境。

5. 创建尺寸

在功能区"尺寸"命令组选择【快速尺寸】命令打开其对话框，应用"测量"区域的"方法"下拉列表框中的不同选项，实现"水平"、"竖直"、"直径"、"径向"（半径）等尺寸的快速标注，其标注规则见表 2.4-2，结果如图 7.2-1 所示。部分特殊的尺寸标注介绍如下。

（1）标注尺寸公差　以 $\phi18^{0}_{-0.011}$ 为例，标注步骤如下。

1）激活命令。在"快速尺寸"对话框中，将"测量"区域的"方法"设置为【圆柱式】。

2）标注尺寸。选择 $\phi18$ 圆柱的轮廓线，系统显示出动态尺寸预览，稍稍停滞鼠标，系统弹出"尺寸编辑"动态框。首先将尺寸公差设置为【单向负公差】，然后在下极限偏差文本框输入"-0.011"并设置精度为"3"，如图 7.2-29 所示。

3）放置尺寸。选择合适位置，单击鼠标左键完成创建，结果如图 7.2-30 所示。

说明：尺寸公差还可以通过"快速尺寸格式化工具-GC 工具箱"中的相关命令进行标注，其标注方法与下述带符号的尺寸类似。

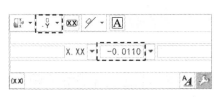

图 7.2-29 "尺寸编辑"动态框

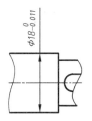

图 7.2-30 尺寸公差标注结果

（2）标注带符号的尺寸 以图 7.2-31 所示"1.8×ϕ17"为例，这种尺寸可以采用在"尺寸编辑"动态框中输入后缀的方法标注。但为了达到综合训练的目的，这里应用"附加文本"对话框进行标注。

1）激活命令。在"快速尺寸"对话框中，将"测量"区域的"方法"设置为 |×| 【水平】。

2）标注尺寸。选择标注对象后，系统显示尺寸预览，单击鼠标右键，在弹出的快捷菜单中选择 A 【编辑附加文本】命令，系统弹出"附加文本"对话框；将"控制"区域中的"文本位置"设置为 ➡ 【之后】，在文本输入框中输入"×ϕ17"；单击【关闭】按钮退出设置。

3）放置尺寸。在合适的位置单击鼠标左键放置该尺寸，结果如图 7.2-31 所示。

说明：孔尺寸"ϕ3 ↓ 2"的标注方法同上所述。

（3）标注斜角尺寸 以图 7.2-32 所示的"C1"为例，斜角的标注过程如下。

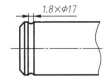

图 7.2-31 后缀尺寸标注

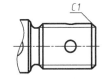

图 7.2-32 斜角的标注

1）激活命令。在功能区"尺寸"命令组上选择 √ 【倒斜角尺寸】命令，系统弹出"倒斜角尺寸"对话框。

2）选择标注对象。选择图 7.2-32 所示圆柱的斜角线，系统自动弹出其动态尺寸，鼠标稍稍停滞后，系统弹出"尺寸编辑"对话框，单击 A 【设置】图标，弹出"文本设置"对话框。

3）文本设置。选择"前缀/后缀"选项，在右侧对话框中将"倒斜角尺寸"区域的"位置"设置为"C5×5"，"文本"处填写大写字母"C"。选择"倒斜角"选项，在右侧对话框中将"倒斜角格式"区域"样式"设置为"符号"，在"指引线格式"区域将"样式"设置为 ⌐ "指引线与倒斜角平行"，设置完成，单击【关闭】按钮。

4）创建尺寸。在图形区选择合适位置单击鼠标左键，创建图 7.2-32 所示倒斜角尺寸。

6. 创建技术要求

（1）创建基准　在功能区"注释"命令组中选择🅐【基准特征符号】命令，系统弹出"基准特征符号"对话框；在"基准标识符"区域的"字母"文本框中输入"A"，其余采用默认设置；在图7.2-33所示位置1单击鼠标左键并拖动鼠标，然后在位置2处单击鼠标左键即可。

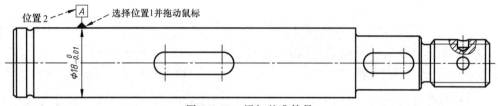

图7.2-33　添加基准符号

（2）创建几何公差　共需要标注圆柱度、垂直度和对称度三个几何公差，它们标注路径相同，分别介绍如下。

1）标注圆柱度。

① 激活命令。在功能区"注释"命令组上选择🔲【特征控制框】命令，系统弹出"特征控制框"对话框。在"特性"下拉列表框中选择⌀【圆柱度】选项，在"框样式"下拉列表框选择⊕【单框】选项，在"公差"区域的文本框输入"0.015"，其余采用默认设置。

② 放置公差框格。选择图7.2-34a所示的位置1处按下鼠标左键并拖动鼠标，图形区出现预览样式，可以单击"指引线1"修改"短划线长度"和"指引线形状"，修改完成后单击鼠标中键确认，然后选择合适位置单击鼠标左键放置公差框格，结果如图7.2-34a所示。

2）标注垂直度。

① 激活命令。在"特征控制框"对话框"框"区域的"特性"下拉列表框中选择⟂【垂直度】选项，在"框样式"下拉列表框选择⊕【单框】选项，在"公差"区域的文本框输入"0.025"，在"第一基准参考"区域的下拉列表框中选择"A"，其余采用默认设置。

② 放置公差框格。选择图7.2-34a所示的边线位置2，按下鼠标左键并拖动鼠标，找到合适位置后单击鼠标左键放置公差框格，结果如图7.2-34a所示。

3）标注对称。在"特征控制框"对话框"框"区域的"特性"下拉列表框中选择⚌【对称度】选项，在"框样式"下拉列表框选择⊕【单框】选项，在"公差"区域的文本框输入"0.04"，在"第一基准参考"区域的下拉列表框中选择"A"，其余采用默认设置。选择图7.2-34b所示键槽宽度尺寸线后拖动鼠标，选择合适位置后单击鼠标左键放置公差框格，结果如图7.2-34所示。

（3）标注表面粗糙度

1）激活命令。在功能区"注释"命令组上选择√【表面粗糙度符号】命令，系统弹出"表面粗糙度"对话框，在"属性"区域"除料"下拉列表框中选择√【修饰符，需要除料】选项，在"波纹"文本框中输入粗糙度数值，如Ra 3.2等。

2）标注粗糙度。在"表面粗糙度"对话框"指引线"区域的"类型"下拉列表框中

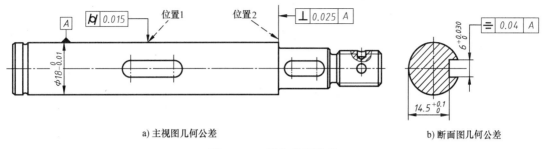

a) 主视图几何公差   b) 断面图几何公差

图 7.2-34   添加几何公差

选择 ∟【标志】选项，"选择终止对象"命令自动激活，选取图 7.2-35 所示水平线，选择合适位置后单击鼠标左键生成标注，视图上其他粗糙度的标注方法与此类似。

说明：选择 ∟ "标志"选项是为确保粗糙度符号倒三角与标注直线是点接触状态。

3）标注其余粗糙度。零件图中未单独标注的粗糙度需在标题栏附近补充标注，创建步骤如下。

① 在"表面粗糙度"对话框"属性"区域的"波纹"文本框内输入"Ra 6.3"，并将其放置在标题栏右上方。

② 在"表面粗糙度"对话框"属性"区域"除料"下拉列表框中选择 √【开放】选项，不输入任何粗糙度数值，将"设置"区域的"圆括号"设置为【两侧】，放置在上步粗糙度符号的右侧，结果如图 7.2-36 所示。

图 7.2-35   零件表面粗糙度的标注   图 7.2-36   其余粗糙度的标注

（4）添加技术要求

1）标注尺寸基准注释。

① 激活命令并设置字体。在功能区"注释"命令组上选择 Ａ【注释】命令，系统弹出"注释"对话框，在"文本输入区"单击 ✎【清除】按钮将文本输入框现有的文字清除；选择"设置"区域的 ᴬᴬ【设置】命令，将文字样式更改为【FangSong】，字号设置为"5"。在文本输入框输入文字"高度、宽度方向基准"。

② 选择指引线并生成注释。在"注释"对话框的"指引线"区域单击 ✎【选择终止对象】按钮，将鼠标移至图 7.2-37 所示中心线上，按下鼠标左键并拖动鼠标，出现指引线预览，选择合适位置后单击鼠标左键生成注释。

③重复以上操作，完成"长度方向基准"注释的标注，结果如图 7.2-37 所示。

2）标注表面处理要求注释。

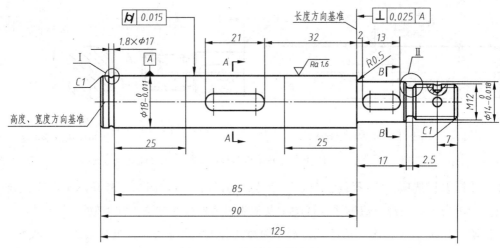

图 7.2-37　尺寸基准的注释

① 创建注释文本。在"注释"对话框的"文本输入区"单击 【清除】按钮将文本输入框现有的文字清除，在文本输入框输入"表面淬火 56～65HRC"，鼠标附近出现预览后，选择合适位置并单击鼠标左键，关闭"注释"对话框，结果如图 7.2-38 所示。

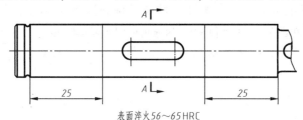

图 7.2-38　放置注释文本

② 激活已创建文本。在功能区"注释"命令组上选择 【编辑注释】命令，选择上步创建的注释文字，系统弹出"注释"对话框，其中"指引线"区域呈高亮显示的激活状态，提示行出现"选择对象以创建指引线"。

说明：注释文本的指引线可在创建文本时添加，也可在激活后添加。注释文本可直接双击激活，也可通过命令激活。本实例为呈现更多操作方式，采用了迂回方式介绍。

③ 添加指引线。在"注释"对话框"指引线"区域将"类型"设置 【普通】，"样式"区域将"箭头"设置为【一无】，"短划线侧"设置为 【左】，将"全部应用样式设置"复选框的勾选去除，如图 7.2-39 所示。设置完成后，在图 7.2-40 所示位置 1 处单击鼠标左键，系统自动生成一个指引线；然后设置"短划线侧"为 "右"，在位置 2 处单击鼠标左键，完成第 2 条指引线的标注，结果如图 7.2-40 所示。

图 7.2-39　设置注释文本指引线

（5）标注技术要求　添加技术要求的方法详见 6.4.3 小节，此处概述常用的两种方法。

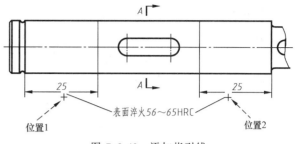

方法一：通过"技术要求库"对话框添加。在功能区"制图工具-GC工具箱"命令组上选择 ▤【技术要求库】命令，在对话框"技术要求库"列表框"加工件通用技术要求"选项下选择合适的子选项，双击鼠标左键将其添加到文本输入框，根据需求进行修改后，在图形区选择合适位置单击鼠标左键完成创建。

图 7.2-40　添加指引线

方法二：通过"注释"对话框添加。在功能区"注释"命令组上选择 Ⓐ【注释】命令，在"注释"对话框上单击 ✎【清除】按钮将文本输入框现有文字清除；再在文本输入框中输入技术要求内容，如图 7.2-41a 所示，将鼠标移到图形区，出现预览后选择合适位置并单击鼠标左键完成创建，关闭"注释"对话框，结果如图 7.2-41b 所示。

说明：字体和字号可通过"格式设置"下的下拉列表框进行设置。

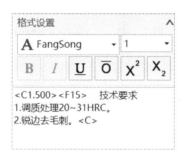

a) 填写技术要求注释

技术要求
1.调质处理20~31HRC。
2.锐边去毛刺。

b) 添加的注释文本

图 7.2-41　标注技术要求

7.2.3　保存与导出工程图

完成工程图，依次单击【文件】→ 💾【保存】，系统弹出"保存"下拉菜单，可以根据需求进行文件的保存、另存为等操作。

依次单击【文件】→ 🗋【导出】，系统弹出"导出"下拉菜单，本实例介绍 PDF 格式和 AutoCAD 文件的导出方法。

1. 工程图导出 PDF 文件

依次单击【文件】→ 🗋【导出】→【PDF】，系统弹出"导出 PDF"对话框，其中的"目标"区域用于设置文件保存路径，"设置"区域用于选择是否添加水印、设置图像分辨率等，如图 7.2-42 所示。设置完成后单击【确定】按钮，完成导出。

说明：建议将"图像分辨率"设置为【高】，这样导出的图像更光滑。

2. 工程图导出 AutoCAD 图

在三维建模环境下生成的工程图有时需要转为 AutoCAD 的".dwg"格式的图形文件，

操作步骤如下。

依次单击【文件】→📄【导出】→【AutoCAD DXF/DWG…】，按照图7.2-43所示对话框界面设置，单击【下一步】按钮完成其他个性化设置或直接单击【完成】按钮，实现格式转化。

说明：对UG NX导出的".dwg"格式的文件，在AutoCAD打开后需要先将其所有线条修改为"Bylayer"（随层），然后通过分层设置实现图线等属性的修改。

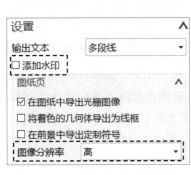

图7.2-42 "导出PDF"对话框中的"设置"区域

图7.2-43 "AutoCAD DXF/DWG导出向导"对话框

7.3 实例3——平口钳装配及工程图出图

本实例以平口钳为例，进行装配和工程图的综合训练。装配主要采用"自底向上"的方式进行讲解，工程图出图在零件图训练的基础上增加了零件编号、明细表等出图过程，希望通过本实例的讲解，使学习者系统地掌握在UG NX环境下创建和导出装配工程图的方法。本实例最终创建的工程图如图7.3-1所示。

7.3.1 平口钳的装配

平口钳共包括固定钳身、活动钳身等共十种零件，其装配可分为主装配线（固定钳身8、套螺母5、垫圈9、丝杠3、标准垫圈2和标准螺母1组成）和副装配线（活动钳身4、紧定螺钉6、钳口板7和标准螺钉10），其装配过程介绍如下。

7.3.1 微课视频

1. 装配固定钳身

（1）新建装配文件 单击📄【新建】按钮，系统弹出"新建"对话框，如图7.3-2所示。在"模型"选项卡中将"单位"设置为【毫米】，选择🔲【装配】选项，在"新文件名"区域"名称"文本框中输入"平口钳装配"，存储路径选为调用部件的文件夹，单击【确定】按钮，系统弹出"添加组件"对话框。

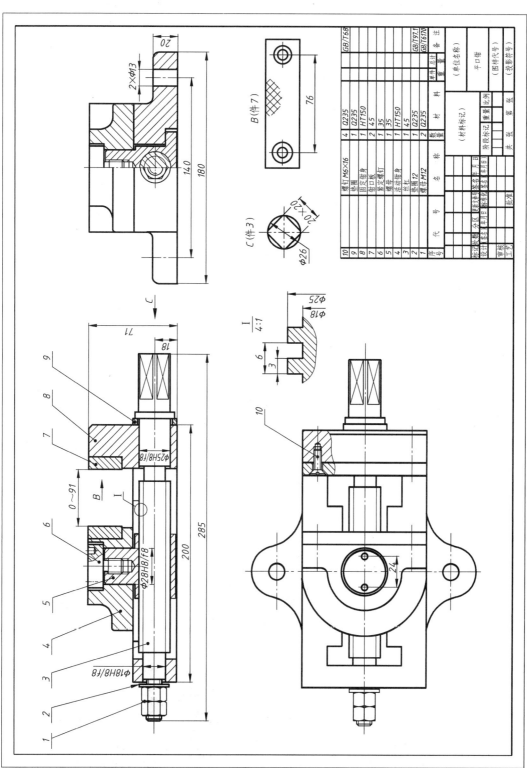

图 7.3-1 平口钳装配图

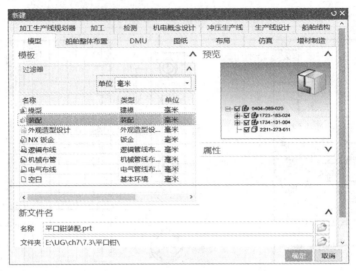

图 7.3-2 "新建"对话框

（2）设置"添加组件"对话框

1）选择组件。在"添加组件"对话框"要放置的部件"区域单击 📂【打开】按钮，系统弹出"路径"对话框，在"\UG\ch7\7.3\平口钳"文件夹中选择"固定钳身 . prt"文件并单击【确定】按钮。

2）放置组件。在"位置"区域"装配位置"下拉列表框中选择【绝对坐标系-显示部件】，单击【应用】按钮，实现第一个零件的调用，系统为第一个零件自动添加固定约束。

说明： 在装配零件后，如果单击"添加组件"对话框下方的【应用】按钮，则完成操作且不关闭对话框；如果单击【确定】按钮，则完成操作并关闭对话框。在功能区"组件"命令组上选择 ➕【添加】命令，可再次添加组件。

2. 装配套螺母

（1）添加组件 在"添加组件"对话框"要放置的部件"区域单击 📂【打开】按钮，系统弹出"路径"对话框，在"\UG\ch7\7.3\平口钳"文件夹中选择"套螺母 . prt"文件并单击【确定】按钮。

（2）移动组件 在调入套螺母后从预览界面可知，两个零件重叠区域大，不便于约束对象的选取。所以，首先在"添加组件"对话框的"放置"区域选择【移动】选项，然后在固定钳身右侧的任意位置单击鼠标左键，将模型移至外侧，其结果如图 7.3-3 所示。

（3）添加约束 在"放置"区域选择【约束】选项，进行定位。

1）添加同轴约束。在"约束类型"区域选择 ⊭⊯【接触对齐】选项，在"要约束的几何体"区域"方位"下拉列表框中选择 ⊫【自动判断中心/轴】选项，在图形区选择两个组件上的圆柱面，实现同轴约束，结果如图 7.3-4a 所示。

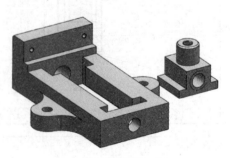

图 7.3-3 移动套螺母位置

2）添加距离约束。在"约束类型"区域选择 ⊮⊮【距离】选项，系统自动激活"选择两个对象"命令，选择套螺母的轴线和固定钳身前表面并设置"距离"为"90"，单击【应用】按钮，结果如图 7.3-4b 所示。

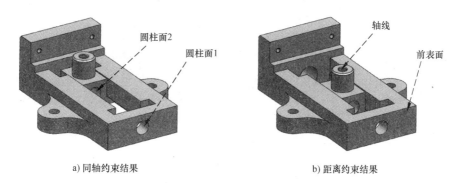

a) 同轴约束结果   b) 距离约束结果

图 7.3-4   套螺母的定位

3. 装配垫圈

（1）添加组件   在"添加组件"对话框"要放置的部件"区域单击 【打开】按钮，在平口钳文件夹中选择"垫圈. prt"文件并单击【确定】按钮。

（2）移动组件   在"添加组件"对话框的"放置"区域选择【移动】选项，然后在便于装配的位置单击鼠标左键，移动垫圈位置，结果如图 7.3-5 所示。

（3）添加同心约束   在"放置"区域选择【约束】选项，在"约束类型"区域选择 ◎【同心】选项，选择图 7.3-5 所示圆 1 和圆 2，图形区将出现约束预览；如果不符合需求则单击对话框下方"撤销上一个约束"右侧的 ✕【反向】按钮进行方向调整，单击【应用】按钮，结果如图 7.3-6 所示。

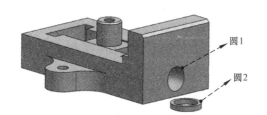

图 7.3-5   移动垫圈位置

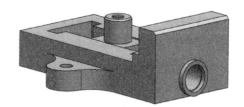

图 7.3-6   垫圈的同心约束

4. 装配丝杠

（1）添加组件   在"添加组件"对话框"要放置的部件"区域单击 【打开】按钮，在平口钳文件夹中选择"丝杠. prt"文件并单击【确定】按钮。

（2）添加约束

1）添加同心约束。在"约束类型"区域选择 ◎【同心】选项，选择图 7.3-7a 所示两个圆，图形区出现约束的预览；如果不符合需求则单击对话框下方"撤销上一个约束"右侧的 ✕【反向】按钮进行方向调整。

2）添加角度约束。为生成工程图做准备，添加角度约束。在"约束类型"区域选择

▲【角度】选项，选择图 7.3-7a 所示的两个平面，设置"角度"为"45°"，单击【确定】按钮，结果如图 7.3-7b 所示。

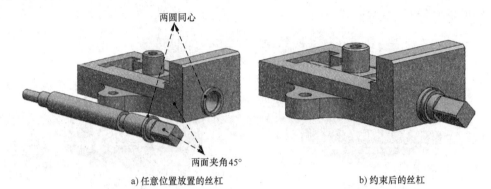

a) 任意位置放置的丝杠　　　　　　　　　　　　b) 约束后的丝杠

图 7.3-7　丝杠的装配

5. 装配标准垫圈

"重用库"中标准件的调用有两种方式，本实例讲解最常用的一种，在后续调用螺母时不再赘述。

（1）从"重用库"中创建标准组件

1）激活"重用库"。退出当前装配环境，在 UG NX 启动的欢迎界面，单击左侧资源条中 【重用库】标签打开其选项卡，系统弹出"重用库"列表框。

2）选择标准件类别。单击"GB Standard Parts"前 符号展开标准件类别列表，在展开的列表中找到"Washer"，并单击前 符号，展开垫圈列表，选择 "Plain"，如图 7.3-8 中①处所示。

3）确定垫圈类型。展开列表框下方的"成员选择"区域，在列表框中找到"Washer，GB-T97_1-2002"，如图 7.3-8 中②处所示。双击垫圈名称或图标，打开垫圈的三维模型。

4）保存标准件。依次单击【文件】→【关闭】→【另存并关闭】，选择保存路径"\UG\7.3\平口钳"，单击【确定】按钮。

说明：①一个装配体的所有零件必须保存在同一个文件夹下；②标准螺母 M12（GB-T6170-2000）⊖和标准螺钉 M6×16（GB-T68-2000）⊖的调用方法与垫圈相同，完成垫片调入后，相同操作步骤依次调入标准螺母并另存文件名为 Nut，GB-T6170 F-2000.prt，调入标准螺钉并另存文件名为"Screw，GB-T68-2000.prt"，操作步骤不再赘述。

（2）返回平口钳装配文件　单击资源条上 【历史】标签打开其选项卡，从资源区打开"平口钳装配"文件，或通过 "打开"命令重新调入前面平口钳的装配文件。

（3）添加标准垫圈

1）激活命令。在功能区"组件"命令组上选择 【添加】命令，系统弹出"添加组件"对话框。

⊖　GB/T 6170 和 GB/T 68 的现行版本分别是 GB/T 6170—2015 和 GB/T 68—2016，UG NX 12.0 对这两个国家标准尚未更新。

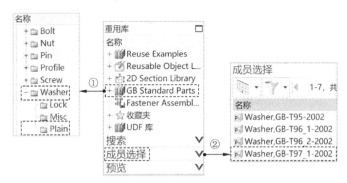

图 7.3-8　垫圈的调用

2）选择垫圈族文件。在"添加组件"对话框"要放置的部件"区域单击 📂【打开】按钮，在平口钳文件夹中选择"Washer，GB-T97_1-2002.prt"文件并单击【确定】按钮，系统弹出"选择族成员"对话框，如图 7.3-9 所示。

3）设置垫圈型号。在"匹配成员"区域选择"GB-T97_1-2002，M12"，单击【确定】按钮，系统返回"添加组件"对话框。

说明：调用标准件后系统会弹出约束提醒，将其关闭即可。

4）移动组件。调入的标准垫圈与已有组件重叠，不便于约束对象的选取。所以，首先在"添加组件"对话框的"放置"区域选择【移动】选项，然后在图形区合适位置单击鼠标左键，将模型移至外侧，其结果如图 7.3-10 所示。

5）添加同心约束。在"添加组件"对话框的"放置"区域选择【约束】选项，在"约束类型"区域选择 ◎【同心】选项，选择图 7.3-10 所示圆 1 和圆 2，图形区出现约束的预览；如果不符合需求则单击对话框下方"撤销上一个约束"右侧的 ✖【反向】按钮进行方向调整，结果如图 7.3-11 所示。

图 7.3-9　"选择族成员"对话框

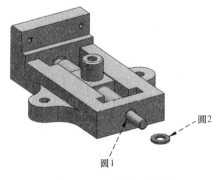

图 7.3-10　移动标准垫圈

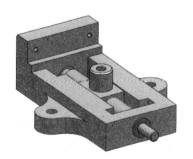

图 7.3-11　标准垫圈的装配

6. 装配标准螺母

（1）调用标准件文件　从"重用库"中调用标准螺母的方法与标准垫圈的相同，可与垫圈一并调入并设文件名为"Nut，GB-T6170 F-2000.prt"。

（2）添加标准螺母 在"添加组件"对话框"要放置的部件"区域单击 📂【打开】按钮，在平口钳文件夹中选择"Nut，GB-T6170 F-2000. prt"文件，系统弹出"选择族成员"对话框，选择"GB-T6170-2000，M12"并单击【确定】按钮，系统返回"添加组件"对话框。

（3）移动螺母 调入的标准螺母与已有组件重叠，不便于约束对象的选取。所以，首先在"添加组件"对话框的"放置"区域选择【移动】选项，然后在图形区的合适位置单击鼠标左键，将模型移至外侧，结果如图 7.3-12 所示。

（4）添加约束 在"添加组件"对话框的"放置"区域选择【约束】选项。

1）在"约束类型"区域选择 ◎【同心】选项，选择图 7.3-12 所示圆 1 和圆 2，图形区出现约束的预览；如果不符合需求则单击对话框下方"撤销上一个约束"右侧的 ⊠【反向】按钮进行方向调整，结果如图 7.3-13 所示。

说明：此处也可将"添加组件"对话框中的"装配位置"设置为【对齐】，然后选择标准垫圈端面进行定位。

2）添加平行约束。为生成工程图做准备，在"约束类型"区域选择 ⫽【平行】选项，使图 7.3-13 所示的两个面相互平行。

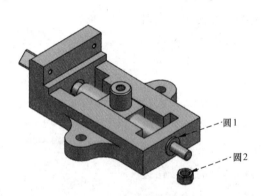

图 7.3-12 移动标准螺母

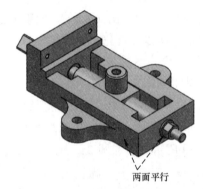

图 7.3-13 标准螺母的装配

在图 7.3-13 所示螺母外侧装配一个同规格螺母，实现双螺母锁紧，装配过程不再赘述。至此平口钳主装配线的组件装配完毕，以下介绍副装配线的组件装配。

7. 装配活动钳身

（1）添加组件 在"添加组件"对话框"要放置的部件"区域单击 📂【打开】按钮，选择"活动钳身. prt"，单击【确定】按钮。

（2）移动组件 为便于选择约束对象，在对话框的"放置"区域选择【移动】选项，将模型移至外侧，结果如图 7.3-14 所示。

（3）添加约束 在"放置"区域选择【约束】选项，以进行装配定位。

1）添加同轴约束。在"约束类型"区域选择 ▶◀【接触对齐】选项，在"要约束的几何体"区域"方位"下拉列表框中选择 ▦━【自动判断中心/轴】选项，选择图 7.3-14 所示的柱面 1 和柱面 2，实现同轴约束，结果如图 7.3-15 所示。

2）添加接触约束。在"要约束的几何体"区域"方位"下拉列表框中选择 ▶◀【接触】

选项，选择图 7.3-15 所示的固定钳身上表面和活动钳身下表面，实现接触约束，结果如图
7.3-16 所示。

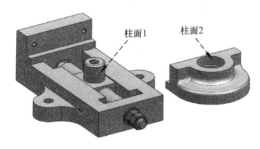

图 7.3-14 移动活动钳身

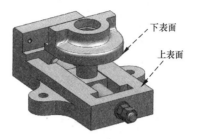

图 7.3-15 同轴约束结果

3）添加平行约束。在"约束类型"区域选择 ∕∕【平行】选项，选择图 7.3-16 所示的
面 1 和面 2，单击【应用】按钮，结果如图 7.3-17 所示。

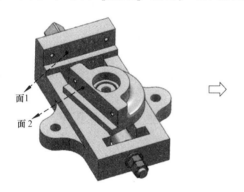

图 7.3-16 接触约束结果

图 7.3-17 平行约束结果

8. 装配紧定螺钉

（1）添加组件 在"添加组件"对话框"要放置的部件"区域单击 🖱【打开】按钮，
选择"紧定螺钉.prt"，单击【确定】按钮。

（2）移动组件 为便于选择约束对象，在对话框的"放置"区域选择【移动】选项，
将模型移至外侧，结果如图 7.3-18 所示。

（3）添加约束 在"放置"区域选择【约束】选项，以进行装配定位。

1）添加同心约束。在"约束类型"区域选择 ◎【同心】选项，选择图 7.3-18 所示圆 1
和圆 2 并通过 ✖【反向】按钮调整方向，单击【应用】按钮。

2）调整孔的位置。为便于工程图更完整地表达形体结构，需使紧定螺钉上的两个小孔
处于固定钳身的左右对称面上。在"约束类型"区域选择 ▶∥◀【中心】选项，在"子类型"
下拉列表框中选择【1 对 2】选项，先选择小孔的轴线，然后选择固定钳身左、右两侧的平
面，单击【应用】按钮，结果如图 7.3-19 所示。

9. 装配钳口板

（1）添加组件 在"添加组件"对话框"要放置部件"区域的"数量"文本框中填入
"2"，单击"要放置的部件"区域的 🖱【打开】按钮，选择"钳口板.prt"，单击【确定】按钮。

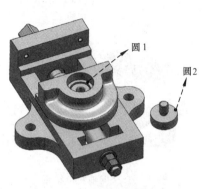

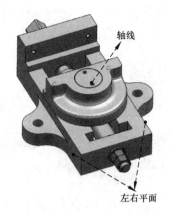

图 7.3-18　移动紧定螺钉组件　　　　　图 7.3-19　紧定螺钉装配结果

说明：也可将"数量"设置为"1"，然后分两次调入钳口板。

（2）移动组件　为便于选择约束对象，在对话框的"放置"区域选择【移动】选项，将模型移至外侧，结果如图 7.3-20 所示。

（3）添加约束　在"放置"区域选择【约束】选项，在"约束类型"区域选择◎【同心】选项，选择图 7.3-20 所示的圆 1 和圆 2 实现圆心重合约束；选择圆 3 和圆 4 再次实现圆心重合约束。

第二个钳口板的装配操作相同，不再赘述。约束完成后单击【应用】按钮，结果如图 7.3-21 所示。

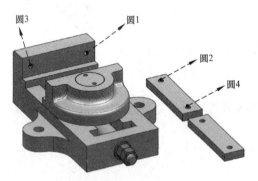

图 7.3-20　移动钳口板　　　　　　　图 7.3-21　钳口板装配结果

10. 装配标准螺钉

（1）调用标准件文件　从"重用库"中调用标准螺钉的方法与标准垫圈的相同，可与垫圈一并调入并设文件名为"Screw，GB-T68-2000.prt"。

（2）添加标准螺钉　在"添加组件"对话框"要放置的部件"区域单击🗁【打开】按钮，在平口钳文件夹中选择"Screw，GB-T68-2000.prt"文件，在系统弹出的"选择族成员"对话框中选择"GB-T68-2000，M6×16"，单击【确定】按钮返回"添加组件"对话框，在"数量"文本框填入"2"，单击【确定】按钮。

（3）移动螺钉　为便于选择约束对象，在对话框的"放置"区域选择【移动】选项，将螺钉移至外侧，结果如图 7.3-22 所示。

（4）添加约束 在"放置"区域选择【约束】选项，以进行装配定位。

1）添加同轴约束。在"放置"区域将"约束类型"设置为 ⋈⊩【接触对齐】，在"要约束的几何体"区域"方位"下拉列表框中选择 ▦【自动判断中心/轴】选项，选择图 7.3-23 所示的两个圆柱面，完成同轴约束。

2）添加接触约束 在"方位"下拉列表框中选择 ⋈⊩【接触】选项，选择图 7.3-23 所示的两个锥面，完成接触约束。

图 7.3-22 移动标准螺钉

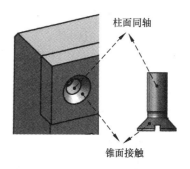

图 7.3-23 同轴约束和接触约束

将第二个螺钉按照以上步骤装配在第二个钳口板上。

（5）阵列螺钉

1）激活阵列命令。在功能区"组件"命令组上选择 ▦【阵列组件】命令，系统弹出"阵列组件"对话框，如图 7.3-24 所示。

2）定义阵列类别。选择螺钉为阵列组件，在"布局"下拉列表框中选择 ▦【线性】选项，选择钳口板的棱线为阵列矢量方向，如果方向相反则单击 ☒【反向】按钮进行调整；在"间距"下拉列表框中选择【数量和间隔】选项，定义"数量"为"2"，"节距"为"76"，系统预览符合需求后单击【确定】按钮完成操作。

说明：阵列螺钉的"布局"方式也可选用 ▦【参考】选项，具体操作不再赘述。

（6）添加角度约束 为生成工程图做准备，将螺钉的改锥槽设置为 45°的。在"约束类型"区域选择 ⊿【角度】选项，选择螺钉一字型改锥槽和竖直平面并设置"角度"为"45°"。其他螺钉定位同理，不再赘述，最后结果如图 7.3-25 所示。

完成本实例平口钳的装配过程不唯一，可尝试其他装配方法。

7.3.2 平口钳工程图的创建

完成平口钳工程图，需要进行基本视图、局部视图、全剖视图、半剖视图的创建，还需要完成注释、零件序号、零件明细表的生成等内容，最终创建的工程图如图 7.3-1 所示。

7.3.2 微课视频

1. 创建图纸页和预设置

（1）打开装配模型 根据路径 "\ug\ch7\7.3\平口钳装配.prt" 打开配套资源中的模型。

图 7.3-24   "阵列组件"对话框

图 7.3-25   螺钉装配结果

（2）创建图纸页   在功能区选项条上单击【应用模块】标签打开其选项卡，在"设计"命令组上单击 【制图】按钮，进入"制图"模块。选择 【新建图纸页】命令打开其对话框，在"大小"区域选择【标准尺寸】选项，在"大小"列表中选择【A2-420×594】选项，设置"比例"为"1：1"，"单位"为【毫米】，投影为 【第一角投影】，单击【确定】按钮进入工程图环境。

说明：如果系统弹出"视图创建向导"对话框，单击【取消】按钮即可。

（3）加载制图标准   依次单击 【菜单】→【工具】→【制图标准】，系统弹出"加载制图标准"对话框。在"标准"下拉列表框中选择【GB】，单击【确定】按钮，完成制图标准的加载。

（4）设置制图首选项   参考 7.2.2 小节完成制图首选项的设置。

2. 导入 A2 图纸模板

依次单击【文件】→ 【导入】→【部件】打开"导入部件"对话框，单击【确定】按钮，选择路径"\ug\ch7\7.3\ A2 装配工程图模板 .prt"后单击【确定】按钮，系统弹出"点"对话框，单击【确定】按钮，完成调用。

3. 创建视图

平口钳工程图需要创建俯视外形图、主视全剖视图、左视半剖视图、局部视图、局部剖视图和局部放大视图，以下分别进行视图创建的介绍。

（1）创建俯视图   在功能区"视图"命令组上选择 【基本视图】命令打开"基本视图"对话框。单击对话框"模型视图"区域 【定向视图工具】按钮，系统弹出"定向视图工具"对话框，根据图 7.3-26 所示对话框界面进行法向和 X 向矢量设置，单击【确定】按钮，在合适位置单击鼠标左键，完成创建，结果如图 7.3-27 所示。

（2）创建主视全剖视图   创建过程分为两步，首先创建全剖视图，然后修改剖面线。

1）激活命令并选择剖切位置。在功能区"视图"命令组上选择 【剖视图】命令，系统弹出"剖视图"对话框。在"截面线"区域，将"定义"设置为 【动态】，"方法"

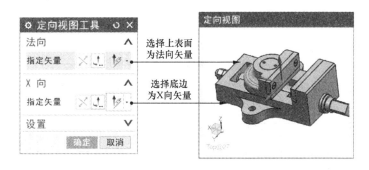

图 7.3-26　"定向视图工具"设置

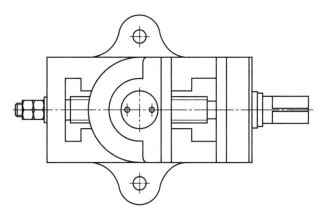

图 7.3-27　平口钳俯视图

设置为 【简单剖/阶梯剖】。确保上边框条"捕捉对象"命令组上 ⊕【圆心】选项激活，选择俯视图上紧定螺钉的圆心，图形区出现剖视图预览。

2）设置非剖切组件。单击"剖视图"对话框左上角 ⚙【对话框选项】按钮，勾选【剖视图（更多）】复选框，展开对话框"设置"区域，激活"非剖切"区域【选择对象】命令，如图 7.3-28 所示。依次选择丝杠、紧定螺钉、标准垫圈、标准螺母等五种组件，选择完成后单击鼠标中键，将鼠标移至俯视图上方，在"长对正"的合适位置单击鼠标左键，完成创建，结果如图 7.3-29 所示。

说明：非剖切组件的设置也可在生成剖视图后，通过 【视图中剖切】命令进行设置，详见 5.5.5 小节的介绍。

图 7.3-28　"剖视图"对话框

3）修改剖面线。设置完非剖切组件后，套螺母的部分剖面线与丝杠重合，其修改过程

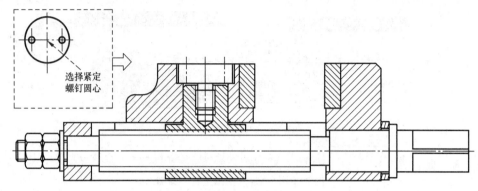

图 7.3-29　主视全剖视图

如下。

① 删除已有剖面线。选择全剖视图边界并单击鼠标右键，在弹出的快捷菜单上选择 【视图相关编辑】命令，在"添加编辑"区域选择 【擦除对象】选项，选择套螺母的剖面线，单击【确定】按钮，将剖面线删除。

② 绘制剖面线。在功能区"注释"命令组上选择 【剖面线】命令，系统弹出"剖面线"对话框，在需要绘制剖面线的区域内单击鼠标左键，在"设置"区域设置剖面线格式，设置完成后单击【关闭】按钮关闭对话框，结果如图 7.3-30 所示。

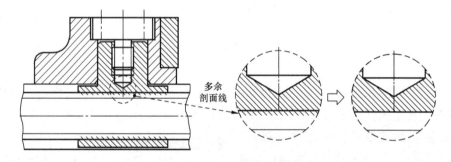

图 7.3-30　套螺母剖面线的修改

（3）创建左视半剖视图　可以借助俯视图生成半剖视图，然后通过视图旋转进行修改。

1）创建半剖视图。在功能区"视图"命令组上选择 【剖视图】命令，系统弹出"剖视图"对话框；在"截面线"区域中将"定义"设置为 【动态】，"方法"设置为 【半剖】；在"设置"区域，激活非剖切【选择对象】命令并选择紧定螺钉，选择完成后单击鼠标中键，返回剖切位置选择状态。选择俯视图紧定螺钉圆心两次，图形区出现半剖视图的预览，将鼠标移至俯视图右侧的平齐位置，单击鼠标右键，结果如图 7.3-31 所示。

2）旋转视图。选择图 7.3-31 所示半剖视图边界，在弹出菜单上选择 【设置】命令，在弹出的"设置"对话框上选择【角度】选项，在对话框右侧"角度"文本框内输入"90"，单击【确定】按钮，则视图逆时针旋转90°，视图上方有了旋转标记。隐藏视图标记符号并将视图移至左视图位置，完成创建。

说明：左视半剖视图的另一种创建方法为：首先，以主视图为父视图，"高平齐"地生成左视外形图；然后，在步骤（3）以俯视图为基础生成半剖视预览视图时，单击鼠标右键，在弹出的快捷菜单上依次选择【方向】→【剖切现有的】，选择左视外形图，即可修改为左视半剖视图。

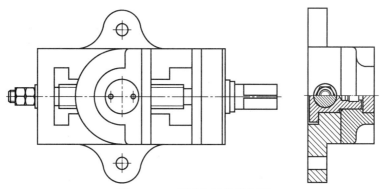

图 7.3-31　创建左视半剖视图

（4）创建钳口板局部视图　局部视图的创建包括视图生成和标记两部分。

1）视图生成。在功能区"视图"命令组上选择 【基本视图】命令打开"基本视图"对话框。激活"设置"区域"隐藏的组件"中"选择对象"命令，通过已有视图或部件导航器选择除右侧钳口板外的所有组件，选择完成后单击鼠标中键返回视图创建状态。在"模型视图"区域选择【右视图】选项，或者单击 【定向视图工具】按钮进行视图投影方向的选择，最后在图形区合适位置单击鼠标左键放置视图，结果如图 7.3-32 所示。

说明：在装配导航器中选择多个组件时需要按住<Ctrl>键。若装配导航器中钳口板处于"打包"状态，将鼠标移至其上并单击右键，选择【解包】命令即可。

2）添加箭头标注。在功能区"制图工具-GC 工具箱"命令组上选择 【方向箭头】命令，系统弹出"方向箭头"对话框；在"位置"区域将"类型"设置为 【与 XC 成一角度】，将"角度"设为"0°"，文本框输入字母"B"；系统默认的箭头尺寸较大，可根据实际需求进行箭头尺寸和字体的设置；在主视图合适位置单击鼠标左键，然后在对话框上单击【应用】按钮，创建的投影标注如图 7.3-33 所示。

3）添加文本标注。在功能区"注释"命令组上选择 【注释】命令，系统弹出"注释"对话框，在"文本输入"区域输入"B（件 7）"并设置格式，选择合适位置后单击鼠标左键，结果如图 7.3-34 所示。

图 7.3-32　钳口板局部视图

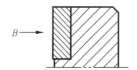

图 7.3-33　创建的投影标注

图 7.3-34　局部视图添加注释

（5）创建丝杠局部视图　与创建钳口板的方法类似，将除丝杠以外的所有组件进行隐藏，按照投影需求得到图 7.3-35 所示视图。选择视图边界并单击鼠标右键，在弹出的快捷菜单中选择 【视图相关编辑】命令，在"添加编辑"区域选择 【擦除对象】选项，选择图7.3-35所示外圆后单击【确定】按钮，然后在图形上方添加文本标注，结果如图7.3-36所示。

图7.3-35 丝杠投影视图   图7.3-36 丝杠局部视图

（6）创建俯视局部剖视图 俯视局部剖视图需要通过"局部剖"命令完成，操作步骤如下。

1）绘制草图曲线。选择俯视图的视图边界，在弹出的菜单上选择 【活动草图视图】命令，激活该视图为草图视图。在"草图"命令组上选择 【艺术样条】命令，在弹出的对话框中选择 【通过点】类型，勾选【封闭】复选框。在俯视图上螺钉的位置附近绘制四个点，形成封闭样条曲线，单击 【完成草图】按钮，结果如图7.3-37所示。

2）创建局部剖视图。在功能区"视图"命令组上选择 【局部剖】命令，系统弹出"局部剖"对话框，选取俯视图为创建视图；确认上边框条"捕捉方式"命令组上 【圆弧圆心】选项处于激活状态，选取图7.3-32所示钳口板上孔的圆心；激活"局部剖"对话框上 【选择曲线】命令，选择图7.3-37所示样条曲线，单击【确定】按钮，结果如图7.3-38a所示。

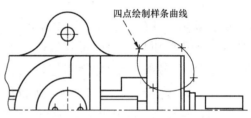

图7.3-37 活动草图环境绘制样条曲线

3）修改剖切组件。在功能区"视图"命令组上选择 【视图中剖切】命令，系统弹出"视图中剖切"对话框；选择俯视图为修改视图，选择螺钉为非剖切组件，单击【确定】按钮，结果图7.3-38b所示。

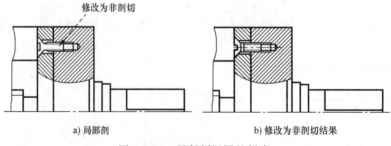

a) 局部剖   b) 修改为非剖切结果

图7.3-38 局部剖视图的创建

（7）创建主视局部剖视图 创建主视局部剖视图的目的是表达紧定螺钉上孔的深度，但螺钉属于实心件，已经设置为非剖切组件，所以该局部剖视图需通过草图绘制。

1）修改视图可见性。为便于准确绘制孔投影，需将主视图中的隐藏线设置为显示。选择主视图边界，在弹出的菜单上选择 【设置】命令打开"设置"对话框，选择【隐藏线】

选项，将右侧"格式"区域的"不可见"设置为 ----- 【虚线】，单击【确定】按钮。

2）绘制孔的投影曲线。选择主视图边界，在弹出的菜单上单击 【活动草图视图】按钮，在"草图"命令组上选择"直线"命令，按照虚线位置绘制孔的投影。

3）绘制样条曲线并修改线宽。在"草图"命令组上选择【样条曲线】命令绘制波浪线。选择绘制好的样条曲线并单击鼠标右键，在弹出的快捷菜单中选择 【编辑显示】命令，在打开的对话框中设置"线宽"为"0.25"，单击【确定】按钮，完成修改。

4）完成草图。完成绘制后，在"草图"命令组上单击 【完成草图】按钮，退出草图环境。再次选择主视图边界，打开"设置"对话框，将虚线改为"不可见"，结果如图 7.3-39a 所示。

5）绘制剖面线。在功能区"注释"命令组上选择 【剖面线】命令，系统弹出"剖面线"对话框，选择绘制区域，结果如图 7.3-39b 所示，完成主视局部剖视图的创建。

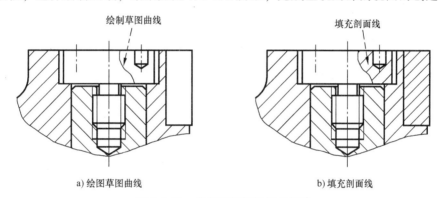

a) 绘图草图曲线   b) 填充剖面线

图 7.3-39 主视局部剖视图的创建

（8）创建丝杠局部放大视图 在主视图中，丝杠的螺纹采用了简化画法，因此无法利用"局部放大"命令创建其牙型放大图，该视图需要采用草图绘制方法进行创建，结果如图 7.3-40 所示。

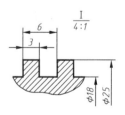

图 7.3-40 丝杠牙型局部放大图

4. 修改视图

完成以上创建后，通常需要修改中心线和剖面线。中心线的标注和修改详见 5.7.3 小节的介绍，下面介绍几处修改要点，最后结果如图 7.3-1 平口钳装配图所示。

（1）标注中心标记 在功能区"注释"命令组上选择 【中心标记】命令，系统弹出"中心标记"对话框；将"尺寸"区域的"缝隙"改为"2"，"虚线"改为"2"，"延伸"改为"2"；在图样上选择圆、圆弧等，然后单击【确定】按钮，完成标注。

（2）标注 2D 中心线 在功能区"注释"命令组上选择 【2D 中心线】命令，系统弹出"2D 中心线"对话框；将选择对象的"类型"设置为 【根据点】；将"尺寸"区域的"缝隙"改为"2"，"虚线"改为"2"，"延伸"改为"2"；在图样上选择两点确定中心线位置，单击【确定】按钮，完成操作。

（3）修改视图剖面线样式 系统自动生成的剖面线一般存在过密和角度不符合国家标

准的问题。修改方法是直接在剖面线上双击鼠标左键（或单击鼠标右键，在弹出的快捷菜单中选择 【编辑】命令），系统弹出图7.3-41所示"剖面线"对话框，对"设置"区域的"图样""距离""角度"等进行修改以满足装配图中剖视图的需求。

5. 创建尺寸

应用功能区"尺寸"命令组上的 【快速尺寸】命令实现尺寸快速标注，标注规则详见表2.4-2，部分特殊尺寸标注介绍如下。

（1）标注 $\phi 28\dfrac{H8}{f8}$ 尺寸　该配合尺寸的标注步骤如下。

1）激活命令并标注尺寸。在功能区"尺寸"命令组上选择 【快速尺寸】命令，系统弹出"快速尺寸"对话框；在"测量"区域的"方法"下拉列表框中选择 【圆柱式】选项，选择尺寸边界线并选择合适位置放置尺寸，创建 $\phi 28$ 尺寸。

2）选择配合方式。在功能区"制图工具-

图7.3-41　"剖面线"对话框

GC工具箱"命令组上选择 【公差配合优先级表】命令打开其对话框，如图7.3-42所示，选择配合类型为【基孔制配合】并在下方选择【H8/f8】，选择创建的"$\phi 28$"尺寸，结果如图7.3-43所示。

说明：也可以通过在"尺寸编辑"动态框中添加后缀的方式完成 $\phi 28\,H8/f8$ 的标注。

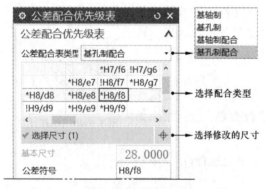

图7.3-42　"公差配合优先级表"对话框

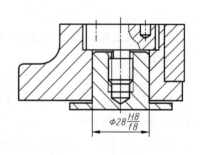

图7.3-43　配合尺寸

（2）标注 20×20 尺寸　激活 【快速尺寸】命令，将对话框"测量"区域的"方法"设置为 【自动判断】；选择标注对象后出现尺寸预览，鼠标稍稍停顿后系统弹出"尺寸编辑"动态框，在尺寸后缀文本框内输入"×20"；单击对话框右下角 【文本设置】按钮打开"文本设置"对话框；在左侧列表框中选择"文本"选项下的【尺寸文本】子选项，勾选右侧"范围"区域的【应用于整个尺寸】复选框，单击【关闭】按钮退出设置；选择合适位置放置尺寸，结果如图7.3-44所示。

（3）标注0~91尺寸　前面介绍的都是实测尺寸的标注与修改，完成图7.3-45所示的尺寸替换标注的步骤如下。

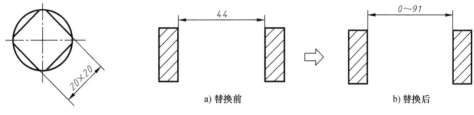

图7.3-44　20×20
尺寸的标注

图7.3-45　尺寸替换标注

1）激活命令。激活 ⚡【快速尺寸】命令，将对话框"测量"区域的"方法"设置为 ⚡【自动判断】或【水平】，选择标注对象后图形区出现"44"的尺寸预览，鼠标稍稍停顿后系统弹出"尺寸编辑"动态框，单击对话框右下角 **A**【文本设置】按钮打开"文本设置"对话框，如图7.3-46所示。

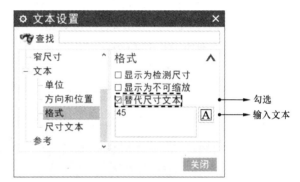

图7.3-46　"文本设置"对话框

2）设置尺寸。在"文本设置"对话框中，选择左侧"文本"选项下的【格式】子选项，勾选右侧的【替代尺寸文本】复选框，在文本输入框中输入"0~91"并设置字体格式，单击【关闭】按钮，结果如图7.3-45b所示。

6. 创建零件编号和明细表

（1）插入零件明细表　在功能区"表"命令组上选择 ▦【零件明细表】命令，在合适位置单击鼠标左键，即可插入装配零件明细表，详细步骤参考6.6节，此处不再赘述。

说明：导入的A2模板已经有明细表设置，系统会自动生成，无需单独导入。

（2）创建零件编号　在功能区"表"命令组上选择 ⑦【自动符号标注】命令，系统弹出"零件明细表自动符号标注"对话框；在图形区中选择创建好的零件明细表，单击【确定】按钮，系统弹出选择标注视图界面的对话框，选择其中表示主视图和俯视图两个视图的视图名称后单击【确定】按钮，系统自动标注零件编号。

（3）调整零件指引线　先不考虑零件编号顺序，从左侧开始拖动零件序号使指引线不相交且图幅更清晰。修改结果从左向右依次为：标准螺母、标准垫圈、丝杠、活动钳身、套螺母、紧定螺钉、钳口板、固定钳身、垫圈和螺钉。调整后的零件序号不符合顺时针（逆时针）的排列顺序，所以需要进行编辑。

（4）编辑零件明细表　通过"编辑零件明细表"命令可实现零件序号和零件名称的修改，具体步骤如下。

1）激活命令。在功能区"制图工具-GC工具箱"命令组上选择 ▣【编辑零件明细表】命令，系统弹出"编辑零件明细表"对话框；选择创建好的零件明细表，此时对话框界面如图 7.3-47 所示。

2）调整零件顺序。在"编辑零件明细表"列表框中，选择"序号"为"6"的零件【GB-T6170_F-2000，M12×1.75】，单击 ⬆【向上】按钮，使其排列在列表第 1 位，参照此方法调整其他零件顺序，完成后单击对话框右侧的 ↓↑【更新件号】按钮。

说明：也可以直接单击序号框，应用键盘输入相应的编号后按<Enter>键确认，最后单击对话框下方的【应用】按钮完成序号的调整。

3）修改零件名称。在列表框中"名称"栏的零件名称上单击鼠标左键，依次将"GB-T6170_F-2000，M12×1.75"更改为"螺母 M12"，将"GB-T97_1-2000，M12"更改为"垫圈 12"，将"GB-T68-2000，M6×16"更改为"螺钉 M6×16"。

4）设置对齐尺寸。勾选对话框下方【对齐件号】复选框，在"距离"文本框中输入"20"；修改后的"编辑零件明细表"对话框界面如图 7.3-48 所示。单击【应用】按钮，生成的零件明细表如图 7.3-49 所示。

说明：单击对话框中的材料列，可逐一填写零件的材质，此处不再赘述。

图 7.3-47 "编辑零件明细表"
对话框初始界面

图 7.3-48 "编辑零件明细表"对
话框修改后界面

10		螺钉M6×16	4	Q235			GB/T 68
9		垫圈	1	Q235			
8		固定钳身	1	HT1501			
7		钳口板	2	45			
6		固定螺钉	1	35			
5		螺母	1	35			
4		活动钳身	1	HT150			
3		丝杠	1	45			
2		垫圈12	1	Q235			GB/T 97.1
1		螺母 M12	2	Q235			GB/T 6170
序号	代号	名称	数量	材料	单件 重量	总计 重量	备注

图 7.3-49 零件明细表

（5）调整零件序号末端位置及样式　在图形区零件序号"1"上双击鼠标左键，系统弹出"符号标注"对话框，在"指引线"区域将"样式"中"箭头"类型设置为●—【填充圆点】；在合适位置单击鼠标左键进行指引线末端的位置修改；参照此方法设置其他零件序号并调整位置，使指引线布置合理，主视图零件序号排列如图 7.3-50 所示。

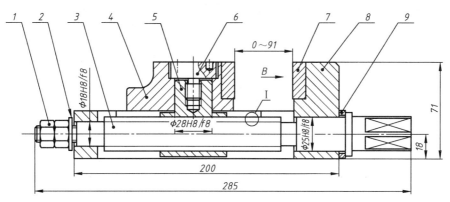

图 7.3-50　主视图零件序号的排列

7.3.3　保存工程图

完成工程图，依次单击【文件】→█【保存】，可以根据需求进行文件的保存、另存为等操作，也可以根据需求将文件导出为 PDF 格式或 AutoCAD 等文件格式。

参 考 文 献

［1］ 北京兆迪科技有限公司．UG NX12.0快速入门教程［M］．北京：机械工业出版社，2018.

［2］ 北京兆迪科技有限公司．UG NX10.0工程图教程［M］．北京：机械工业出版社，2015.

［3］ 陈志明．UG NX10.0完全学习手册［M］．北京：清华大学出版社，2015.